现代数学基础

国家科学技术学术著作出版基金资助出版

73 流形上的几何与分析

■ 张伟平　冯惠涛

高等教育出版社·北京

内容简介

本书结合 Atiyah–Singer 指标理论方面近四十年来涌现的新思想、新技术,以凝练的语言,对流形上几何、拓扑与分析中若干经典结果,如示性类的陈–Weil 理论,等变上同调的 Bott 留数公式及更一般的 Berline-Vergne 局部化公式,Gauss–Bonnet–陈定理,Poincaré–Hopf 指标公式,Morse 不等式,等等,给出了新颖而"现代"的系统介绍和处理。此外,本书还介绍了流形上的热方程理论,并利用热方程方法证明了 Hodge 定理和 Lefschetz 不动点定理,给出了 de Rham–Hodge 算子、Hirzebruch 符号差算子及 Dirac 算子的局部指标公式;介绍了 Quillen 的超联络理论,并利用该理论给出了 Gauss–Bonnet–陈定理的一个新的证明;还从向量丛上一般联络出发,几何地构造了向量丛的 Euler 形式与 Thom 形式。

本书旨在向国内的青年学子和数学工作者介绍 Atiyah–Singer 指标理论的一些基础知识,展示该理论的基本思想与方法在流形的几何、拓扑与分析中某些问题上的重要应用,可作为数学系研究生的教学参考资料,也可供相关专业科研人员学习使用。

图书在版编目(CIP)数据

流形上的几何与分析 / 张伟平,冯惠涛著 . -- 北京:高等教育出版社,2022.1(2024.9重印)
ISBN 978-7-04-056366-5

Ⅰ.①流… Ⅱ.①张… ②冯… Ⅲ.①流形几何 – 研究 Ⅳ.① O189.3

中国版本图书馆 CIP 数据核字(2021)第 132828 号

LIUXING SHANG DE JIHE YU FENXI

策划编辑 李 鹏	责任编辑 李 鹏	封面设计 张 楠	版式设计 童 丹
责任校对 高 歌	责任印制 刘弘远		

出版发行	高等教育出版社	网 址 http://www.hep.edu.cn
社 址	北京市西城区德外大街4号	http://www.hep.com.cn
邮政编码	100120	网上订购 http://www.hepmall.com.cn
印 刷	唐山市润丰印务有限公司	http://www.hepmall.com
开 本	787mm×1092mm 1/16	http://www.hepmall.cn
印 张	16.75	
字 数	300 千字	版 次 2022 年 1 月第 1 版
购书热线	010-58581118	印 次 2024 年 9 月第 2 次印刷
咨询电话	400-810-0598	定 价 79.00 元

序

本书是在张伟平教授的英文专著 *Lectures on Chern-Weil Theory and Witten Deformations* 的基础上, 又适当增补了一些新的内容而成的. 目的在于向国内有兴趣的青年学子和数学工作者介绍 Atiyah-Singer 指标理论的一些基础知识, 展示该理论的基本思想与方法在流形的几何、拓扑与分析中某些问题上的重要应用.

本书作者之一张伟平教授在其上述英文专著中, 结合 Atiyah-Singer 指标理论方面近四十年来涌现的新思想、新技术, 如 Witten 的形变思想、Bismut-Lebeau 的解析局部化技术等, 以凝练的语言, 对流形上几何、拓扑与分析中若干经典结果, 如示性类的陈-Weil 理论, 等变上同调的 Bott 留数公式及更一般的 Berline-Vergne 局部化公式, Gauss-Bonnet-陈定理, Poincaré-Hopf 指标公式, Morse 不等式, 等等, 给出了新颖而 "现代" 的系统介绍和处理. 这些经典结果是数学的珍品, 值得有志于几何与拓扑及相关方面学习和研究的青年学子们花时间了解和掌握. 当前的中文版除保留了原英文专著的内容外, 主要增加了流形上热方程理论的介绍, 并利用热方程方法证明了 Hodge 定理和 Lefschetz 不动点定理, 给出了 de Rham-Hodge 算子、Hirzebruch 符号差算子及 Dirac 算子的局部指标公式. 在处理这部分内容时, 我们主要借鉴了虞言林教授的相关著作. 此外, 我们在本书中特别介绍了 Quillen 的超联络理论, 并利用该理论给出了 Gauss-Bonnet-陈定理的一个新的证明; 我们还从向量丛上的一般联络出发, 几何地构造了向量丛的 Euler 形式与 Thom 形式.

本书作者衷心感谢虞言林教授将我们引入 Atiyah-Singer 指标理论的大

门, 以及多年来的教诲! 本书作者也感谢韩飞、李明、苏广想、王相生、王勇、俞建青、张野平、朱家林等同志, 他们认真阅读了本书初稿的全部或部分章节, 提出了一些很好的建议, 指出了其中出现的一些谬误与打印错误. 尽管如此, 本书难免仍会存在某些缺点和不足之处, 所有这些当由作者自己负责. 高等教育出版社的原编辑王丽萍老师和现负责本书的李鹏老师一直密切关注着本书的进展, 并对作者写作过程中的一再拖沓表现了极大的包容和耐心, 作者在此对他们的高度责任心和一贯支持表示由衷的敬意和感谢!

最后, 我们希望本书将对有志于了解和学习 Atiyah-Singer 指标理论的数学工作者有所裨益.

冯惠涛
2021 年于南开大学陈省身数学研究所

目 录

第一章　示性类的陈-Weil 理论

光滑流形上向量丛的示性类理论在拓扑学和几何学中占有十分重要的地位. Milnor 和 Stasheff 的经典著作 [MiS] 从拓扑侧面给出了该理论的一个精彩介绍. 关于示性类理论的几何处理最早源于陈省身和 André Weil. 本章我们将利用 Quillen 于 20 世纪 80 年代中期提出的超联络观念 (参见 [Q], [MaQ], [BGV]), 给出该理论一个几何侧面的介绍.

1.1　de Rham 上同调理论回顾

本节给出 de Rham 上同调理论的一个简要回顾. 关于该理论更加详尽的内容, 我们推荐标准参考书 [BoT].

设 M 为一光滑流形. 在本书中, 对于 M 上任意光滑向量丛 E, 我们用 $\Gamma(E)$ 记 E 的所有光滑截面的集合. 对于复值外代数丛 $\Lambda_{\mathbf{C}}^*(T^*M)$, 特别记 $\Omega^*(M, \mathbf{C}) = \Gamma(\Lambda_{\mathbf{C}}^*(T^*M))$, $\Omega^p(M, \mathbf{C}) = \Gamma(\Lambda_{\mathbf{C}}^p(T^*M))$, 它们分别为 M 上所有光滑微分形式及光滑 p-形式的空间.[1] 易见:

$$\Omega^*(M, \mathbf{C}) = \bigoplus_{p=0}^{\dim M} \Omega^p(M, \mathbf{C}).$$

令

$$d : \Omega^*(M, \mathbf{C}) \longrightarrow \Omega^*(M, \mathbf{C})$$

---

[1] 如将本节中的复系数均换为实系数, 所有陈述同样有效.

记定义在外微分形式空间 $\Omega^*(M, \mathbf{C})$ 上的**外微分算子**. 熟知, d 将光滑 p-形式映为光滑 $(p+1)$-形式. 我们有如下的重要公式:

$$d^2 = 0. \tag{1.1}$$

我们约定 $\Omega^{-1}(M, \mathbf{C})$ 和 $\Omega^{\dim M+1}(M, \mathbf{C})$ 均为零空间.

由式 (1.1), 对于满足 $0 \leqslant p \leqslant \dim M$ 的任意整数 p, 有

$$d\Omega^p(M, \mathbf{C}) \subseteq \ker\left(d|_{\Omega^{p+1}(M, \mathbf{C})}\right). \tag{1.2}$$

由此即可定义所谓的 de Rham 复形以及与之相联系的上同调: de Rham 上同调.

定义 1.1　**de Rham 复形** $(\Omega^*(M, \mathbf{C}), d)$ 定义为如下的复形:

$$0 \longrightarrow \Omega^0(M, \mathbf{C}) \xrightarrow{d} \Omega^1(M, \mathbf{C}) \xrightarrow{d} \cdots \xrightarrow{d} \Omega^{\dim M}(M, \mathbf{C}) \longrightarrow 0. \tag{1.3}$$

定义 1.2　对满足 $0 \leqslant p \leqslant \dim M$ 的任意整数 p, M 的第 p 个 (复系数) **de Rham 上同调**定义为

$$H_{\mathrm{dR}}^p(M; \mathbf{C}) = \frac{\ker\left(d|_{\Omega^p(M, \mathbf{C})}\right)}{d\Omega^{p-1}(M, \mathbf{C})}.$$

M 的 **(全) de Rham 上同调**定义为

$$H_{\mathrm{dR}}^*(M; \mathbf{C}) = \bigoplus_{p=0}^{\dim M} H_{\mathrm{dR}}^p(M; \mathbf{C}).$$

由 de Rham 上同调的定义可知, M 上任何一个**闭微分式** ω, 即满足 $d\omega = 0$ 的任一微分式 $\omega \in \Omega^*(M, \mathbf{C})$, 决定了一个上同调类 $[\omega] \in H_{\mathrm{dR}}^*(M; \mathbf{C})$. 并且, M 上的两个闭微分式 ω, ω' 决定相同的上同调类, 当且仅当存在微分式 η, 使得 $\omega - \omega' = d\eta$.

设 ω, ω' 是 M 上任意两个闭微分式, a 是任意常数, 容易验证如下的 $H_{\mathrm{dR}}^*(M; \mathbf{C})$ 中的恒等式:

$$[a\omega] = a[\omega], \qquad [\omega + \omega'] = [\omega] + [\omega']. \tag{1.4}$$

进一步, 对 M 上的任意两个微分式 η, η', 容易验证如下等式:

$$(\omega + d\eta) \wedge (\omega' + d\eta') = \omega \wedge \omega' + d(\eta \wedge \omega' + \eta \wedge d\eta' + (-1)^{\deg \omega} \omega \wedge \eta').$$

因此, 上同调类 $[\omega \wedge \omega']$ 只依赖于 $[\omega]$ 和 $[\omega']$, 称之为 $[\omega]$ 和 $[\omega']$ 的乘积, 并以 $[\omega] \cdot [\omega']$ 记之. 容易验证

$$[\omega] \cdot [\omega'] = (-1)^{(\deg \omega)(\deg \omega')}[\omega'] \cdot [\omega]. \tag{1.5}$$

设 ω'' 是 M 上任一闭微分式, 我们还有

$$([\omega] + [\omega']) \cdot [\omega''] = [\omega] \cdot [\omega''] + [\omega'] \cdot [\omega'']. \tag{1.6}$$

从上面的讨论可知, de Rham 上同调具有自然的环结构.

de Rham 上同调的重要性体现在下述的 **de Rham 定理**, 该定理的证明可参考 [BoT].

定理 1.1 [①] 若 M 为一定向的光滑闭 (紧致、无边) 流形, 则对于满足 $0 \leqslant p \leqslant \dim M$ 的任意整数 p:

(i) $\dim H_{\mathrm{dR}}^p(M; \mathbf{C}) < +\infty$;

(ii) $H_{\mathrm{dR}}^p(M; \mathbf{C})$ 典则同构于 M 的第 p 个奇异上同调 $H_{\mathrm{Sing}}^p(M; \mathbf{C})$.

利用上述 de Rham 定理, 我们可给出 M 的一个重要拓扑不变量——**Euler 示性数**的一个定义:

定义 1.3 设 M 为一定向的光滑闭流形, M 的 **Euler 示性数** $\chi(M)$ 定义为

$$\chi(M) = \sum_{p=0}^{\dim M} (-1)^p \dim_{\mathbf{C}} H_{\mathrm{dR}}^p(M; \mathbf{C}). \tag{1.7}$$

1.2 超向量丛

有关光滑流形上向量丛的基本理论可参考 [BoT], 有关超向量丛的相关内容我们推荐 Quillen 的经典文章 [Q] 及参考书 [BGV], [Y2], [Y3].

1.2.1 超向量空间和超代数

定义 1.4 设 V 是一实 (或复) 向量空间, 设 $\tau \in \mathrm{End}(V)$ 是 V 上的一个线性变换. (V, τ) 称为一个**超向量空间**或 $\mathbf{Z}_2$-分次的向量空间, 如果 $\tau^2 = 1_V$, 其中 1_V 记 V 上的恒等映射. 此时称 τ 是 V 的一个**超结构**或 $\mathbf{Z}_2$-分次.

[①] de Rham 定理对于实系数同样成立, 且有 $\dim_{\mathbf{C}} H_{\mathrm{dR}}^p(M; \mathbf{C}) = \dim_{\mathbf{R}} H_{\mathrm{dR}}^p(M; \mathbf{R})$.

若 (V, τ) 是一个超向量空间, 令 $V_\pm$ 记对应于 τ 的特征值 ± 1 的特征子空间, 则向量空间 V 有直和分解

$$V = V_+ \oplus V_-; \tag{1.8}$$

反之, 若向量空间 V 有一个直和分解 (1.8), 则可定义 V 上的线性变换 τ 使得 $\tau|_{V_\pm} = \pm 1_{V_\pm}$, 从而 (V, τ) 是一个超向量空间.

给定一个超向量空间 (V, τ), V_+ 及 V_- 中的向量分别称为**偶的**及**奇的**元素. 若 $v \in V$, 我们用 $\deg(v)$ 表示 v 的次数. 特别地, 若 $v \in V_+$, $\deg v = 0$; 若 $v \in V_-$, $\deg v = 1$.

一个向量空间 V 可自然看成一个带有超结构 $\tau = 1_V$ 的超向量空间. 一个常见的超向量空间的例子是 V 生成的外代数空间 $\Lambda^*(V)$, 其上有一个自然的偶/奇 $\mathbf{Z}_2$-分次:

$$\Lambda^*(V) = \Lambda^{\mathrm{even}}(V) \oplus \Lambda^{\mathrm{odd}}(V). \tag{1.9}$$

特别地, $\Lambda^*(V)$ 关于其中的外积还是一个代数, 且满足

$$\Lambda^{\mathrm{even/odd}}(V) \wedge \Lambda^{\mathrm{even/odd}}(V) \subseteq \Lambda^{\mathrm{even}}(V), \ \Lambda^{\mathrm{even/odd}}(V) \wedge \Lambda^{\mathrm{odd/even}}(V) \subseteq \Lambda^{\mathrm{odd}}(V).$$

一般地, 我们有如下超代数的概念:

定义 1.5   实 (或复) 的代数 A 称为一个**超代数**, 如果作为向量空间, A 是带有某个超结构 τ 的超向量空间, 且关于 A 中的乘法有

$$A_\pm A_\pm \subseteq A_+, \ A_\pm A_\mp \subseteq A_-. \tag{1.10}$$

设 (V, τ) 是一个超向量空间, 则 V 上所有线性变换构成的代数 $\mathrm{End}(V)$ 是一个自然的超代数, 其中

$$\mathrm{End}_\pm(V) = \{A \in \mathrm{End}(V) | \tau A = \pm A\tau\}. \tag{1.11}$$

注意, $A \in \mathrm{End}_+(V)$ (或 $A \in \mathrm{End}_-(V)$) 等价于 $A(V_\pm) \subseteq V_\pm$ (或 $A(V_\pm) \subseteq V_\mp$).

向量空间上线性变换的求迹运算 tr 可自然推广到超向量空间的情形.

定义 1.6   设 (V, τ) 是一个超向量空间, V 上的一个线性变换 A 的**超迹** $\mathrm{str}[A]$ 定义为

$$\mathrm{str}[A] = \mathrm{tr}[\tau A]. \tag{1.12}$$

对于任意的 $A \in \text{End}_-(V)$, 由

$$\text{str}[A] = \text{tr}[\tau A] = \text{tr}[-A\tau] = -\text{tr}[A\tau] = -\text{tr}[\tau A] = -\text{str}[A],$$

知

$$\text{str}[A] = 0. \tag{1.13}$$

而对于任意 $A \in \text{End}_+(V)$, 注意到 $A(V_\pm) \subseteq V_\pm$, 容易验证

$$\text{str}[A] = \text{tr}[A|_{V_+}] - \text{tr}[A|_{V_-}]. \tag{1.14}$$

对于超向量空间 (V,τ) 上的两个线性变换 $A, B \in \text{End}(V)$, 可定义如下的**超括号运算**[①]:

$$[A,B]_s = AB - (-1)^{(\deg A)(\deg B)} BA. \tag{1.15}$$

我们有

引理 1.1 设 (V,τ) 是一个超向量空间, 则对于任意的 $A, B \in \text{End}(V)$, 有

$$\text{str}\,[[A,B]_s] = 0. \tag{1.16}$$

证明 对任意的 $A \in \text{End}(V)$, 我们有 $A = A_+ + A_-$, 其中 $A_\pm = \frac{1}{2}(A \pm \tau A\tau)$. 易见

$$[A_\pm, B_\mp]_s \in \text{End}_-(V).$$

由式 (1.13) 知

$$\text{str}\,[[A_\pm, B_\mp]_s] = 0. \tag{1.17}$$

另一方面,

$$\begin{aligned}
\text{str}\,[[A_+, B_+]_s] &= \text{tr}[\tau(A_+B_+ - B_+A_+)]\\
&= \text{tr}[\tau A_+B_+] - \text{tr}[\tau B_+A_+]\\
&= \text{tr}[(\tau A_+)B_+] - \text{tr}[B_+(\tau A_+)] = 0,
\end{aligned} \tag{1.18}$$

$$\begin{aligned}
\text{str}\,[[A_-, B_-]_s] &= \text{tr}[\tau(A_-B_- + B_-A_-)]\\
&= \text{tr}[\tau A_-B_-] + \text{tr}[\tau B_-A_-]\\
&= \text{tr}[(\tau A_-)B_-] - \text{tr}[B_-(\tau A_-)] = 0.
\end{aligned} \tag{1.19}$$

现由式 (1.17)—(1.19) 立得等式 (1.16). □

① 在自明的情形下, 我们常常省略超括号运算中的下标 s.

设 (V, τ_V), (W, τ_W) 是两个超向量空间, 则 $\tau_V \otimes \tau_W$ 给出了 $V \otimes W$ 上一个自然的超结构. 此时

$$(V \otimes W)_+ = V_+ \otimes W_+ \oplus V_- \otimes W_-, \quad (V \otimes W)_- = V_+ \otimes W_- \oplus V_- \otimes W_+.$$
$$(1.20)$$

我们常用 $V \widehat{\otimes} W$ 记带有这一超结构的超向量空间 $V \otimes W$, 并将其中的元素 $a \otimes b$ 记为 $a \widehat{\otimes} b$. 如果 (V, τ_V) 和 (W, τ_W) 还是两个超代数, 则 $V \widehat{\otimes} W$ 关于其上的自然超结构 $\tau_V \widehat{\otimes} \tau_W$ 构成一个超代数, 其中的乘法定义为

$$(a_1 \widehat{\otimes} b_1)(a_2 \widehat{\otimes} b_2) := (-1)^{(\deg a_2)(\deg b_1)} (a_1 a_2) \widehat{\otimes} (b_1 b_2), \quad (1.21)$$

这里 $a_1, a_2 \in V$, $b_1, b_2 \in W$.

任给两个向量空间 V, W, 容易验证关于上述定义的超代数乘法 (1.21), 有如下外代数的自然同构

$$\Lambda^*(V) \widehat{\otimes} \Lambda^*(W) \cong \Lambda^*(V \oplus W).$$
$$(1.22)$$

类似于在线性代数中已知的公式

$$\mathrm{tr}\,[A \otimes B] = \mathrm{tr}\,[A]\,\mathrm{tr}\,[B],$$
$$(1.23)$$

这里 V, W 是两个向量空间, $A \in \mathrm{End}(V)$, $B \in \mathrm{End}(W)$, 我们有

引理 1.2 设 (V, τ_V), (W, τ_W) 是两个超向量空间, 则对于任意的 $A \in \mathrm{End}(V)$, $B \in \mathrm{End}(W)$, 有

$$\mathrm{str}\,[A \widehat{\otimes} B] = \mathrm{str}\,[A]\,\mathrm{str}\,[B].$$
$$(1.24)$$

证明 证明是一个直接的计算:

$$\mathrm{str}\,[A \widehat{\otimes} B] = \mathrm{tr}[(\tau_V \widehat{\otimes} \tau_W)(A \widehat{\otimes} B)] = \mathrm{tr}[(\tau_V A) \widehat{\otimes} (\tau_W B)]$$
$$= \mathrm{tr}\,[\tau_V A]\,\mathrm{tr}\,[\tau_W B] = \mathrm{str}\,[A]\,\mathrm{str}\,[B]. \qquad \square$$

1.2.2 超向量丛

超空间的概念可自然推广到流形上的向量丛的情形.

定义 1.7 流形 M 上的向量丛 E 称为一个**超向量丛**, 如果在 E 中有一个指定的 $\mathbf{Z}_2$-分次:

$$E = E_+ \oplus E_-,$$

这里 $E_\pm$ 是 E 的两个子丛. 如果超向量丛 E 本身还是 M 上的一个代数丛, 且在每个纤维上 (即逐点纤维) 满足

$$E_\pm E_\pm \subseteq E_+, \quad E_\pm E_\mp \subseteq E_-,$$

则称 E 为 M 上的一个**超代数丛**.

任一向量丛 E 可自然看成一个超向量丛 $E = E \oplus \{0\}$.

对于任一超向量丛 $E = E_+ \oplus E_-$, 类似于单个向量空间的情形 (见式 (1.11)), 在 $\mathrm{End}(E)$ 中有一个自然的 $\mathbf{Z}_2$-分次

$$\mathrm{End}(E) = \mathrm{End}_+(E) \oplus \mathrm{End}_-(E).$$

从而, $\mathrm{End}(E)$ 成为流形 M 上的一个超向量丛, 它同时也是 M 上的一个超代数丛. 此时, 前面定义的超迹运算可以逐点纤维地自然推广到超代数丛 $\mathrm{End}(E)$ 的情形:

$$\mathrm{str} : \Gamma(\mathrm{End}(E)) \to C^\infty(M).$$

设 M 为一光滑流形. 令 $\Lambda^*(T^*M)$ 记 M 的余切丛 T^*M 生成的外代数丛. 则 $\Lambda^*(T^*M)$ 关于其中的偶/奇 $\mathbf{Z}_2$-分次是一自然的超代数丛. 从而, 对于任一超向量丛 $E = E_+ \oplus E_-$, $\Lambda^*(T^*M) \widehat{\otimes} E$ 是一个超向量丛, 而 $\Lambda^*(T^*M) \widehat{\otimes} \mathrm{End}(E)$ 是一个超代数丛.[①]

分别记 $\Lambda^*(T^*M)$, $\Lambda^*(T^*M) \widehat{\otimes} E$ 及 $\Lambda^*(T^*M) \widehat{\otimes} \mathrm{End}(E)$ 的所有光滑截面构成的空间为 $\Omega^*(M)$, $\Omega^*(M, E)$ 及 $\Omega^*(M, \mathrm{End}(E))$. 注意, $\Omega^*(M, \mathrm{End}(E))$ 中的元素在空间 $\Omega^*(M, E)$ 上的作用满足: $\forall \alpha \in \Omega^*(M), s \in \Omega^*(M, E), T \in \Omega^*(M, \mathrm{End}(E))$, 有

$$T(\alpha \wedge s) = (-1)^{(\deg \alpha)(\deg T)} \alpha \wedge (Ts).$$

此时, 上面定义的超迹运算还可以扩展到空间 $\Omega^*(M, \mathrm{End}(E))$ 上, 即可自然定义映射:

$$\mathrm{str} : \Omega^*(M, \mathrm{End}(E)) \to \Omega^*(M),$$

这里, 对任意的 $\alpha \in \Omega^*(M)$, $A \in \Gamma(\mathrm{End}(E))$, 有

$$\mathrm{str}(\alpha A) = \alpha \cdot \mathrm{str}(A).$$

类似于引理 1.1, 我们有

---

① 此处根据 E 为实或复超向量丛, 而将 $\Lambda^*(T^*M)$ 分别理解为实或复值的外代数丛. 其他类似处亦作如是的理解.

引理 1.3　设 (E, τ) 是一个超向量丛, 则对于任意的 $A, B \in \Omega^*(M, \mathrm{End}(E))$, 有

$$\mathrm{str}\,[[A, B]_s] = 0. \tag{1.25}$$

证明　注意到问题是局部的, 由向量丛的局部平凡性, 我们只需对任意的 $\alpha, \beta \in \Omega^*(M)$ 及任意的 $A, B \in \Gamma(\mathrm{End}(E))$ 证明式 (1.25):

$$
\begin{aligned}
\mathrm{str}\,[[\alpha\widehat{\otimes}A, \beta\widehat{\otimes}B]_s] &= \mathrm{str}\left[(\alpha\widehat{\otimes}A)(\beta\widehat{\otimes}B) - (-1)^{\deg(\alpha\widehat{\otimes}A)\deg(\beta\widehat{\otimes}B)}(\beta\widehat{\otimes}B)(\alpha\widehat{\otimes}A)\right]\\
&= \mathrm{str}\left[(-1)^{(\deg\beta)(\deg A)}(\alpha\wedge\beta)\widehat{\otimes}(AB)\right.\\
&\quad \left. - (-1)^{\deg(\alpha\widehat{\otimes}A)\deg(\beta\widehat{\otimes}B)}(-1)^{(\deg\alpha)(\deg B)}(\beta\wedge\alpha)\widehat{\otimes}(BA)\right]\\
&= (-1)^{(\deg\beta)(\deg A)}(\alpha\wedge\beta)\,\mathrm{str}\left[AB - (-1)^{(\deg A)(\deg B)}BA\right]\\
&= (-1)^{(\deg\beta)(\deg A)}(\alpha\wedge\beta)\,\mathrm{str}\,[[A, B]_s] = 0.
\end{aligned}
$$

注意, 在上述计算中, 最后一个等号逐点用到了引理 1.1. □

1.2.3　超联络及其曲率

以下我们介绍联络及超联络的概念. 复向量丛 E 上的联络在某种意义上可视为外微分算子 d 在取值 E 中的微分形式空间 $\Omega^*(M; E)$ 情形的推广.

定义 1.8　E 上的**联络** ∇^E 是一个线性算子[①] $\nabla^E : \Gamma(E) \to \Omega^1(M, E)$, 使得对任意的 $f \in C^\infty(M), s \in \Gamma(E)$, 下面的 **Leibniz 法则**成立:

$$\nabla^E(fs) = (df)s + f\nabla^E s. \tag{1.26}$$

由定义 1.8 中的 Leibniz 法则 (1.26), 易见联络是一个局部算子. 利用单位分解定理容易证明向量丛上一定存在联络. 当然, 若无进一步的条件限制, 向量丛上可有很多联络 (事实上它们构成一个无穷维仿射空间). 在许多情形下, 对几何学来讲重要的是寻找并研究满足某些特定几何条件的联络.

设 $X \in \Gamma(TM)$ 是 TM 的任一光滑截面, 则联络 ∇^E 通过 TM 与 T^*M 的配合可诱导典型映射

$$\nabla^E_X : \Gamma(E) \longrightarrow \Gamma(E), \quad \nabla^E_X s := (\nabla^E s)(X), \forall s \in \Gamma(E),$$

称为 ∇^E 沿 X 的**协变导数**.

---

① 当 E 为实向量丛时, ∇^E 只需改为实线性算子, 其余不变.

如同外微分算子 d, 联络 ∇^E 可典则地扩充为下面的映射 (仍记为 ∇^E),

$$\nabla^E : \Omega^*(M, E) \longrightarrow \Omega^{*+1}(M, E), \tag{1.27}$$

使得对于任意的 $\omega \in \Omega^*(M)$, $s \in \Gamma(E)$,

$$\nabla^E : \omega s \mapsto (d\omega)s + (-1)^{\deg \omega} \omega \wedge \nabla^E s. \tag{1.28}$$

对于流形 M 上的一个实 (复) 超向量丛 $E = E_+ \oplus E_-$, Quillen 在文 [Q] 中引入了一个**超联络**的概念.

定义 1.9　设 $E = E_+ \oplus E_-$ 是流形 M 上的一个实 (复) 超向量丛. E 上的**超联络**

$$\mathbf{A} : \Omega^*(M, E) \to \Omega^*(M, E)$$

是一关于 $\Omega^*(M, E)$ 中的 $\mathbf{Z}_2$-分次为奇次的实 (复) 线性算子, 且对任意的 $\alpha \in \Omega^*(M)$, $s \in \Omega^*(M, E)$, 如下 $\mathbf{Z}_2$-分次意义下的 **Leibniz 法则**成立:

$$\mathbf{A}(\alpha \wedge s) = (d\alpha) \wedge s + (-1)^{\deg \alpha} \alpha \wedge \mathbf{A}s. \tag{1.29}$$

由式 (1.28) 看出, M 上一个向量丛 E, 作为一个自然的超向量丛, 其上任一个联络 ∇^E 在定义 1.9 意义下是 E 上的一个超联络.

对于任一超向量丛 $E = E_+ \oplus E_-$, 设 $\nabla^{E_\pm}$ 分别是 $E_\pm$ 上的联络 (一定存在). 易见

$$\mathbf{A} := \nabla^{E_+} \oplus \nabla^{E_-}$$

是 E 上的一个超联络. 进而, 对于任意的 $V \in \Gamma(\mathrm{End}_-(E)) = \Omega^0(M, \mathrm{End}_-(E))$,

$$\mathbf{A}_V := (\nabla^{E_+} \oplus \nabla^{E_-}) + V \tag{1.30}$$

亦是 E 上的一个超联络.

利用式 (1.29), 可知超向量丛 E 上的超联络 $\mathbf{A}$ 是一局部算子, 它由其在 $\Omega^0(M, E)$ 上的取值决定. 此时关于 $\Omega^*(M, E)$ 中的 $\mathbf{Z}$-分次

$$\Omega^*(M, E) = \bigoplus_{k=0}^{\dim M} \Omega^k(M, E),$$

$\mathbf{A}$ 在 $\Omega^0(M, E)$ 上可写为

$$\mathbf{A}\big|_{\Omega^0(M, E)} = \sum_{k=0}^{\dim M} \mathbf{A}_{[k]}, \tag{1.31}$$

其中: 当 $k \neq 1$ 时,

$$\mathbf{A}_{[k]} : \Omega^0(M, E) \to \Omega^k(M, E) \tag{1.32}$$

是一 $C^\infty(M)$-线性映射; 而当 $k = 1$ 时,

$$\mathbf{A}_{[1]} : \Omega^0(M, E) \to \Omega^1(M, E) \tag{1.33}$$

是向量丛 E 上的一个普通的联络, 且保持 E 中的 $\mathbf{Z}_2$-分次.

联络概念的重要性在于它的曲率.

定义 1.10　设 $\mathbf{A}$ 是超向量丛 $E = E_+ \oplus E_-$ 上的一个超联络. 则 $\mathbf{A}$ 的**曲率**定义为

$$\mathbf{A}^2 : \Omega^*(M, E) \to \Omega^*(M, E).$$

为简洁起见, 我们记 $R^E = \mathbf{A}^2 (= \mathbf{A} \wedge \mathbf{A})$.

若 (不分次的) 向量丛 E 上存在一个 (普通的) 联络 ∇^E, 使得其曲率 $R^E = 0$, 则称该向量丛 E 是**平坦的**. 此时联络 ∇^E 称为 E 上的一个**平坦联络**[1]. 一般而言, 一个向量丛不一定是平坦的.

曲率的下述性质至关重要.

性质 1.1　设 $\mathbf{A}$ 是超向量丛 $E = E_+ \oplus E_-$ 上的一个超联络. 则曲率 $R^E = \mathbf{A}^2$ 是 $\Omega^*(M)$-线性的, 即对任意的 $\alpha \in \Omega^*(M)$ 和 $s \in \Omega^*(M, E)$, 有

$$R^E(\alpha \wedge s) = \alpha \wedge R^E s. \tag{1.34}$$

证明　由式 (1.29) 可知

$$R^E(\alpha \wedge s)$$
$$= \mathbf{A}((d\alpha) \wedge s + (-1)^{\deg \alpha} \alpha \wedge \mathbf{A}s)$$
$$= (-1)^{\deg d\alpha} d\alpha \wedge \mathbf{A}s + (-1)^{\deg \alpha}(d\alpha) \wedge \mathbf{A}s + (-1)^{\deg \alpha}(-1)^{\deg \alpha} \alpha \wedge \mathbf{A}^2 s$$
$$= \alpha \wedge R^E s. \qquad \qquad \square$$

由性质 1.1, R^E 可视为 $\Omega_+^*(M, \mathrm{End}(E)) := \Gamma((\Lambda^*(T^*M)\widehat{\otimes}\mathrm{End}(E))_+)$ 中的一个元素. 特别地, 对于向量丛 E 上的联络 ∇^E, 我们有

$$R^E \in \Omega^2(M, \mathrm{End}(E)). \tag{1.35}$$

---

[1] 对于一个平坦向量丛 (E, ∇^E), 类似于 de Rham 上同调群, 我们可定义相应的复形 $(\Omega^*(M, E), \nabla^E)$ 及联系于该复形的上同调群.

此时, 对于 TM 的任意两个光滑截面 $X, Y \in \Gamma(TM)$, 容易证明 $R^E(X,Y)$ 作为 $\Gamma(\mathrm{End}(E))$ 的元素由下式给出:

$$R^E(X,Y) = \nabla_X^E \nabla_Y^E - \nabla_Y^E \nabla_X^E - \nabla_{[X,Y]}^E, \qquad (1.36)$$

其中 $[X,Y] \in \Gamma(TM)$ 是 X 与 Y 的 **Lie 括号积**, 其定义为: 对任意的 $f \in C^\infty(M)$,

$$[X,Y]f = X(Yf) - Y(Xf) \in C^\infty(M).$$

最后, 对于超联络 **A**, 我们有如下显然成立的 **Bianchi 恒等式**:

定理 1.2 $[\mathbf{A}, (\mathbf{A}^2)^k]_s = 0$, 这里 $k = 1, 2, \cdots$.

1.3 陈-Weil 定理

本节我们将采用 Quillen 的超联络的观念, 对示性类的**陈-Weil 理论**做一简明的介绍.

1.3.1 陈-Weil 定理

引理 1.4 若 **A** 是超向量丛 $E = E_+ \oplus E_-$ 上的一个超联络, 则对任意的 $L \in \Omega^*(M, \mathrm{End}(E))$, 有

$$\mathrm{str}\,[[\mathbf{A}, L]_s] = d\,\mathrm{str}[L]. \qquad (1.37)$$

证明 首先, 若 $\mathbf{A}_1$ 是 E 的另一超联络, 则由超联络定义中的 Leibniz 法则可以证明:

$$\mathbf{A} - \mathbf{A}_1 \in \Omega_-^*(M, \mathrm{End}(E)).$$

再由引理 1.3 立得

$$\mathrm{str}\,[[\mathbf{A} - \mathbf{A}_1, L]_s] = 0.$$

也即, 式 (1.37) 的左端与 **A** 的选取无关.

另一方面, 式 (1.37) 中涉及的运算显然都是局部的. 因此, 对于任意的 $p \in M$, 我们可取 p 的一个充分小的开邻域 U_p, 使得 $E_\pm|_{U_p}$ 为平凡向量丛. 此时选取 $E|_{U_p}$ 的平凡 (超) 联络 d. 易见, 式 (1.37) 对该平凡 (超) 联络自然成立.

最后, 综合式 (1.37) 关于超联络的独立性及其局部性, 立即得知式 (1.37) 在整个流形 M 上成立. $\qquad\square$

设

$$f(x) = a_0 + a_1 x + \cdots + a_k x^k$$

是关于未定元 x 的任一多项式.

设 $R^E = \mathbf{A}^2$ 为超向量丛 $E = E_+ \oplus E_-$ 上超联络 $\mathbf{A}$ 的曲率. 则由式 (1.13) 及

$$\Omega_+^*(M, \mathrm{End}(E)) = \Omega^{\mathrm{even}}(M, \mathrm{End}_+(E)) \oplus \Omega^{\mathrm{odd}}(M, \mathrm{End}_-(E)),$$

我们有

$$f(R^E) = a_0 + a_1 R^E + \cdots + a_k \left(R^E\right)^k \in \Omega_+^*(M, \mathrm{End}(E))$$

的超迹 $\mathrm{str}\left[f\left(R^E\right)\right]$ 是 $\Omega^{\mathrm{even}}(M)$ 中的元素.

我们现在可以给出**陈-Weil 定理** (参见 [Chern3]) 的一种形式如下:

定理 1.3 (i) 微分形式 $\mathrm{str}\left[f\left(R^E\right)\right] \in \Omega^{\mathrm{even}}(M)$ 是闭的, 即

$$d\,\mathrm{str}\left[f\left(R^E\right)\right] = 0;$$

(ii) 若 $\widetilde{\mathbf{A}}$ 是 E 的另一超联络, $\widetilde{R}^E$ 为相应的曲率, 则存在微分式 $\omega \in \Omega^*(M)$, 使得

$$\mathrm{str}\left[f\left(R^E\right)\right] - \mathrm{str}\left[f\left(\widetilde{R}^E\right)\right] = d\,\omega. \tag{1.38}$$

证明 (i) 由引理 1.4 及定理 1.2 中的 Bianchi 恒等式可直接验证

$$\begin{aligned}
d\,\mathrm{str}\left[f\left(R^E\right)\right] &= \mathrm{str}\left[\left[\mathbf{A}, f\left(R^E\right)\right]_s\right] \\
&= \mathrm{str}\left[a_1\left[\mathbf{A}, R^E\right]_s + \cdots + a_k\left[\mathbf{A}, \left(R^E\right)^k\right]_s\right] \\
&= 0.
\end{aligned}$$

(ii) 对任意的 $t \in [0,1]$, 令

$$\mathbf{A}_t = (1-t)\mathbf{A} + t\widetilde{\mathbf{A}}, \tag{1.39}$$

其为 E 上一簇形变超联络, 满足 $\mathbf{A}_0 = \mathbf{A}$, $\mathbf{A}_1 = \widetilde{\mathbf{A}}$. 易见

$$\frac{d\mathbf{A}_t}{dt} = \widetilde{\mathbf{A}} - \mathbf{A} \in \Omega_-^*(M, \mathrm{End}(E)).$$

设 R_t^E 为 $\mathbf{A}_t$ 的曲率. 以下我们研究当 t 在 $[0,1]$ 中变动时, $\mathrm{str}\left[f(R_t^E)\right]$ 的变化.

令 $f'(x)$ 记 $f(x)$ 关于 x 求导得到的多项式. 我们有

$$\frac{d}{dt}\mathrm{str}\left[f(R_t^E)\right] = \mathrm{str}\left[\frac{dR_t^E}{dt}f'(R_t^E)\right] = \mathrm{str}\left[\frac{d(\mathbf{A}_t)^2}{dt}f'(R_t^E)\right]$$

$$= \mathrm{str}\left[\left[\mathbf{A}_t, \frac{d\mathbf{A}_t}{dt}\right]_s f'(R_t^E)\right] = \mathrm{str}\left[\left[\mathbf{A}_t, \frac{d\mathbf{A}_t}{dt}f'(R_t^E)\right]_s\right],$$

其中最后一个等式来自 Bianchi 恒等式.

现由引理 1.4 立得

$$\frac{d}{dt}\mathrm{str}\left[f(R_t^E)\right] = d\,\mathrm{str}\left[\frac{d\mathbf{A}_t}{dt}f'(R_t^E)\right]. \tag{1.40}$$

从而有如下的**超渡公式**:

$$\mathrm{str}\left[f\left(R^E\right)\right] - \mathrm{str}\left[f\left(\widetilde{R}^E\right)\right] = -d\int_0^1 \mathrm{str}\left[\frac{d\mathbf{A}_t}{dt}f'(R_t^E)\right]dt. \tag{1.41}$$

这就完成了 (ii) 的证明. □

注记 1.1 1. 定理 1.3 对于具有收敛半径 $+\infty$ 的任意形式幂级数 f 成立.

2. 对于一个不分次的向量丛 E, 设 ∇^E 是 E 上的一个联络, 注意到其曲率 $R^E = (\nabla^E)^2 \in \Omega^2(M, \mathrm{End}(E))$, 从而当 $k > \dim M/2$ 时, 有 $(R^E)^k = 0$. 此时定理 1.3 中的多项式可取为任何形式幂级数, 相应的 str 及 $[\cdot,\cdot]_s$ 自然变为了 tr 及 $[\cdot,\cdot]$.

1.3.2 示性式, 示性类和示性数

本小节只涉及不分次的向量丛的情形. 对于超向量丛的情形, 读者可根据注记 1.1 做相应的变化.

由注记 1.1 及定理 1.3(i), 对于任意形式幂级数 f, $\mathrm{tr}\left[f(\frac{\sqrt{-1}}{2\pi}R^E)\right]$ 作为闭微分式决定了一个上同调类 $\left[\mathrm{tr}\left[f(\frac{\sqrt{-1}}{2\pi}R^E)\right]\right] \in H_{\mathrm{dR}}^*(M; \mathbf{C})$. 而式 (1.38) 说明该类不依赖于联络 ∇^E 的选取.

定义 1.11 (i) 微分式 $\mathrm{tr}\left[f(\frac{\sqrt{-1}}{2\pi}R^E)\right]$ 称为 E 的联系于 ∇^E 和 f 的**示性式**, 记为 $f(E, \nabla^E)$.

(ii) 上同调类 $\left[\mathrm{tr}\left[f(\frac{\sqrt{-1}}{2\pi}R^E)\right]\right]$ 称为 E 的联系于 f 的**示性类**, 记为 $f(E)$.

示性式是相应示性类的微分形式代表元. 我们也称若干个示性式 (示性类) 的乘积为一个 (新的) 示性式 (示性类).

以下我们假设流形 M 是闭、定向的, 从而微分式可在 M 上积分.

设 $E_1, \cdots, E_k$ 为 M 上 k 个复向量丛, $\nabla^{E_1}, \cdots, \nabla^{E_k}$ 分别是它们上的联络.

给定 k 个幂级数 $f_1, \cdots, f_k$, 则可构造示性式

$$f_1(E_1, \nabla^{E_1}) \cdots f_k(E_k, \nabla^{E_k}) \in \Omega^*(M).$$

令 $\left\{ f_1(E_1, \nabla^{E_1}) \cdots f_k(E_k, \nabla^{E_k}) \right\}^{\max}$ 为该形式在 $\Omega^{\dim M}(M)$ 中的分量.

引理 1.5   由下式定义的数

$$\int_M f_1(E_1, \nabla^{E_1}) \cdots f_k(E_k, \nabla^{E_k})$$
$$= \int_M \left\{ f_1(E_1, \nabla^{E_1}) \cdots f_k(E_k, \nabla^{E_k}) \right\}^{\max} \tag{1.42}$$

不依赖于联络 ∇^{E_i} 的选取, $1 \leqslant i \leqslant k$.

证明   不失一般性, 我们假设 $\widetilde{\nabla}^{E_1}$ 为 E_1 的另一联络. 由定理 1.3(ii), 存在 M 上的微分式 ω 满足

$$f_1(E_1, \nabla^{E_1}) - f_1(E_1, \widetilde{\nabla}^{E_1}) = d\omega.$$

再利用定理 1.3(i) 以及 Stokes 公式可得

$$\int_M f_1(E_1, \nabla^{E_1}) \cdots f_k(E_k, \nabla^{E_k})$$
$$- \int_M f_1(E_1, \widetilde{\nabla}^{E_1}) f_2(E_2, \nabla^{E_2}) \cdots f_k(E_k, \nabla^{E_k})$$
$$= \int_M d \left(\omega f_2(E_2, \nabla^{E_2}) \cdots f_k(E_k, \nabla^{E_k}) \right) = 0,$$

引理由此得证.   □

由式 (1.42) 定义的数称为联系于示性类 $f_1(E_1) \cdots f_k(E_k)$ 的**示性数**, 记为 $\langle f_1(E_1) \cdots f_k(E_k), [M] \rangle$[1].

---

[1] 这里, $[M]$ 表示流形 M 代表的基本类, 而符号 $\langle \cdot, [M] \rangle$ 表示 M 的某个上同调类在基本类 $[M]$ 上的赋值.

1.4 一些例子

本节我们将给出一些人们熟知的、出现在几何和拓扑许多方面的重要示性类.

1.4.1 陈形式和陈类

设 ∇^E 是光滑定向闭流形 M 上复向量丛 E 的联络, R^E 是 ∇^E 的曲率. 联系于 ∇^E 的 (全) 陈形式 $c(E, \nabla^E)$ 定义为

$$c(E, \nabla^E) := \det\left(I + \frac{\sqrt{-1}}{2\pi} R^E\right), \qquad (1.43)$$

其中 I 是 E 的恒等自同态.

注意到

$$\det\left(I + \frac{\sqrt{-1}}{2\pi} R^E\right) = \exp\left(\operatorname{tr}\left[\log\left(I + \frac{\sqrt{-1}}{2\pi} R^E\right)\right]\right), \qquad (1.44)$$

及 $\log(1+x)$ 与 $\exp(x)$ 下面的幂级数展开式

$$\log(1+x) = x - \frac{x^2}{2} + \cdots + \frac{(-1)^{n+1} x^n}{n} + \cdots,$$

$$\exp(x) = 1 + x + \frac{x^2}{2} + \cdots + \frac{x^n}{n!} + \cdots,$$

由定义 1.11 即知 $c(E, \nabla^E)$ 为一示性形式. 与之相联系的示性类记为 $c(E)$, 称为 E 的 (全) 陈类.

由式 (1.43) 易见 (全) 陈形式有如下分解:

$$c(E, \nabla^E) = 1 + c_1(E, \nabla^E) + \cdots + c_k(E, \nabla^E) + \cdots,$$

其中

$$c_i(E, \nabla^E) \in \Omega^{2i}(M).$$

我们称 $c_i(E, \nabla^E)$ 为联系于 ∇^E 的第 i 个陈形式, 记联系于其的上同调类为 $c_i(E)$, 称为 E 的第 i 个陈类.

若将式 (1.44) 写为下面的形式

$$\log\left(\det\left(I + \frac{\sqrt{-1}}{2\pi} R^E\right)\right) = \operatorname{tr}\left[\log\left(I + \frac{\sqrt{-1}}{2\pi} R^E\right)\right], \qquad (1.45)$$

则由上述 $\log(1+x)$ 的幂级数展开式可知, 对任意的整数 $k \geqslant 0$, $\operatorname{tr}\left[(R^E)^k\right]$ 可写成某些 $c_i(E, \nabla^E)$ 的乘积的线性组合.

这也确立了陈类在复向量丛示性类中的基本重要性.

1.4.2　实向量丛的 Pontrjagin 类

现设 E 是 M 上的一个实向量丛, ∇^E 是 E 的联络, R^E 是 ∇^E 的曲率.

容易看出除将复系数换为实系数外, 对实向量丛上的联络可做与 1.2、1.3 节完全类似的讨论. 此外, 相应的陈-Weil 定理有与定理 1.3 完全相同的陈述和证明.

类似于复向量丛上的陈形式, 现在我们定义联系于 ∇^E 的 (全) Pontrjagin 形式为

$$p(E, \nabla^E) := \det\left(\left(I - \left(\frac{R^E}{2\pi}\right)^2\right)^{1/2}\right). \tag{1.46}$$

与之联系的示性类 $p(E)$ 称为 (全) Pontrjagin 类.

显然, $p(E, \nabla^E)$ 有分解

$$p(E, \nabla^E) = 1 + p_1(E, \nabla^E) + \cdots + p_k(E, \nabla^E) + \cdots,$$

其中对 $i \geqslant 0$, 有

$$p_i(E, \nabla^E) \in \Omega^{4i}(M).$$

我们称 $p_i(E, \nabla^E)$ 为联系于 ∇^E 的第 i 个 **Pontrjagin 形式**, 与之相联系的上同调类 $p_i(E)$ 称为 E 的第 i 个 **Pontrjagin 类**.

与 1.4.1 节末尾的讨论一样, Pontrjagin 类在实向量丛示性类中同样具有基本的重要性.

最后, 考虑实向量丛 E 的复化 $E \otimes \mathbf{C}$. 此时 E 的 Pontrjagin 类与 $E \otimes \mathbf{C}$ 的陈类之间有如下的密切关系 (通常被用来作为 Pontrjagin 类的定义): 对任意的整数 $i \geqslant 0$,

$$p_i(E) = (-1)^i c_{2i}(E \otimes \mathbf{C}). \tag{1.47}$$

注记 1.2　陈类, Pontrjagin 类及模 2 系数的 Stiefel-Whitney 类都是吴文俊在他的法国国家博士论文里首次命名的 (参见 [WuWJ]).

1.4.3　Hirzebruch 的 L-类、$\widehat{A}$-类和 Td-类

本小节我们将介绍一些对于流形切丛来说具有特殊重要性的示性类. 这些示性类首先是由 Hirzebruch (参见 [Hi]) 引入的.

首先我们介绍 L-类, 它联系于函数[①]

$$L(x) = \frac{x}{\tanh(x)}.$$

设 ∇^{TM} 为光滑闭流形 M 的切丛 TM 上的一个联络, R^{TM} 记 ∇^{TM} 的曲率.

联系于 ∇^{TM} 的 L-形式 $L(TM, \nabla^{TM})$ 定义为

$$L(TM, \nabla^{TM}) := \det\left(\left(\frac{\frac{\sqrt{-1}}{2\pi}R^{TM}}{\tanh\left(\frac{\sqrt{-1}}{2\pi}R^{TM}\right)}\right)^{1/2}\right) \in \Omega^*(M). \tag{1.48}$$

记与之相联系的上同调类为 $L(TM)$, 称为 TM 的 L-类. 当 M 为一定向闭流形时, 由下式定义的数

$$L(M) := \langle L(TM), [M] \rangle = \int_M L(TM, \nabla^{TM}) \tag{1.49}$$

称为 M 的 L-亏格.

作为特例, 当 $\dim M = 4$ 时, 有

$$\left\{L(TM, \nabla^{TM})\right\}^{\max} = \frac{1}{3}p_1(TM, \nabla^{TM}). \tag{1.50}$$

L-类的重要性在于 **Hirzebruch 符号差定理** (参见 [Hi] 及本书第十章). 该定理是说: 当 M 为一定向闭流形时, L-亏格 $L(M)$ 等于 M 的**符号差** $\text{Sign}(M)$[②]. 特别地有, $L(M)$ 是整数.

诸如 $L(M)$ 等示性数的整性是极其非平凡的. 有时, 我们也经常用到如下定义的流形切丛的 $\widehat{L}$-示性式 $\widehat{L}(TM, \nabla^{TM})$ (参见 [HZ]):

$$\widehat{L}(TM, \nabla^{TM}) := \det\left(\left(\frac{\frac{\sqrt{-1}}{2\pi}R^{TM}}{\tanh\left(\frac{\sqrt{-1}}{4\pi}R^{TM}\right)}\right)^{1/2}\right) \in \Omega^*(M). \tag{1.51}$$

记与之相联系的上同调类为 $\widehat{L}(TM)$.

另一个重要的示性类即所谓的 $\widehat{A}$-类, 它联系于函数

$$\widehat{A}(x) = \frac{x/2}{\sinh(x/2)}.$$

---

① 本小节涉及的双曲三角函数定义参见附录 B.

② 流形的符号差定义如下: 对于 $4m$ 维定向闭流形 M, $B([\omega], [\omega']) = \int_M \omega \wedge \omega'$ 定义了 $H_{\mathrm{dR}}^{2m}(M; \mathbf{R})$ 上一个自然的对称二次型 $B : H_{\mathrm{dR}}^{2m}(M; \mathbf{R}) \times H_{\mathrm{dR}}^{2m}(M; \mathbf{R}) \to \mathbf{R}$. 此时定义 M 的符号差 $\text{Sign}(M)$ 为该二次型 B 的符号差 $\text{Sign}(B)$. 若 $\dim M$ 不能被 4 整除, 则定义其符号差为零. 详见本书第十章.

此时, 联系于 ∇^{TM} 的 $\widehat{A}$-**形式**定义为

$$\widehat{A}(TM, \nabla^{TM}) := \det\left(\left(\frac{\frac{\sqrt{-1}}{4\pi}R^{TM}}{\sinh\left(\frac{\sqrt{-1}}{4\pi}R^{TM}\right)}\right)^{1/2}\right) \in \Omega^*(M), \qquad (1.52)$$

并记与之相联系的上同调类为 $\widehat{A}(TM)$.

作为一种特殊情形, 当 $\dim M = 4$ 时, 有

$$\left\{\widehat{A}(TM, \nabla^{TM})\right\}^{\max} = -\frac{1}{24}p_1(TM, \nabla^{TM}). \qquad (1.53)$$

当 M 为一定向闭流形时, 定义 M 的 $\widehat{A}$-**亏格** $\widehat{A}(M)$ 为

$$\widehat{A}(M) := \left\langle\widehat{A}(TM), [M]\right\rangle = \int_M \widehat{A}(TM, \nabla^{TM}). \qquad (1.54)$$

由式 (1.50) 和式 (1.53) 可知, 若 $\dim M = 4$, 则有

$$L(M) = -8\widehat{A}(M). \qquad (1.55)$$

最后我们来介绍 n 维复流形 M 的全纯切丛 TM 的 Todd-**类** $\mathrm{Td}(TM)$, 它联系于函数

$$\mathrm{Td}(x) = \frac{x}{1 - e^{-x}}.$$

此时, 对于全纯切丛 TM 上的任意一个联络 ∇, $R := \nabla^2$ 是相应的曲率. 联系于联络 ∇ 的 Td-**形式**定义为

$$\mathrm{Td}(TM, \nabla) := \det\left(\frac{\frac{\sqrt{-1}}{2\pi}R}{1 - \exp(-\frac{\sqrt{-1}}{2\pi}R)}\right) \in \Omega^*(M), \qquad (1.56)$$

并记与之相联系的上同调类为 $\mathrm{Td}(TM)$.

当 M 还是一闭流形时[1], 定义 M 的 Td-**亏格** $\mathrm{Td}(M)$ 为

$$\mathrm{Td}(M) := \langle\mathrm{Td}(TM), [M]\rangle := \int_M \mathrm{Td}(TM, \nabla). \qquad (1.57)$$

注记 1.3　由 Borel 和 Hirzebruch [BH] 的一个定理可知, 若 M 是闭的**自旋流形**[2], 则 $\widehat{A}(M)$ 也是**整数**. 此外, 当 $\dim M \equiv 4 \mod 8$ 时, Atiyah 和 Hirzebruch [AtH1] 还证明了一个更精细的结果, 即, $\widehat{A}(M)$ 为**偶数**. 将该结果与式 (1.55) 结合起来, 便重新得到了著名的 Rokhlin 定理, 即四维光滑闭自旋流形的符号差可被 16 整除.

---

[1] 注意复流形上带有自然的定向.

[2] 关于自旋流形更详细的内容可参考 Lawson 和 Michelsohn [LaM] 及本书第十一章.

注记 1.4 文章 [AtH1] 和 [BH] 中给出的证明是纯拓扑的和间接的. 寻找这些整性定理更合理和更直接解释的尝试, 导致了著名的 **Atiyah-Singer 指标定理** (见 [AtS1] 及本书第十一章) 的发现. 有兴趣了解 Atiyah-Singer 指标理论的读者, 可参考 Atiyah 与 Singer 的原始文章 [AtS1], [AtS2], [AtS3], [AtS4], [AtS5] 及参考书 [BGV], [LaM], [Y2], [Y3]. 在本书第十一章我们也将介绍 Atiyah-Singer 的 Dirac 算子指标定理的一个热方程证明.

注记 1.5 另一方面, 上述 Rokhlin 定理的高维推广最先由 Ochanine [O] 给出, 他证明了 $8k+4$ 维光滑闭自旋流形的符号差可被 16 整除. 刘克峰 [Liu2] 给出了该结果的一个新证明. 该证明用到了椭圆亏格, 特别涉及一个可将式 (1.55) 推广到任意维数的 "神奇" 消去公式. 该公式的 12 维情形是由物理学家 Alvarez-Gaumé 和 Witten [AGW] 首先发现的. 后来韩飞和张伟平又把 Alvarez-Gaumé 和 Witten 以及刘克峰的结果推广到了 spin^c-流形的情形, 参见 [HZ].

1.4.4　K-群和陈特征

现在我们回到复超向量丛 $E = E_+ \oplus E_-$ 的情形. 设 ∇^{E_+}, ∇^{E_-} 分别为 E_+, E_- 上的联络, 视 $\mathbf{A} = \nabla^{E_+} + \nabla^{E_-}$ 是 E 上的一个超联络, 与 $\mathbf{A}$ 相伴的**陈特征形式**定义为

$$\mathrm{ch}(E, \mathbf{A}) := \mathrm{str}\left[\exp\left(\frac{\sqrt{-1}}{2\pi}\mathbf{A}^2\right)\right] \in \Omega^{\mathrm{even}}(M). \tag{1.58}$$

记与之相联系的上同调类为 $\mathrm{ch}(E)$, 称为 E 的**陈特征**.

陈特征的另一个定义是将 $\mathrm{str}\left[\exp(\mathbf{A}^2)\right]$ 写为

$$\mathrm{str}\left[\exp(\mathbf{A}^2)\right] = \sum_i w^i, \quad w^i \in \Omega^{2i}(M), \tag{1.59}$$

则有

$$\mathrm{ch}(E, \mathbf{A}) = \sum_i \left(\frac{\sqrt{-1}}{2\pi}\right)^i w^i. \tag{1.60}$$

上面的系数对于得到整性结果是必需的.

陈特征的重要性体现在它与 M 的 K-**群**之间的密切联系中[①].

[①] 关于 K-群或 K-理论的内容详见 [At3].

熟知, 若 E, F 是 M 上的两个复向量丛, 则可构造 E 和 F 的 Whitney 直和 $E \oplus F$, 其作为 M 上的向量丛, 在每一点 $x \in M$ 处的纤维 $(E \oplus F)_x$ 是纤维 E_x 与 F_x 的直和 $E_x \oplus F_x$.

由式 (1.58), 若 E 和 F 是 M 上的两个复向量丛, 则显然有

$$\mathrm{ch}(E \oplus F) = \mathrm{ch}(E) + \mathrm{ch}(F) \quad \in H_{\mathrm{dR}}^{\mathrm{even}}(M; \mathbf{C}). \tag{1.61}$$

令 $\mathrm{Vect}(M)$ 为 M 上全体复向量丛构成的集合. 则在 Whitney 直和运算下, $\mathrm{Vect}(M)$ 成为一个交换半群.

下面我们在 $\mathrm{Vect}(M)$ 中引进一个等价关系 "$\sim$": 两个向量丛 E 和 F 彼此等价, 若存在 M 上的向量丛 G, 使得 $E \oplus G$ 同构于 $F \oplus G$.

$\mathrm{Vect}(M)$ 在该等价关系下的商空间 $\mathrm{Vect}(M)/\sim$ 仍然是交换半群.

依照 Atiyah 和 Hirzebruch [AtH2], 我们定义 M 的 **K-群** $K(M)$ 为 $\mathrm{Vect}(M)/\sim$, 其群结构由上述交换半群典则诱导. 从而由式 (1.61), 易知陈特征可自然地扩充为同态

$$\mathrm{ch} : K(M) \longrightarrow H_{\mathrm{dR}}^{\mathrm{even}}(M; \mathbf{C}).$$

这个同态的重要性在于下述 Atiyah 和 Hirzebruch [AtH2] 的结果: 对于定向闭流形 M, 如果忽略 $K(M)$ 中的挠元素, 那么诱导同态

$$\mathrm{ch} : K(M) \otimes \mathbf{C} \longrightarrow H_{\mathrm{dR}}^{\mathrm{even}}(M; \mathbf{C})$$

事实上是一个**同构**.

另一方面, 1.4.3 小节中的整性定理可以推广到允许系数为复向量丛的情形. 例如: 对于任意偶数维定向闭流形 M 上的任意复向量丛 E, 示性数

$$\langle \widehat{L}(TM) \, \mathrm{ch}(E), [M] \rangle$$

是整数; 对于任意偶数维定向闭自旋流形 M 上的任意复向量丛 E, 示性数

$$\langle \widehat{A}(TM) \, \mathrm{ch}(E), [M] \rangle$$

是整数 (参考 [AtH1]).

当然, 这里所有的整性结果都是 Atiyah-Singer 指标定理的特殊情形.

注记 1.6　利用本节定义的陈特征形式, 注记 1.5 中提到的 Alvarez-Gaumé

和 Witten 在 12 维的公式可以写为[1]

$$\left\{ \widehat{L}(TM, \nabla^{TM}) \right\}^{(12)}$$
$$= \left\{ 8\widehat{A}(TM, \nabla^{TM}) \operatorname{ch}(T_{\mathbf{C}}M, \nabla^{T_{\mathbf{C}}M}) - 32\widehat{A}(TM, \nabla^{TM}) \right\}^{(12)}.$$

若 c 为 M 上一个闭 2-形式, 则韩飞和张伟平 [HZ] 在 12 维的推广可以写为

$$\left\{ \frac{\widehat{L}(TM, \nabla^{TM})}{\cosh^2\left(\frac{c}{2}\right)} \right\}^{(12)}$$
$$= \left\{ \left[8\widehat{A}(TM, \nabla^{TM}) \operatorname{ch}(T_{\mathbf{C}}M, \nabla^{T_{\mathbf{C}}M}) - 32\widehat{A}(TM, \nabla^{TM}) \right. \right.$$
$$\left. \left. -24\widehat{A}(TM, \nabla^{TM})(e^c + e^{-c} - 2) \right] \cosh\left(\frac{c}{2}\right) \right\}^{(12)}.$$

1.4.5 陈-Simons 超渡形式

现在我们进一步考查如下公式 (也见式 (1.41)):

$$\operatorname{str}\left[f\left(R^E\right) \right] - \operatorname{str}\left[f\left(\widetilde{R}^E\right) \right] = -d \int_0^1 \operatorname{str}\left[\frac{d\mathbf{A}_t}{dt} f'(R_t^E) \right] dt. \tag{1.62}$$

出现在上式右端的超渡项

$$-\int_0^1 \operatorname{str}\left[\frac{d\mathbf{A}_t}{dt} f'(R_t^E) \right] dt \tag{1.63}$$

通常被称为**陈-Simons 形式**.

在许多有意思的情形, 该项是一个闭微分式, 从而给出 $H_{\mathrm{dR}}^*(M; \mathbf{C})$ 中的一个上同调类.

一个典型的例子是 ∇^E 和 $\widetilde{\nabla}^E$ 为**平坦联络**, 即 R^E 和 $\widetilde{R}^E$ 均为零的情形.

我们下面考虑另一个典型例子: 三维定向光滑闭流形 M 的切丛[2].

利用源于 Stiefel [St] 的一个经典结果: 三维定向光滑闭流形 M 的切丛 TM 是拓扑平凡的, 我们可以选取 TM 的一个整体截面基 e_1, e_2, e_3. 对任意的截面 $X \in \Gamma(TM)$, 其可写为

$$X = f_1 e_1 + f_2 e_2 + f_3 e_3,$$

---

[1] 这里假定 ∇^{TM} 是 M 上某个 Riemann 度量的 Levi-Civita 联络. 关于 Riemann 几何的基础知识参见 [ChernC].

[2] 如前面所指出的, 尽管我们是对复向量丛情形证明了式 (1.41), 但同样的做法无须改动地对实向量丛也适用.

其中 f_1, f_2, f_3 为 M 上的光滑函数.

令 d^{TM} 记如下定义的 TM 上的联络

$$d^{TM}(f_1 e_1 + f_2 e_2 + f_3 e_3) = df_1 \cdot e_1 + df_2 \cdot e_2 + df_3 \cdot e_3.$$

则 TM 上的任意联络 ∇^{TM} 可写为

$$\nabla^{TM} = d^{TM} + A,$$

其中

$$A \in \Omega^1(M, \mathrm{End}(TM)).$$

对任意的 $t \in [0, 1]$, 令

$$\nabla_t^{TM} = d^{TM} + tA.$$

取 $f(x) = -x^2$.

由于维数的原因, 微分形式 (1.63) 是闭的, 且有

$$-\int_0^1 \mathrm{tr}\left[\frac{d\nabla_t^{TM}}{dt} f'(R_t^{TM})\right] dt = -\int_0^1 \mathrm{tr}\left[A(-2)\left(d^{TM} + tA\right)^2\right] dt$$

$$= 2\int_0^1 \mathrm{tr}\left[tA \wedge d^{TM}A + t^2 A \wedge A \wedge A\right] dt$$

$$= \mathrm{tr}\left[A \wedge d^{TM}A + \frac{2}{3} A \wedge A \wedge A\right].$$

在相差一个常数的情况下, 上面的 3-形式正是近来频繁出现在拓扑、几何以及数学物理众多领域的**陈-Simons 形式** [ChernS] (如可参见 Witten 关于扭结的 Jones 多项式的文章 [Wi3]).

1.5　叶状结构的 Bott 消灭定理

作为陈-Weil 理论的一个应用, 我们介绍源于 Bott 的关于叶状结构的一个消灭定理. 关于由这个简单而漂亮的结果引发的进一步发展, 我们推荐有兴趣的读者参阅《Bott 论文集》第三卷 [Bo4].

1.5.1　叶状结构与 Bott 消灭定理

设 M 是一光滑闭流形, 设 $F \subseteq TM$ 为 TM 的子丛. F 称为 TM 的**可积子丛**, 如果对于 F 的任意两个光滑截面 $X, Y \in \Gamma(F)$, 它们的 Lie 括号仍是 F

的截面, 即

$$[X, Y] \in \Gamma(F). \tag{1.64}$$

因此, 根据 Frobenius 定理, 如果 $F \subseteq TM$ 是一个可积子丛, 那么对于任何 $p \in F$, 存在经过 p 点的一个 (极大) 子流形 $\mathcal{F}_p$, 使得 $T_p\mathcal{F}_p = F|_p$. $\mathcal{F}_p$ 称为 (由 F 决定的) 经过 p 点的一个叶片. 若 M 上存在一个可积子丛 $F \subseteq TM$, 则称 M 是一个由 F 叶状化的**叶状空间**.

现在我们假设 M 是一个由 TM 的可积子丛 F 叶状化的叶状空间. 令 TM/F 是 TM 关于 F 的商向量丛.

设 $p_{i_1}(TM/F), \cdots, p_{i_k}(TM/F)$ 为商丛 TM/F 的 k 个 Pontrjagin 类.

我们现在叙述 **Bott 消灭定理**如下:

定理 1.4   若 $i_1 + \cdots + i_k > (\dim M - \mathrm{rk}(F))/2$, 则在 $H_{\mathrm{dR}}^{4(i_1 + \cdots + i_k)}(M; \mathbf{R})$ 中有

$$p_{i_1}(TM/F) \cdots p_{i_k}(TM/F) = 0. \tag{1.65}$$

证明   为使论述简明, 我们选取 TM 上的一个 Riemann 度量 g^{TM}. 从而 TM 关于 g^{TM} 有正交分解

$$TM = F \oplus F^{\perp},$$

使得 F 和 $F^{\perp}$ 关于 g^{TM} 彼此正交. 熟知, TM/F 自然等同于 $F^{\perp}$.

令 ∇^{TM} 记 TM 上对应于 g^{TM} 的 Levi-Civita 联络. 令 g^F, $g^{F^{\perp}}$ 分别为 g^{TM} 在 F, $F^{\perp}$ 上的限制度量. 分别记 TM 到 F 及 $F^{\perp}$ 的正交投影为 p 及 $p^{\perp}$. 令

$$\nabla^F = p\nabla^{TM}p, \quad \nabla^{F^{\perp}} = p^{\perp}\nabla^{TM}p^{\perp}.$$

容易验证 ∇^F, $\nabla^{F^{\perp}}$ 分别为 F, $F^{\perp}$ 上的联络, 且分别保持度量 g^F, $g^{F^{\perp}}$.

此时, 要证明式 (1.65), 只需证明: 当 $i_1 + \cdots + i_k > (\dim M - \mathrm{rk}(F))/2$ 时, 存在一个光滑形式 $\omega \in \Omega^*(M)$, 使得

$$p_{i_1}(F^{\perp}, \nabla^{F^{\perp}}) \cdots p_{i_k}(F^{\perp}, \nabla^{F^{\perp}}) = d\omega. \tag{1.66}$$

按照 Bott 的想法, 我们可以在 $F^{\perp}$ 上构造一个新的联络 $\widetilde{\nabla}^{F^{\perp}}$, 使得

$$p_{i_1}(F^{\perp}, \widetilde{\nabla}^{F^{\perp}}) \cdots p_{i_k}(F^{\perp}, \widetilde{\nabla}^{F^{\perp}}) = 0, \tag{1.67}$$

其中 $i_1 + \cdots + i_k > (\dim M - \mathrm{rk}(F))/2$.

$F^\perp$ 上的这个联络称为 **Bott 联络**, 其定义如下:

定义 1.12　对任意的 $X \in \Gamma(TM)$, $U \in \Gamma(F^\perp)$:

(i) 若 $X \in \Gamma(F)$, 则定义

$$\widetilde{\nabla}_X^{F^\perp} U = p^\perp [X, U];$$

(ii) 若 $X \in \Gamma(F^\perp)$, 则定义 $\widetilde{\nabla}_X^{F^\perp} U = \nabla_X^{F^\perp} U$.

定义中的 (ii) 是非本质的. (i) 的重要性表现在如下 Bott 的结果中. 令 $\widetilde{R}^{F^\perp}$ 记 $\widetilde{\nabla}^{F^\perp}$ 的曲率.

引理 1.6　对于任意的 $X, Y \in \Gamma(F)$, 有

$$\widetilde{R}^{F^\perp}(X, Y) = 0.$$

证明　令 $Z \in \Gamma(F^\perp)$ 为 $F^\perp$ 的任一截面. 由上述定义中的 (i), 有

$$\begin{aligned}
\widetilde{R}^{F^\perp}(X, Y)Z &= \widetilde{\nabla}_X^{F^\perp} \widetilde{\nabla}_Y^{F^\perp} Z - \widetilde{\nabla}_Y^{F^\perp} \widetilde{\nabla}_X^{F^\perp} Z - \widetilde{\nabla}_{[X,Y]}^{F^\perp} Z \\
&= \widetilde{\nabla}_X^{F^\perp} p^\perp [Y, Z] - \widetilde{\nabla}_Y^{F^\perp} p^\perp [X, Z] - p^\perp [[X, Y], Z] \\
&= p^\perp \left([X, p^\perp[Y, Z]] + [Y, p^\perp[Z, X]] + [Z, [X, Y]]\right) \\
&= p^\perp \left([X, [Y, Z]] + [Y, [Z, X]] + [Z, [X, Y]]\right) \\
&\quad - p^\perp[X, p[Y, Z]] - p^\perp[Y, p[Z, X]] \\
&= 0,
\end{aligned}$$

其中最后一个等式来自式 (1.64) 和 Jacobi 恒等式.　　　　　□

记 $F^\perp$ 的对偶丛为 $F^{\perp,*}$.

根据引理 1.6, 易知

$$\widetilde{R}^{F^\perp} \in \Gamma\left(F^{\perp,*}\right) \wedge \Omega^*\left(M, \mathrm{End}(F^\perp)\right).$$

因此, 对满足 $1 \leqslant j \leqslant k$ 的任意整数 j, 有

$$p_{i_j}(F^\perp, \widetilde{\nabla}^{F^\perp}) \in \Gamma\left(\Lambda^{2i_j}\left(F^{\perp,*}\right)\right) \wedge \Omega^*(M). \tag{1.68}$$

进而还有

$$p_{i_1}(F^\perp, \widetilde{\nabla}^{F^\perp}) \cdots p_{i_k}(F^\perp, \widetilde{\nabla}^{F^\perp}) \in \Gamma\left(\Lambda^{2(i_1+\cdots+i_k)}\left(F^{\perp,*}\right)\right) \wedge \Omega^*(M). \tag{1.69}$$

注意到 $\mathrm{rk}(F^\perp) = \dim M - \mathrm{rk}(F)$, 故当 $i_1 + \cdots + i_k > (\dim M - \mathrm{rk}(F))/2$ 时, 由式 (1.69) 可直接看出式 (1.67) 成立.

根据式 (1.67) 以及陈-Weil 定理, 得知式 (1.66) 成立.

因此定理 1.4 得证.   □

1.5.2 绝热极限与 Bott 联络

从几何观点来看, $\nabla^{F^\perp}$ 也是 $F^\perp$ 上的一个自然的联络. 事实上, 在 g^{TM} 的所谓**绝热极限** (adiabatic limit) 下, 联络 $\nabla^{F^\perp}$ 可与 Bott 联络自然联系起来.

更准确地, 对任意 $\varepsilon > 0$, 定义 TM 上的度量 $g^{TM,\varepsilon}$ 为

$$g^{TM,\varepsilon} = g^F \oplus \frac{1}{\varepsilon} g^{F^\perp}.$$

令 $\nabla^{TM,\varepsilon}$ 为 $g^{TM,\varepsilon}$ 的 Levi-Civita 联络. 令 $\nabla^{F,\varepsilon}$ 及 $\nabla^{F^\perp,\varepsilon}$ 分别为 $\nabla^{TM,\varepsilon}$ 在 F 及 $F^\perp$ 上的限制.

我们将研究当 $\varepsilon \to 0$ 时 $\nabla^{F^\perp,\varepsilon}$ 的行为.

取极限 $\varepsilon \to 0$ 的过程称为取**绝热极限**.

由附录 A 中所列的关于 Levi-Civita 联络的一个标准公式 (参考 [ChernC]) 可知, 对任意 $X \in \Gamma(F), U, V \in \Gamma(F^\perp)$, 有

$$\left\langle \nabla^{F^\perp,\varepsilon}_X U, V \right\rangle = \langle [X,U], V \rangle - \frac{1}{2} \left\langle X, \nabla^{TM}_V U + \nabla^{TM}_U V \right\rangle - \frac{\varepsilon}{2} \langle X, [U,V] \rangle .$$

$$(1.70)$$

令 $\widetilde{\nabla}^{F^\perp,*}$ 记 $F^\perp$ 上与 $\widetilde{\nabla}^{F^\perp}$ 对偶的联络. 即, 对于任意截面 $U, V \in \Gamma(F^\perp)$,

$$d\langle U, V \rangle = \left\langle \widetilde{\nabla}^{F^\perp} U, V \right\rangle + \left\langle U, \widetilde{\nabla}^{F^\perp,*} V \right\rangle .$$

$$(1.71)$$

令

$$\omega^{F^\perp} = \widetilde{\nabla}^{F^\perp,*} - \widetilde{\nabla}^{F^\perp}.$$

$$(1.72)$$

令 $\widehat{\nabla}^{F^\perp}$ 为 $F^\perp$ 上如下定义的自然诱导联络:

$$\widehat{\nabla}^{F^\perp} = \widetilde{\nabla}^{F^\perp} + \frac{\omega^{F^\perp}}{2}.$$

$$(1.73)$$

易证 $\widehat{\nabla}^{F^\perp}$ 保持度量 $g^{F^\perp}$.

下面的结果来自 [LiuZ].

定理 1.5　对任意的光滑截面 $X \in \Gamma(F)$, 有

$$\lim_{\varepsilon \to 0} \nabla_X^{F^\perp, \varepsilon} = \widehat{\nabla}_X^{F^\perp}. \tag{1.74}$$

证明　对任意的 $X \in \Gamma(F), U, V \in \Gamma(F^\perp)$, 由式 (1.71) 和式 (1.72) 可知

$$(\omega^{F^\perp}(X)U, V)$$
$$= -\left\langle U, \widetilde{\nabla}_X^{F^\perp} V \right\rangle - \left\langle \widetilde{\nabla}_X^{F^\perp} U, V \right\rangle + X \langle U, V \rangle$$
$$= -\langle U, [X, V] \rangle - \langle [X, U], V \rangle + X \langle U, V \rangle$$
$$= -\langle U, \nabla_X^{TM} V - \nabla_V^{TM} X \rangle - \langle \nabla_X^{TM} U - \nabla_U^{TM} X, V \rangle + X \langle U, V \rangle$$
$$= -\langle \nabla_U^{TM} V, X \rangle - \langle \nabla_V^{TM} U, X \rangle - \langle U, \nabla_X^{TM} V \rangle - \langle \nabla_X^{TM} U, V \rangle + X \langle U, V \rangle. \tag{1.75}$$

注意到最后三项彼此抵消, 故由式 (1.70), (1.73) 及 (1.75), 可直接得到式 (1.74).　　　　　　　　　　　　　　　　　　　　　　　□

注记 1.7　若对于任意的 $X \in \Gamma(F), \omega^{F^\perp}(X) = 0$, 则称 $(M, F, g^{F^\perp})$ 容许一个 **Riemann 叶状结构** (参见 [To]).

1.6　奇数维陈-Weil 理论

前面几节我们主要讨论了偶数维情形的示性形式与示性类的理论. 本节我们将描述该理论的奇数维情形.

设 M 是一光滑闭流形. 令

$$g : M \longrightarrow GL(N, \mathbf{C}) \tag{1.76}$$

是 M 到一般线性群 $GL(N, \mathbf{C})$ 的一个光滑映射, 其中 $N > 0$ 是一个正整数.

令 $\mathbf{C}^N|_M$ 记 M 上秩为 N 的平凡复向量丛, 则上面的映射 g 可看作 $\mathrm{Aut}(\mathbf{C}^N|_M)$ 的一个截面.

记 d 为 $\mathbf{C}^N|_M$ 上的平凡联络. 由此可自然得到一个元素

$$g^{-1}dg \in \Omega^1(M, \mathrm{End}(\mathbf{C}^N|_M)). \tag{1.77}$$

若 n 是一个正偶数, 则可验证

$$\mathrm{tr}\left[(g^{-1}dg)^n\right] = \frac{1}{2}\mathrm{tr}\left[(g^{-1}dg)^{n-1}, g^{-1}dg\right] = 0. \tag{1.78}$$

另一方面, 由等式 $gg^{-1}=1$, 推得

$$dg^{-1} = -g^{-1}(dg)g^{-1}. \tag{1.79}$$

结合式 (1.78) 和 (1.79) 可知, 若 n 为正奇数, 则

$$d \operatorname{tr}\left[(g^{-1}dg)^n\right] = n \operatorname{tr}\left[d(g^{-1}dg)(g^{-1}dg)^{n-1}\right]$$
$$= -n \operatorname{tr}\left[(g^{-1}dg)^{n+1}\right] = 0. \tag{1.80}$$

下面的引理表明, 由闭形式 $\operatorname{tr}[(g^{-1}dg)^n]$ 决定的上同调类不依赖于 $g:$ $M \longrightarrow GL(N,\mathbf{C})$ 的光滑形变.

引理 1.7　若 $g_t : M \to GL(N,\mathbf{C})$ 光滑依赖于 $t \in [0,1]$, 则对任意正奇数 n, 下面的等式成立:

$$\frac{\partial}{\partial t}\operatorname{tr}\left[(g_t^{-1}dg_t)^n\right] = nd\operatorname{tr}\left[g_t^{-1}\frac{\partial g_t}{\partial t}(g_t^{-1}dg_t)^{n-1}\right]. \tag{1.81}$$

证明　利用类似于式 (1.79) 的等式, 可有如下计算

$$\frac{\partial}{\partial t}(g_t^{-1}dg_t)$$
$$= \frac{\partial g_t^{-1}}{\partial t}dg_t + g_t^{-1}d\frac{\partial g_t}{\partial t}$$
$$= -\left(g_t^{-1}\frac{\partial g_t}{\partial t}\right)g_t^{-1}dg_t + g_t^{-1}d\frac{\partial g_t}{\partial t}$$
$$= -\left(g_t^{-1}\frac{\partial g_t}{\partial t}\right)g_t^{-1}dg_t + (g_t^{-1}dg_t)\left(g_t^{-1}\frac{\partial g_t}{\partial t}\right) + d\left(g_t^{-1}\frac{\partial g_t}{\partial t}\right). \tag{1.82}$$

另外还可验证

$$d\left(g_t^{-1}dg_t\right)^2 = d\left(g_t^{-1}dg_t\right)g_t^{-1}dg_t - g_t^{-1}dg_t d\left(g_t^{-1}dg_t\right) = 0.$$

从而对于任意正偶数 k, 有

$$d\left(g_t^{-1}dg_t\right)^k = 0. \tag{1.83}$$

最后结合式 (1.78), (1.82) 和 (1.83), 有

$$\frac{\partial}{\partial t}\operatorname{tr}\left[(g_t^{-1}dg_t)^n\right]$$

$$= n\operatorname{tr}\left[\frac{\partial}{\partial t}(g_t^{-1}dg_t)(g_t^{-1}dg_t)^{n-1}\right]$$

$$= n\operatorname{tr}\left[\left[g_t^{-1}dg_t, g_t^{-1}\frac{\partial g_t}{\partial t}\right](g_t^{-1}dg_t)^{n-1}\right] + n\operatorname{tr}\left[d\left(g_t^{-1}\frac{\partial g_t}{\partial t}\right)(g_t^{-1}dg_t)^{n-1}\right]$$

$$= n\operatorname{tr}\left[\left[g_t^{-1}dg_t, g_t^{-1}\frac{\partial g_t}{\partial t}(g_t^{-1}dg_t)^{n-1}\right]\right] + n\operatorname{tr}\left[d\left(g_t^{-1}\frac{\partial g_t}{\partial t}(g_t^{-1}dg_t)^{n-1}\right)\right]$$

$$= nd\operatorname{tr}\left[g_t^{-1}\frac{\partial g_t}{\partial t}(g_t^{-1}dg_t)^{n-1}\right].$$

从而引理 1.7 得证. □

推论 1.1　若 $f, g : M \to GL(N, \mathbf{C})$ 分别为 M 到一般线性群 $GL(N, \mathbf{C})$ 的两个光滑映射, 则对任意正奇数 n, 存在 $\omega_n \in \Omega^{n-1}(M)$, 使得下面的超渡公式成立:

$$\operatorname{tr}\left[\left((fg)^{-1}d(fg)\right)^n\right] = \operatorname{tr}\left[(f^{-1}df)^n\right] + \operatorname{tr}\left[(g^{-1}dg)^n\right] + d\omega_n. \tag{1.84}$$

证明　考虑两个平凡复向量丛的直和

$$\mathbf{C}^{2N}|_M = \mathbf{C}^N|_M \oplus \mathbf{C}^N|_M.$$

在 $\mathbf{C}^{2N}|_M$ 上有由 $\mathbf{C}^N|_M$ 上平凡联络诱导的平凡联络.

对任意的 $u \in [0, \frac{\pi}{2}]$, 定义 $h(u) : M \to GL(2N, \mathbf{C})$ 为

$$h(u) = \begin{pmatrix} f & 0 \\ 0 & 1 \end{pmatrix} \begin{pmatrix} \cos u & \sin u \\ -\sin u & \cos u \end{pmatrix} \begin{pmatrix} 1 & 0 \\ 0 & g \end{pmatrix} \begin{pmatrix} \cos u & -\sin u \\ \sin u & \cos u \end{pmatrix}.$$

显然有

$$h(0) = \begin{pmatrix} f & 0 \\ 0 & g \end{pmatrix} \quad \text{和} \quad h\left(\frac{\pi}{2}\right) = \begin{pmatrix} fg & 0 \\ 0 & 1 \end{pmatrix}.$$

因此, $h(u)$ 给出了 $\Gamma\left(\operatorname{Aut}(\mathbf{C}^{2N}|_M)\right)$ 中的两个截面 $(fg, 1)$ 和 (f, g) 之间的光滑形变.

对 $h(u)$ 应用引理 1.7 便得式 (1.84). □

推论 1.2   令 $g \in \Gamma\left(\mathrm{Aut}(\mathbf{C}^N|_M)\right)$. 若 d' 是 $\mathbf{C}^N|_M$ 上的另一平凡联络, 则对任意的正奇数 n, 存在 $\omega_n \in \Omega^{n-1}(M)$, 使得下面的超渡公式成立:

$$\mathrm{tr}\left[(g^{-1}dg)^n\right] = \mathrm{tr}\left[(g^{-1}d'g)^n\right] + d\omega_n. \tag{1.85}$$

证明   显然存在 $A \in \Gamma\left(\mathrm{Aut}(\mathbf{C}^N|_M)\right)$ 使得

$$d' = A^{-1} \cdot d \cdot A. \tag{1.86}$$

根据式 (1.86), 可得

$$\begin{aligned}
g^{-1}d'g &= g^{-1} \cdot d' \cdot g - d' \\
&= g^{-1} \cdot A^{-1} \cdot d \cdot A \cdot g - A^{-1} \cdot d \cdot A \\
&= A^{-1}(A \cdot g^{-1} \cdot A^{-1} \cdot d \cdot A \cdot g \cdot A^{-1} - d)A \\
&= A^{-1}\left((AgA^{-1})^{-1}d(AgA^{-1})\right)A.
\end{aligned} \tag{1.87}$$

根据式 (1.79), (1.87) 和推论 1.1, 可以看出对于任意的正奇数 n, 存在 $\omega_n \in \Omega^{n-1}(M)$ 使得

$$\begin{aligned}
\mathrm{tr}\left[(g^{-1}d'g)^n\right] &= \mathrm{tr}\left[\left(A^{-1}\left((AgA^{-1})^{-1}d(AgA^{-1})\right)A\right)^n\right] \\
&= \mathrm{tr}\left[(AdA^{-1})^n\right] + \mathrm{tr}\left[(g^{-1}dg)^n\right] + \mathrm{tr}\left[(A^{-1}dA)^n\right] - d\omega_n \\
&= \mathrm{tr}\left[(g^{-1}dg)^n\right] - d\omega_n,
\end{aligned}$$

此即为式 (1.85).   □

注记 1.8   由引理 1.7 和推论 1.2 可以看出, 由 $\mathrm{tr}[(g^{-1}dg)^n]$ 决定的上同调类仅依赖于 $g: M \to GL(N,\mathbf{C})$ 的同伦类.

令 n 为正奇数, 我们称闭的 n-形式

$$\left(\frac{1}{2\pi\sqrt{-1}}\right)^{\frac{n+1}{2}} \mathrm{tr}\left[(g^{-1}dg)^n\right]$$

为联系于 g, d 的第 n 个**陈形式**, 记为 $c_n(g,d)$. 相应地, 与 g 的同伦类 $[g]$ 相联系的上同调类称为第 n 个**陈类**, 我们记该类为 $c_n([g])$.

我们定义联系于 g 和 d 的**奇陈特征形式**为

$$\mathrm{ch}(g,d) := \sum_{n=0}^{+\infty} \frac{n!}{(2n+1)!} c_{2n+1}(g,d). \tag{1.88}$$

记 ch($[g]$) 为相应的上同调类, 称之为与 $[g]$ 相联系的**奇陈特征**.

对任意两个映射 $f, g : M \to GL(N, \mathbf{C})$, 根据推论 1.1 可得下面的加法性质:

$$\mathrm{ch}([fg]) = \mathrm{ch}([f]) + \mathrm{ch}([g]), \quad 在 \quad H_{\mathrm{dR}}^{\mathrm{odd}}(M) \quad 中.$$

下面的整性结果部分地解释了式 (1.88) 中系数选取的原因: 若 M 是奇数维闭的定向自旋流形, E 是 M 上的复向量丛, $g : M \to GL(N, \mathbf{C})$ 是从 M 到一般线性群 $GL(N, \mathbf{C})$ 的一个光滑映射, 那么

$$\left\langle \widehat{A}(TM) \, \mathrm{ch}(E) \, \mathrm{ch}([g]), [M] \right\rangle$$

是一个整数.

对于该整性结果的指标理论方面的解释, 可参考 Baum 和 Douglas [BD], Getzler [Ge2]. 关于这个整数性质在 M 可能不是闭流形的情形的推广, 参见戴先哲和张伟平的论文 [DZ].

第二章 Bott 公式与 Duistermaat-Heckman 公式

在第一章中, 我们通过向量丛上联络的曲率定义了示性形式与示性数. 一个自然的问题是, 如何计算这些示性数. 本章我们将讨论源于 Bott [Bo2] 的一个局部化公式. 该公式表明, 对于容许一个紧 Lie 群作用的紧流形, 流形上示性数的计算可以约化到该 Lie 群作用的不动点集上.

将流形上的计算局部化到某种群作用的不动点集的思想, 对拓扑和几何的多个方面有着广泛而深刻的影响. 如辛几何中的 Duistermaat-Heckman 公式 [DH] 就是这方面的又一个重要例子.

事实上, Bott 局部化公式与 Duistermaat-Heckman 公式可以在等变上同调框架下统一起来.

在本章中, 我们将首先证明属于 Berline 和 Vergne [BeV] 以及 Atiyah 和 Bott [AtB4] 的一个等变局部化公式, 然后说明如何从该公式得到 Bott 公式与 Duistermaat-Heckman 公式.

2.1 Berline-Vergne 局部化公式

令 M 为一偶数维光滑闭定向流形. 我们假设 M 容许一个圆周群 S^1-作用.

令 g^{TM} 为 M 上的一个 Riemann 度量. 不失一般性, 我们可以假设度量

g^{TM} 是 S^1-不变的[①].

M 上的 S^1-作用自然诱导了其在 $C^\infty(M)$ 上的一个作用, 使得对任意 $f \in C^\infty(M)$, $x \in M$ 以及 $g \in S^1$, $(g \cdot f)(x) = f(xg)$.

令 $\mathbf{t} \in \mathrm{Lie}(S^1)$ 为 S^1 的 **Lie 代数**的一个生成元. 那么 $\mathbf{t}$ 按下面的方式典则地诱导了一个向量场 K: 对任意的 $f \in C^\infty(M)$ 及 $x \in M$,

$$(Kf)(x) = \frac{d}{d\varepsilon} f(x \exp(\varepsilon \mathbf{t}))\Big|_{\varepsilon=0}.$$

由于 S^1-作用保持 g^{TM}, 故 K 为 M 上的一个 **Killing 向量场**. 该向量场通过联系于 g^{TM} 的 Levi-Civita 联络 ∇^{TM} 诱导了一个 TM 上的反自伴同态 $X \mapsto \nabla_X^{TM} K$, 即对任意 $X, Y \in \Gamma(TM)$, 有

$$\langle \nabla_X^{TM} K, Y \rangle + \langle X, \nabla_Y^{TM} K \rangle = 0. \tag{2.1}$$

式 (2.1) 的证明　令 $\mathcal{L}_K$ 记由 K 给出的 $\Gamma(TM)$ 上的 **Lie 导数**. 由于 S^1-作用保持 g^{TM}, 故 $\mathcal{L}_K$ 亦保持 g^{TM}, 即对任意 $X, Y \in \Gamma(TM)$, 有

$$\begin{aligned}
K\langle X, Y \rangle &= \langle \mathcal{L}_K X, Y \rangle + \langle X, \mathcal{L}_K Y \rangle \\
&= \langle [K, X], Y \rangle + \langle X, [K, Y] \rangle \\
&= \langle \nabla_K^{TM} X - \nabla_X^{TM} K, Y \rangle + \langle X, \nabla_K^{TM} Y - \nabla_Y^{TM} K \rangle \\
&= K\langle X, Y \rangle - \langle \nabla_X^{TM} K, Y \rangle - \langle X, \nabla_Y^{TM} K \rangle.
\end{aligned}$$

由此式 (2.1) 得证. □

$\Gamma(TM)$ 上的 **Lie 导数** $\mathcal{L}_K$ 在 $\Omega^*(M)$ 上有典则的诱导作用, 我们将该作用仍记为 $\mathcal{L}_K$, 并称之为 K 在 $\Omega^*(M)$ 上的 Lie 导数. 下面是大家熟知的 $\Omega^*(M)$ 上的 **Cartan 同伦公式**:

$$\mathcal{L}_K = di_K + i_K d, \tag{2.2}$$

其中 $i_K : \Omega^*(M) \to \Omega^{*-1}(M)$ 记由 K 的缩并所诱导的**内乘算子**.

式 (2.2) 的证明　首先, 对任意 $f \in C^\infty(M)$, 可直接验证

$$\mathcal{L}_K f = (di_K + i_K d)f = Kf.$$

其次, 由于 $\mathcal{L}_K$ 与外微分算子 d 可交换, 从而

$$\mathcal{L}_K df = d\mathcal{L}_K f = di_K df = (di_K + i_K d)df.$$

[①] 事实上, 任给 M 上的一个度量, 通过对其在 S^1 上积分便可得到一个 S^1-不变的度量.

最后, 注意到式 (2.2) 两边均满足 Leibniz 法则, 从而由数学归纳法及上述两个
事实可知式 (2.2) 对 M 上任意的微分形式均成立.   □

记

$$\Omega_K^*(M) = \{\omega \in \Omega^*(M) : \mathcal{L}_K \omega = 0\}$$

为 $\mathcal{L}_K$-**不变形式**构成的子空间.

令

$$d_K = d + i_K : \Omega^*(M) \to \Omega^*(M). \tag{2.3}$$

容易验证

$$d_K^2 = di_K + i_K d = \mathcal{L}_K. \tag{2.4}$$

从而 d_K 保持 $\Omega_K^*(M)$, 并且

$$d_K^2 \big|_{\Omega_K^*(M)} = 0.$$

相应的上同调群

$$H_K^*(M) = \frac{\ker\left(d_K \big|_{\Omega_K^*(M)}\right)}{\operatorname{Im}\left(d_K \big|_{\Omega_K^*(M)}\right)}$$

称为 M 的 S^1 **等变上同调**.

元素 $\omega \in \Omega^*(M)$ 称为 d_K-**闭的**, 若 $d_K \omega = 0$. 由式 (2.4) 可知, d_K-闭形式
必为 $\mathcal{L}_K$-不变形式.

Berline 和 Vergne [BeV] (也见 Atiyah 和 Bott [AtB1]) 的等变局部化公式
表明, d_K-闭形式在 M 上的积分可以**局部化**到 Killing 向量场 K 的零点集. 为
简单起见, 我们仅对 K 具有离散零点集这种特殊情形证明该公式.

我们从最简单的情形开始.

性质 2.1　若 K 在 M 上无零点, 则对任意的 d_K-闭形式 $\omega \in \Omega^*(M)$, 有
$\displaystyle\int_M \omega = 0$.

证明　我们采用 Bismut [Bi3] 的方法.

令 $\theta \in \Omega^1(M)$ 为 M 上如下定义的 1-形式:

$$i_X \theta = \langle X, K \rangle, \quad \forall X \in \Gamma(TM).$$

注意到 $\mathcal{L}_K$ 保持 g^{TM}, 容易验证

$$\mathcal{L}_K\theta = 0.$$

现由式 (2.4), 可知 $(d + i_K)\theta$ 是 d_K-闭的.

下述引理属于 Bismut [Bi3].

引理 2.1 　对任意的 $T \geqslant 0$ 及 d_K-闭的微分形式 $\omega \in \Omega_K^*(M)$, 有

$$\int_M \omega = \int_M \omega \exp(-Td_K\theta). \tag{2.5}$$

证明 　由 $d_K\theta$ 是 d_K-闭的, 可直接验证

$$\exp(-Td_K\theta) - 1 = d_K\left(\sum_{i=1}^{+\infty} \frac{(-1)^i}{i!} T^i \theta \wedge (d_K\theta)^{i-1}\right),$$

由此及 $d_K\omega = 0$, 可进一步直接证明

$$\int_M \omega \exp(-Td_K\theta) - \int_M \omega$$
$$= (-1)^{\deg\omega} \int_M d_K\left(\omega \sum_{i=1}^{+\infty} \frac{(-1)^i}{i!} T^i \theta \wedge (d_K\theta)^{i-1}\right)$$
$$= 0. \qquad\qquad \square$$

因为

$$d_K\theta = d\theta + i_K\theta = d\theta + |K|^2,$$

故有

$$\int_M \omega \exp(-Td_K\theta)$$
$$= \int_M \omega \exp(-T|K|^2)\left(\sum_{i=1}^{\dim M/2} \frac{(-1)^i}{i!} T^i (d\theta)^i\right). \tag{2.6}$$

由 K 在 M 上无零点, 知 $|K|$ 在 M 上有某个正的下界 $\delta > 0$. 由此容易看出, 当 $T \to +\infty$ 时, 式 (2.6) 右端为指数衰减. 结合引理 2.1, 性质 2.1 得证. 　　□

现在我们假设 K 的零点集是离散的[①], 并记为 zero(K).

---

① 注意, Killing 向量场的孤立零点一定非退化.

利用每一点 $p \in \mathrm{zero}(K)$ 处的**指数映射**, 我们可以假定有一个 p 的充分小的开邻域 U_p 以及其上的一个定向坐标系 $(x^1, \cdots, x^{2l})$, 这里 $l = \frac{1}{2} \dim M$, 使得在 U_p 上有①

$$g^{TM} = (dx^1)^2 + \cdots + (dx^{2l})^2$$

并且

$$K = \lambda_1 \left(x^2 \frac{\partial}{\partial x^1} - x^1 \frac{\partial}{\partial x^2} \right) + \cdots + \lambda_l \left(x^{2l} \frac{\partial}{\partial x^{2l-1}} - x^{2l-1} \frac{\partial}{\partial x^{2l}} \right),$$

其中, 对于 $1 \leqslant i \leqslant l$ 有 $\lambda_i \neq 0$.

记

$$\lambda(p) = \lambda_1 \cdots \lambda_l.$$

下面我们陈述该情形下的 **Berline-Vergne 局部化公式** (参见 [BeV]).

定理 2.1 如果 K 的零点是离散的, 那么对任意的 d_K-闭微分形式 $\omega \in \Omega^*(M)$, 有

$$\int_M \omega = (2\pi)^{2l} \sum_{p \in \mathrm{zero}(K)} \frac{\omega^{[0]}(p)}{\lambda(p)}, \tag{2.7}$$

其中, $\omega^{[0]} \in C^\infty(M)$ 是 ω 的 0 次分量.

证明 根据式 (2.5), 可知

$$\int_M \omega = \int_{M \setminus \cup_{p \in \mathrm{zero}(K)} U_p} \omega \exp(-T d_K \theta) + \sum_{p \in \mathrm{zero}(K)} \int_{U_p} \omega \exp(-T d_K \theta). \tag{2.8}$$

因为 K 在 $M \setminus \cup_{p \in \mathrm{zero}(K)} U_p$ 上无零点, 所以依照性质 2.1 的证明方法可知

$$\int_{M \setminus \cup_{p \in \mathrm{zero}(K)} U_p} \omega \exp(-T d_K \theta) \to 0, \quad 当 \quad T \to +\infty. \tag{2.9}$$

在邻域 U_p 上, 可直接证明

$$\theta = \lambda_1 (x^2 dx^1 - x^1 dx^2) + \cdots + \lambda_l (x^{2l} dx^{2l-1} - x^{2l-1} dx^{2l}),$$

从而有

$$d\theta = -2(\lambda_1 dx^1 \wedge dx^2 + \cdots + \lambda_l dx^{2l-1} \wedge dx^{2l}).$$

---

① 可以选一个新的 S^1-不变度量满足这些条件.

同样地, 可直接验证, 在 U_p 上有

$$|K|^2 = \lambda_1^2 \left((x^1)^2 + (x^2)^2\right) + \cdots + \lambda_l^2 \left((x^{2l-1})^2 + (x^{2l})^2\right). \tag{2.10}$$

对满足 $0 \leqslant i \leqslant 2l = \dim M$ 的任意整数 i, 记 $\omega^{[i]} \in \Omega^i(M)$ 为 ω 的 i 次分量. 则对任意 $p \in \mathrm{zero}(K)$, 可直接证明

$$\int_{U_p} \omega \exp(-T d_K \theta) = \sum_{i=0}^{l} \frac{(-1)^i}{i!} \int_{U_p} \omega^{[2l-2i]} \exp(-T|K|^2) \left(T^i (d\theta)^i\right).$$

现在我们对坐标系做如下的伸缩变换:

$$x = (x^1, \cdots, x^{2l}) \to \sqrt{T} x = \left(\sqrt{T} x^1, \cdots, \sqrt{T} x^{2l}\right).$$

由式 (2.1) 和 (2.10) 可见, 若 $0 \leqslant i \leqslant l-1$, 则当 $T \to +\infty$ 时, 有

$$\int_{U_p} \omega^{[2l-2i]} \exp(-T|K|^2) \left(T^i (d\theta)^i\right)$$

$$= \int_{\sqrt{T} U_p} \left(\frac{1}{T}\right)^{l-i} \omega^{[2l-2i]} \left(\frac{x}{\sqrt{T}}\right) \exp(-|K|^2)(d\theta)^i \longrightarrow 0. \tag{2.11}$$

另一方面, 若 $i = l$, 则当 $T \to +\infty$ 时, 有

$$\frac{(-1)^i}{i!} \int_{U_p} \omega^{[2l-2i]} \exp(-T|K|^2) \left(T^i (d\theta)^i\right)$$

$$= \int_{\sqrt{T} U_p} \omega^{[0]} \left(\frac{x}{\sqrt{T}}\right)$$

$$\cdot \exp\left(-\left(\lambda_1^2 \left((x^1)^2 + (x^2)^2\right) + \cdots + \lambda_l^2 \left((x^{2l-1})^2 + (x^{2l})^2\right)\right)\right)$$

$$\cdot 2^l \lambda_1 \cdots \lambda_l dx^1 \cdots dx^{2l}$$

$$\longrightarrow (2\pi)^l \frac{\omega^{[0]}}{\lambda_1 \cdots \lambda_l}. \tag{2.12}$$

根据式 (2.8), (2.9), (2.11) 和 (2.12), 便可得到式 (2.7).　　　　　□

更一般地, 关于 K 的零点集可能不离散的情形, 可参考 [BeV], [Bi3] 和 [BGV] 第七章.

2.2　Bott 留数公式

我们采取与上一节相同的约定. 特别地, 我们仍然假定 Killing 向量场 K 的零点集是离散的.

设 R^{TM} 是 Levi-Civita 联络 ∇^{TM} 的曲率. 设 $i_1, \cdots, i_k$ 为 k 个正偶数. 对任意的 $p \in \mathrm{zero}(K)$ 以及 $1 \leqslant j \leqslant k$, 令

$$\lambda^{i_j}(p) = \lambda_1^{i_j} + \cdots + \lambda_l^{i_j}.$$

下述形式的 **Bott 留数公式** (见 [Bo2]) 将 TM 的示性数计算约化到了联系于零点集 $\mathrm{zero}(K)$ 的有关量上.

定理 2.2 如果 $i_1 + \cdots + i_k = l$, 那么下面等式成立:

$$\int_M \mathrm{tr}\left[\left(R^{TM}\right)^{i_1}\right] \cdots \mathrm{tr}\left[\left(R^{TM}\right)^{i_k}\right] = \left(2\pi\sqrt{-1}\right)^l \sum_{p \in \mathrm{zero}(K)} \frac{2^k \lambda^{i_1}(p) \cdots \lambda^{i_k}(p)}{\lambda(p)}.$$

$$(2.13)$$

进一步, 若 $i_1 + \cdots + i_k < l$, 则有

$$\sum_{p \in \mathrm{zero}(K)} \frac{\lambda^{i_1}(p) \cdots \lambda^{i_k}(p)}{\lambda(p)} = 0. \tag{2.14}$$

证明 首先, 内乘算子 i_K 可以自然扩张为 $\Omega^*(M, TM)$ 上的一个作用. 此外, 由于 ∇^{TM} 和 K 均为 S^1-不变, 从而可以直接看出

$$\left[\nabla^{TM}, \mathcal{L}_K\right] = 0, \quad \left[i_K, \mathcal{L}_K\right] = 0. \tag{2.15}$$

进一步, 可直接验证

$$\left(\nabla^{TM} + i_K\right)^2 = R^{TM} + \left[\nabla^{TM}, i_K\right] = R^{TM} + \mathcal{L}_K + L_K, \tag{2.16}$$

其中

$$L_K := \nabla_K^{TM} - \mathcal{L}_K|_{\Gamma(TM)} = \nabla_K^{TM} - [K, \cdot] = \nabla_\cdot^{TM} K \in \Omega^0(M, \mathrm{End}(TM)). \tag{2.17}$$

由式 (2.15) 和 (2.16), 可得如下的 Bianchi 型公式:

$$\left[\nabla^{TM} + i_K, R^{TM} + L_K\right] = 0. \tag{2.18}$$

现根据引理 1.4 和式 (2.17), (2.18), 可知对任意的整数 h,

$$(d + i_K)\mathrm{tr}\left[\left(R^{TM} + L_K\right)^h\right] = \mathrm{tr}\left[\left[\nabla^{TM} + i_K, \left(R^{TM} + L_K\right)^h\right]\right] = 0.$$

这表明每一 $\mathrm{tr}[(R^{TM} + L_K)^{i_j}]$, $1 \leqslant j \leqslant k$, 均为 d_K-闭形式. 因此它们的乘积也是一个 d_K-闭形式.

由定理 2.1 有

$$
\int_M \mathrm{tr}\left[\left(R^{TM}\right)^{i_1}\right] \cdots \mathrm{tr}\left[\left(R^{TM}\right)^{i_k}\right]
$$
$$
= (2\pi)^l \sum_{p \in \mathrm{zero}(K)} \frac{\mathrm{tr}\left[(L_K(p))^{i_1}\right] \cdots \mathrm{tr}\left[(L_K(p))^{i_k}\right]}{\lambda(p)}. \tag{2.19}
$$

现在根据式 (2.17) 以及前一节中给出的 K 的显式表达, 可知

$$
(L_K(p))^2 = -\mathrm{diag}\{\lambda_1^2, \lambda_1^2, \cdots, \lambda_l^2, \lambda_l^2\}.
$$

从而, 对任意 $1 \leqslant j \leqslant k$, 有

$$
\mathrm{tr}\left[(L_K(p))^{i_j}\right] = 2(-1)^{i_j/2} \lambda^{i_j}(p). \tag{2.20}
$$

现由式 (2.19) 和 (2.20) 即得定理 2.2. □

定理 2.2 在非孤立零点情形的推广是由 Baum 和 Cheeger [BC] 首先给出的.

2.3　Duistermaat-Heckman 公式

本节我们假设 M 是带有辛形式 $\omega \in \Omega^2(M)$ 的一个辛流形, 并且假设 M 上的 S^1-作用保持 ω. 进一步, 我们假设该 S^1-作用是一 **Hamilton 作用**, 即存在光滑函数 $\mu \in C^\infty(M)$, 使得

$$
d\mu = i_K \omega. \tag{2.21}
$$

微分形式 $\frac{\omega^l}{(2\pi)^l l!}$ 称为辛流形 (M, ω) 上的 **Liouville 形式**.

我们仍然假设 K 的零点集是离散的. 此时 **Duistermaat-Heckman 公式** [DH] 陈述如下.

定理 2.3　*下述等式成立:*

$$
\int_M \exp(\sqrt{-1}\mu) \frac{\omega^l}{(2\pi)^l l!} = \left(\sqrt{-1}\right)^l \sum_{p \in \mathrm{zero}(K)} \frac{\exp(\sqrt{-1}\mu(p))}{\lambda(p)}. \tag{2.22}
$$

证明 从式 (2.21) 可知

$$(d + i_K)(\omega - \mu) = 0.$$

从而 $\exp(\sqrt{-1}\mu - \sqrt{-1}\omega)$ 亦是一个 d_K-闭形式. 现由定理 2.1, 有

$$\int_M \exp(\sqrt{-1}\mu - \sqrt{-1}\omega) = (2\pi)^l \sum_{p \in \text{zero}(K)} \frac{\exp(\sqrt{-1}\mu(p))}{\lambda(p)},$$

由此易得式 (2.22). □

定理 2.3 在 K 的零点集非离散情形下的推广也属于 Duistermaat 和 Heckman [DH].

Witten 指出, 将 Duistermaat-Heckman 公式形式地应用在紧自旋流形的自由道路空间 (loop space) 上, 可以给出自旋流形上标准 Dirac 算子的指标定理的一个启发式的 (非严格) 证明. Atiyah 在其报告 [At2] 中阐述了 Witten 的这个想法. 受该报告的启发, Bismut [Bi1] 给出了 Dirac 算子指标定理的一个 (严格的) 概率论的证明. 文章 [Bi3] 除给出其他一些内容外, 还给出了这些想法在簇指标定理情形的应用.

2.4 Bott 的原始想法

Bott 在 [Bo2] 中给出的定理 2.2 的原始证明中使用了**超渡**的想法, 因此不同于我们前面给出的证明. 在此, 我们通过重新证明性质 2.1, 给出 Bott 想法的一个简要描述.

为此, 设 ω 是 M 上的一个 d_K-闭形式, 并设 K 在 M 上没有零点.

令 $\theta \in \Omega^1(M)$ 为 M 上的 1-形式, 满足对于任意的 $X \in \Gamma(TM)$, $i_X\theta = \langle X, K \rangle$.

因为

$$d_K\theta = |K|^2 + d\theta$$

以及 K 在 M 上处处非零, 所以

$$\frac{1}{d_K\theta} \in \Omega^*(M)$$

良好定义.

利用 $d_K^2\theta = 0$, 可直接验证

$$\omega = d_K\left(\frac{\theta \wedge \omega}{d_K\theta}\right),\tag{2.23}$$

此时, 性质 2.1 由 Stokes 公式直接可得. 利用公式 (2.23), Bott 就可以将示性数的计算转化到 Killing 向量场孤立零点球形邻域的边界上 (参见 [Bo2]).

第三章　Gauss-Bonnet-陈定理

在本章中, 我们介绍 Mathai 和 Quillen [MaQ] 关于 Gauss-Bonnet-陈定理 [Chern1] 的一个证明, 该定理将闭定向 Riemann 流形的 Euler 示性数写成了该流形上一个由 Levi-Civita 联络的曲率构造的闭微分形式的积分. Mathai 和 Quillen 的证明基于他们在 [MaQ] 中给出的 Thom 形式的显式几何构造, 而其背后的基本思想与 [Chern1] 相同, 即著名的**超渡**思想. 在本章中我们还将基于 Quillen 关于超向量丛陈特征的超联络表示 (参见 [Q] 及本书第一章 1.4.4 节), 给出 Gauss-Bonnet-陈定理一个新的几何证明. 该证明不需要过渡到流形的单位球丛. 此外, 我们还将 Mathai 和 Quillen 关于 Thom 形式几何构造的想法应用于一个向量丛的外代数丛上, 对一般的联络给出该向量丛的 Euler 形式与 Thom 形式的一种构造.

3.1　一个初等模型及 Berezin 积分

为构造 Mathai-Quillen 的 Thom 形式, 我们先从一个最简单的情形出发.

设 E 是一 m 维定向 Euclid 空间, 我们可将其视为单点上的一个向量丛. 令 $\mathbf{x} = (x^1, \cdots, x^m)$ 为 E 上的一个定向 Euclid 坐标系. 令

$$U(\mathbf{x}) = e^{-|\mathbf{x}|^2/2} dx^1 \wedge \cdots \wedge dx^m. \tag{3.1}$$

容易验证

$$\left(\frac{1}{2\pi}\right)^{m/2} \int_E U = 1. \tag{3.2}$$

现在我们用 **Berezin 积分**的语言重新诠释式 (3.2). 记 E 的外代数为 $\Lambda^*(E)$.

定向 Euclid 空间 E 上的 **Berezin 积分**为如下定义的一个线性映射:

$$\int^B : \Lambda^*(E) \to \mathbf{R},$$

$$\int^B : \omega \in \Lambda^*(E) \mapsto \langle \omega, dx^1 \wedge \cdots \wedge dx^m \rangle, \tag{3.3}$$

意即, 若 $e_1, \cdots, e_m$ 是 E 的一个定向标准正交基, 且 $a e_1 \wedge \cdots \wedge e_m$ 是 ω 的 m 次分量, 则

$$\int^B \omega = a.$$

我们将 $\Lambda^*(E)$ 提升为 E 上的一个向量丛, 令 $\Omega^*(E, \Lambda^*(E))$ 记 $\Lambda^*(E)$ 的系数在 $\Omega^*(E)$ 中的光滑截面空间. 我们可以将 Berezin 积分扩展到 $\Omega^*(E, \Lambda^*(E))$ 上, 使得对于任意 $\alpha \in \Omega^*(E), \beta \in \Gamma(\Lambda^*(E))$,

$$\int^B : \alpha \wedge \beta \in \Omega^*(E, \Lambda^*(E)) \mapsto \alpha \int^B \beta \in \Omega^*(E). \tag{3.4}$$

E 上的恒等映射 $\mathbf{x} : E \to E$ 可自然视为 $\Omega^0(E, E)$ 中的一个元素, 其外微分 $d\mathbf{x} \in \Omega^1(E, E)$. 以下结果给出了式 (3.1) 定义的微分式 U 的一个 Berezin 积分的解释.

性质 3.1　在 $\Omega^*(E)$ 中, 下述恒等式成立:

$$U(\mathbf{x}) = (-1)^{m(m+1)/2} \int^B \exp\left(-\frac{|\mathbf{x}|^2}{2} - d\mathbf{x} \right). \tag{3.5}$$

证明　由于 $\mathbf{x} = x^1 e_1 + \cdots + x^m e_m$, 故可直接验证

$$(-1)^{m(m+1)/2} \int^B e^{-d\mathbf{x}}$$

$$= (-1)^{m(m+1)/2} \int^B \prod_{k=1}^m (1 - dx^k \wedge e_k)$$

$$= (-1)^{m(m+1)/2} (-1)^m \int^B (dx^1 \wedge e_1) \wedge \cdots \wedge (dx^m \wedge e_m)$$

$$= dx^1 \wedge \cdots \wedge dx^m,$$

从而式 (3.5) 成立.　　　　　　　　　　　　　　　　　　　　　　□

最后, 令 E 是流形 M 上秩 m 的定向 Euclid 向量丛. 此时, 上述式 (3.3) 定义的 Berezin 积分可逐纤维自然扩张为一个 $\Omega^*(M)$-线性的映射:

$$\int^B : \Omega^*(M, \Lambda^*(E)) \to \Omega^*(M). \tag{3.6}$$

我们仍然称之为 **Berezin 积分**.

令 ∇^E 为 E 上的一个 **Euclid 联络** (即 ∇^E 保持 E 上的度量 g^E). 该联络可自然扩充为 $\Omega^*(M, \Lambda^*(E))$ 上的作用 ∇.

下述性质在下节有重要应用.

性质 3.2　对任意的 $\alpha \in \Omega^*(M, \Lambda^*(E))$, 下面的恒等式成立:

$$d \int^B \alpha = \int^B \nabla \alpha. \tag{3.7}$$

证明　令 $e_1, \cdots, e_m$ 为 E 的一个定向标准正交基. 不失一般性, 我们可以假设 $\alpha = \omega \wedge e_1 \wedge \cdots \wedge e_m$, 其中 $\omega \in \Omega^*(M)$. 现由于 ∇^E 保持 E 的 Euclid 度量, 故可直接证得

$$\nabla \alpha = (d\omega) \wedge e_1 \wedge \cdots \wedge e_m + (-1)^{\deg \omega} \omega \wedge \nabla(e_1 \wedge \cdots \wedge e_m)$$
$$= (d\omega) \wedge e_1 \wedge \cdots \wedge e_m. \tag{3.8}$$

因此式 (3.7) 成立.　　　　　　　　　　　　　　　　　　　　　　□

注记 3.1　由式 (3.8) 可知, 式 (3.7) 成立只需要条件 ∇^E 保持 $\mathrm{vol}(g^E)$.

3.2　Mathai-Quillen 的 Thom 形式

本节我们将利用 Berezin 积分构造 **Mathai-Quillen 的 Thom 形式** (参见 [MaQ], [BGV]).

设 M 为一定向闭流形, $p : E \to M$ 是 M 上秩为 m 的定向 Euclid 向量丛. 设 ∇^E 为 E 上的一个 Euclid 联络, 其可自然提升为 p^*E 上的一个 Euclid 联络, 并自然诱导了 $\Omega^*(E, \Lambda^*(p^*E))$ 上的一个导子 ∇.

另一方面, 对任意的 $s \in \Gamma(E, p^*E)$, 作用在 $\Lambda^*(p^*E)$ 上的内乘算子 i_s 可自然扩张为 $\Omega^*(E, \Lambda^*(p^*E))$ 上的一个导子.

现应用性质 3.2 于三元组 (E, p^*E, ∇).

由于内乘算子在 $\Lambda^*(p^*E)$ 上的作用降低其中元素的次数, 故由性质 3.2 可

知

$$d \int^B \alpha = \int^B (\nabla + i_s) \alpha \tag{3.9}$$

对于任意的 $\alpha \in \Omega^*(E, \Lambda^*(p^*E))$ 和 $s \in \Gamma(E, p^*E)$ 成立.

我们利用如下映射将 $\mathrm{End}(E)$ 中反自伴元素构成的集合 $so(E)$ 与 $\Lambda^2(E)$ 等同:

$$A \in so(E) \mapsto \sum_{i<j} \langle Ae_i, e_j \rangle e_i \wedge e_j \in \Lambda^2(E). \tag{3.10}$$

容易验证, $\sum_{i<j} \langle Ae_i, e_j \rangle e_i \wedge e_j$ 与 E 的定向标准正交基 $e_1, \cdots, e_m$ 的选取无关.

现考虑代数 $\Omega^*(E, \Lambda^*(p^*E))$ 中的下列元素:

(1) 恒等截面 $\mathbf{x} \in \Omega^0(E, p^*E) = \Gamma(E, p^*E)$;

(2) 元素 $|\mathbf{x}|^2 \in \Omega^0(E)$ 与 $\nabla \mathbf{x} \in \Omega^1(E, \Lambda^1(p^*E))$;

(3) 元素 $p^* R^E \in \Omega^2(E, \Lambda^2(p^*E))$, 其为曲率 $R^E = (\nabla^E)^2 \in \Omega^2(M, \Lambda^2(E))$ 在映射 p 下的拉回, 这里我们已经利用了式 (3.10) 中的等同.

我们有如下的关键结果:

引理 3.1　令

$$\mathcal{A} = \frac{|\mathbf{x}|^2}{2} + \nabla \mathbf{x} - p^* R^E \in \Omega^*(E, \Lambda^*(p^*E)).$$

则有

$$(\nabla + i_{\mathbf{x}}) \mathcal{A} = 0. \tag{3.11}$$

证明　由 Leibniz 法则, 我们有

$$\nabla(|\mathbf{x}|^2) = -2i_{\mathbf{x}} \nabla \mathbf{x}.$$

根据曲率的定义, 可知

$$\nabla(\nabla \mathbf{x}) = \nabla^2 \mathbf{x} = (p^* R^E) \mathbf{x} = i_{\mathbf{x}} p^* R^E.$$

另据 Bianchi 恒等式, 有

$$\nabla p^* R^E = 0.$$

结合上述结果以及显然的事实 $i_{\mathbf{x}} |\mathbf{x}|^2 = 0$, 我们得到式 (3.11).　　　　　□

依照 Mathai 和 Quillen [MaQ], 我们可以定义 E 上的微分形式 U 如下:

$$U = (-1)^{m(m+1)/2} \int^B e^{-\mathcal{A}}$$

$$= (-1)^{m(m+1)/2} \int^B e^{-\frac{|\mathbf{x}|^2}{2} - \nabla \mathbf{x} + p^* R^E}. \tag{3.12}$$

下述结果表明 U 是 E 上的一个 **Thom 形式**[①].

性质 3.3　微分形式 U 是 E 上的一个闭的 m-形式. 进而还有如下的沿纤维积分公式:

$$\left(\frac{1}{2\pi}\right)^{m/2} \int_{E/M} U = 1. \tag{3.13}$$

证明　因为

$$\mathcal{A} \in \bigoplus_{i=0}^{2} \Omega^i(E, \Lambda^i(p^*E)),$$

故

$$e^{-\mathcal{A}} \in \bigoplus_{i=0}^{m} \Omega^i(E, \Lambda^i(p^*E)).$$

利用式 (3.9), (3.11) 和 (3.12), 容易验证 U 是 E 上的一个闭 m-形式.

为证式 (3.13), 只要将 U 限制在 E 的每一纤维上, 再直接应用式 (3.2) 和 (3.5) 即得式 (3.13). □

Mathai 和 Quillen [MaQ] 最初是在计算旋量丛上 **Quillen 超联络** [Q] 的 **陈特征**时得到了他们给出的 Thom 形式. 此处 Berezin 积分的形式处理方式取自 [BGV] 第 1.6 节和 [BiZ1] 第 3 节.

3.3　超渡公式

上节中 Thom 形式的定义依赖于 E 上 Euclid 度量以及 Euclid 联络 ∇^E 的选取. 然而通过某种超渡公式, 可以证明其决定的上同调类 (即相应的 **Thom 类**) 独立于这些度量和联络的选取.

为了证明 Gauss-Bonnet-陈定理, 这里我们仅讨论一个特殊情形下的超渡公式, 即对 E 上的 Euclid 度量做伸缩形变的情形. 事实上, 该形变等价于对

[①] 关于 Thom 形式以及与之相伴的示性类的拓扑意义, 可参考 Bott 和 Tu [BoT].

$t > 0$, 将 $\mathcal{A}$ 中的项 $\mathbf{x}$ 形变为 $t\mathbf{x}$, 此时有

$$\mathcal{A}_t = \frac{t^2|\mathbf{x}|^2}{2} + t\nabla\mathbf{x} - p^*R^E. \tag{3.14}$$

如同定义式 (3.12), 即

$$U_t = (-1)^{m(m+1)/2} \int^B e^{-\mathcal{A}_t}. \tag{3.15}$$

令 U_t 是相应于 $\mathcal{A}_t$ 的 Thom 形式.

性质 3.4　我们有**超渡公式**

$$\frac{dU_t}{dt} = -(-1)^{m(m+1)/2} d\int^B (\mathbf{x}e^{-\mathcal{A}_t}). \tag{3.16}$$

证明　由式 (3.14) 可知

$$\frac{d\mathcal{A}_t}{dt} = t|\mathbf{x}|^2 + \nabla\mathbf{x} = (\nabla + ti_{\mathbf{x}})\mathbf{x}. \tag{3.17}$$

另一方面, 式 (3.11) 现在变为

$$(\nabla + ti_{\mathbf{x}})\mathcal{A}_t = 0. \tag{3.18}$$

现由式 (3.17) 和 (3.18), 有

$$\frac{d}{dt}e^{-\mathcal{A}_t} = -\frac{d\mathcal{A}_t}{dt}e^{-\mathcal{A}_t} = -(\nabla + ti_{\mathbf{x}})(\mathbf{x}e^{-\mathcal{A}_t}),$$

注意到式 (3.9), 我们有

$$\begin{aligned}
\frac{dU_t}{dt} &= -(-1)^{m(m+1)/2} \int^B (\nabla + ti_{\mathbf{x}})(\mathbf{x}e^{-\mathcal{A}_t}) \\
&= -(-1)^{m(m+1)/2} d\int^B (\mathbf{x}e^{-\mathcal{A}_t}).
\end{aligned} \tag{3.19}$$

$\square$

3.4　Euler 形式与 Euler 类

我们现在设定向实向量丛 E 的秩为 $m = 2n$.

设 $v \in \Gamma(E)$ 是 E 的一个光滑截面. 由式 (3.12) 和性质 3.3, 可知拉回形式 v^*U 是 M 上的一个 $2n$ 次闭微分形式, 并且

$$v^*U = (-1)^n \int^B \exp\left(-\left(\frac{|v|^2}{2} + \nabla^E v - R^E\right)\right). \tag{3.20}$$

特别地, 如果取 $v = 0$, 即 E 的零截面, 我们就得到了联系于 (E, g^E, ∇^E) 的 **Euler 形式**

$$e(E, \nabla^E) = \left(\frac{-1}{2\pi}\right)^n \mathrm{Pf}(R^E) := \left(\frac{-1}{2\pi}\right)^n \int^B \exp(R^E). \tag{3.21}$$

设 $e_1, e_2, \cdots, e_{2n}$ 是 E 的任一局部定向标准正交基, 令

$$\Omega_{ij} = g^E(R^E e_i, e_j) = \langle R^E e_i, e_j \rangle \in \Omega^2(M). \tag{3.22}$$

利用等同式 (3.10), 我们有

$$R^E \equiv \frac{1}{2} \sum_{i,j=1}^{2n} \Omega_{ij} e_i \wedge e_j \in \Omega^2(M, \Lambda^2(E)). \tag{3.23}$$

从而

$$\begin{aligned}
\mathrm{Pf}(R^E) = \int^B \exp(R^E) &= \int^B \exp\left(\frac{1}{2} \sum_{i,j=1}^{2n} \Omega_{ij} e_i \wedge e_j\right) \\
&= \frac{1}{2^n n!} \int^B \left(\sum_{i,j=1}^{2n} \Omega_{ij} e_i \wedge e_j\right)^n \\
&= \frac{1}{2^n n!} \sum_{i_1, i_2, \cdots, i_{2n-1}, i_{2n}} \epsilon_{i_1 i_2 \cdots i_{2n-1} i_{2n}} \Omega_{i_1 i_2} \cdots \Omega_{i_{2n-1} i_{2n}},
\end{aligned} \tag{3.24}$$

这里我们用 $\epsilon_{i_1 i_2 \cdots i_{2n-1} i_{2n}}$ 表示多重 Kronecker 符号. 一般地, 对于 $1, 2, \cdots, l$ 的一个排列 $\alpha_1, \cdots, \alpha_l$, 我们视 $\alpha_1, \cdots, \alpha_l$ 为 $1, \cdots, l$ 的偶排列或奇排列的情形, 分别令 $\epsilon_{\alpha_1 \cdots \alpha_l}$ 取值 1 或 -1, 其余情形均规定为零.

下述结果表明与 $(-1/2\pi)^n \mathrm{Pf}(R^E)$ 相伴的上同调类 $[(-1/2\pi)^n \mathrm{Pf}(R^E)]$ 独立于 g^E 及保度量联络 ∇^E 的选取. 我们称其为 E 的 **Euler 类**, 记之以 $e(E)$.

性质 3.5 ([BiZ1]) 设 $\tilde{g}^E$ 是 E 上的另一度量, $\widetilde{\nabla}^E$ 是任一保持度量 $\tilde{g}^E$ 的联络, $\widetilde{R}^E$ 记 $\widetilde{\nabla}^E$ 的曲率. 则可以具体构造一个微分形式 $\omega \in \Omega^{2n-1}(M)$, 使得

$$\mathrm{Pf}(R^E) - \mathrm{Pf}(\widetilde{R}^E) = d\omega. \tag{3.25}$$

我们将在 3.8.3 节中给出此性质的一个证明 (参见式 (3.89)).

3.5 Gauss-Bonnet-陈定理的证明

现设 (M, g^{TM}) 是一 $2n$ 维定向、闭 Riemann 流形, ∇^{TM} 是 TM 上的 **Levi-Civita 联络**, R^{TM} 记 ∇^{TM} 的曲率.

我们现在陈述 **Gauss-Bonnet-陈定理** [Chern1] 如下:

定理 3.1　下面的等式成立:

$$\chi(M) = \left(\frac{-1}{2\pi}\right)^n \int_M \mathrm{Pf}(R^{TM}). \tag{3.26}$$

证明　设 V 是 TM 的一个**横截截面**, 即 V 是 M 上的一个光滑切向量场, 其零点孤立且非退化[①]. 记 V 的零点集为 $\mathrm{zero}(V)$. 对于任意 $p \in \mathrm{zero}(V)$, 存在 p 的一个充分小开邻域 U_p, 及其上的一个定向坐标系 $\mathbf{y} = (y^1, \cdots, y^{2n})$, 使得在 p 点附近有

$$\mathbf{y}(p) = (0, \cdots, 0), \quad V(\mathbf{y}) = \mathbf{y}A_p\partial_{\mathbf{y}} + O(|\mathbf{y}|^2), \tag{3.27}$$

其中: $\partial_{\mathbf{y}} = (\partial/\partial y^1, \cdots, \partial/\partial y^{2n})^t$; A_p 是一个不依赖于 $\mathbf{y}$ 的 $2n \times 2n$ 矩阵, 且满足

$$\det(A_p) \neq 0. \tag{3.28}$$

横截截面的存在性是微分拓扑学中的一个简单结果.

为证明式 (3.26), 由式 (3.20), (3.21) 及性质 3.4 得知, 对任意 $t > 0$, 有

$$\left(-\frac{1}{2\pi}\right)^n \int_M \mathrm{Pf}(R^{TM})$$
$$= \left(-\frac{1}{2\pi}\right)^n \int_M \int^B \exp\left(-\left(\frac{t^2|V|^2}{2} + t\nabla^{TM}V - R^{TM}\right)\right). \tag{3.29}$$

由式 (3.27) 容易看出, 对任意 $p \in \mathrm{zero}(V)$, 通过对向量场做微调可使式 (3.27) 化为

$$V(\mathbf{y}) = \mathbf{y}A_p\partial_{\mathbf{y}}. \tag{3.30}$$

此外, 由性质 3.5, 我们调节 g^{TM} 使得 U_p 上的度量 g^{TM} 具有形式

$$g^{TM} = (dy^1)^2 + \cdots + (dy^{2n})^2. \tag{3.31}$$

[①]一个利用局部坐标系的描述见本书第四章 4.3 节.

经过这些简化, 我们可将式 (3.29) 重新写为

$$
\left(-\frac{1}{2\pi}\right)^n \int_M \mathrm{Pf}(R^{TM})
$$
$$
= \left(-\frac{1}{2\pi}\right)^n \sum_{p\in\mathrm{zero}(V)} \int_{U_p} \int^B \exp\left(-\left(\frac{t^2|V|^2}{2}+tdV\right)\right)
$$
$$
+ \left(-\frac{1}{2\pi}\right)^n \int_{M\setminus\cup_{p\in\mathrm{zero}(V)}U_p} \int^B \exp\left(-\left(\frac{t^2|V|^2}{2}+t\nabla^{TM}V - R^{TM}\right)\right).
\tag{3.32}
$$

注意到在 $M\setminus\cup_{p\in\mathrm{zero}(V)}U_p$ 上 $|V|$ 有正的下界, 易见当 $t\to+\infty$ 时, 有

$$
\int_{M\setminus\cup_{p\in\mathrm{zero}(V)}U_p} \int^B \exp\left(-\left(\frac{t^2|V|^2}{2}+t\nabla^{TM}V - R^{TM}\right)\right) \to 0.
\tag{3.33}
$$

另一方面, 对 V 的任意零点 p, 可直接验证当 $t\to+\infty$ 时,

$$
\left(-\frac{1}{2\pi}\right)^n \int_{U_p} \int^B \exp\left(-\left(\frac{t^2|V|^2}{2}+tdV\right)\right)
$$
$$
= \left(-\frac{1}{2\pi}\right)^n \int_{U_p} \int^B \exp\left(-\left(\frac{t^2|\mathbf{y}A_p|^2}{2}+td(\mathbf{y}A_p)\partial_{\mathbf{y}}\right)\right)
$$
$$
= t^{2n}\det(A_p)\left(\frac{1}{2\pi}\right)^n \int_{U_p} \exp\left(-\left(\frac{t^2|\mathbf{y}A_p|^2}{2}\right)\right) dy^1\wedge\cdots\wedge dy^{2n}
$$
$$
\longrightarrow \mathrm{sign}(\det(A_p))\left(\frac{1}{2\pi}\right)^n \int_{\mathbf{R}^{2n}} \exp\left(-\left(\frac{|\mathbf{y}A_p|^2}{2}\right)\right) |\det(A_p)|dy^1\wedge\cdots\wedge dy^{2n}
$$
$$
= \mathrm{sign}(\det(A_p)).
\tag{3.34}
$$

现在由经典的 **Poincaré-Hopf 指标公式** (参考 [BoT] 定理 11.25)

$$
\chi(M) = \sum_{p\in\mathrm{zero}(V)} \mathrm{sign}(\det(A_p)),
\tag{3.35}
$$

并结合式 (3.29) 及 (3.32)—(3.34), 便得式 (3.26). □

3.6 一些注记

注记 3.2 为了对上述证明与陈省身的原始证明 [Chern1] 之间的密切关系有一个清晰的印象, 我们在 $E=TM$ 的情形对超渡公式 (3.16) 两边从 0 到

任意 $T > 0$ 积分, 有

$$\left(-\frac{1}{2\pi}\right)^n \int^B \exp(p^* R^{TM}) - \left(-\frac{1}{2\pi}\right)^n \int^B \exp(-\mathcal{A}_T)$$

$$= \left(-\frac{1}{2\pi}\right)^n d \int_0^T \int^B (\mathbf{x} e^{-\mathcal{A}_t}) dt. \tag{3.36}$$

将式 (3.36) 限制在 TM 的 **单位球丛** SM 上, 可直接验证: 当 $T \to +\infty$ 时,

$$\left(-\frac{1}{2\pi}\right)^n \int^B \exp(-\mathcal{A}_T) \to 0.$$

因此, 当限制在单位球丛 SM 上时, 有

$$\left(-\frac{1}{2\pi}\right)^n p^* \mathrm{Pf}(R^{TM}) = \left(-\frac{1}{2\pi}\right)^n d \int_0^{+\infty} \int^B (\mathbf{x} e^{-\mathcal{A}_t}) dt. \tag{3.37}$$

上式形式上与陈省身的超渡公式 [Chern1] 完全一样, 事实上也的确如此. 我们将此证明留给有兴趣的读者.

注记 3.3　关于 Gauss-Bonnet-陈定理还有一个源于 Patodi [P1] 的热核证明, 我们将在第九章利用超空间和超迹的语言给出 Patodi 证明的一个现代处理. 另一方面, Witten [Wi1] 建议了 Poincaré-Hopf 指标公式 (3.35) 的一个解析证明, 有关细节将在下一章介绍.

3.7　陈省身的原始证明

本节我们来描述陈省身对式 (3.37) 简单而优雅的原始证明, 由此式以及 Poincaré-Hopf 指标公式和 Stokes 公式便可证明式 (3.26). 替代 [Chern1] 的处理, 这里我们采用陈省身自己在 [Chern2] 中给出的简化证明.

我们采用和前一节同样的假定和一致的符号.

令 SM 仍记切丛 $p : TM \to M$ 的单位球丛. 因此, $\mathbf{x}$ 构成 SM 上 $p^* TM$ 的具有单位长度的截面. 我们将此截面记为 e_m. 令 $e_1, \cdots, e_{m-1}$ 均为 SM 上 $p^* TM$ 的 (局部定义的) 截面, 使得 $e_1, \cdots, e_{m-1}, e_m$ 构成 SM 上 $p^* TM$ 的一个定向标准正交基.

对满足 $1 \leqslant i, j \leqslant m$ 的任意整数 i, j, 令 ω_{ij} 是 SM 上如下定义的 (局部) 1-形式:

$$\nabla e_i = \sum_{j=1}^m \omega_{ij} e_j. \tag{3.38}$$

令

$$\Omega_{ij} = \langle p^* R^{TM} e_i, e_j \rangle,$$

其为 SM 上 (局部定义) 的 2-形式.

由式 (3.38), 容易证得

$$\Omega_{ij} = d\omega_{ij} - \sum_{k=1}^{m} \omega_{ik} \wedge \omega_{kj}. \tag{3.39}$$

进一步, 对式 (3.39) 外微分可得如下 **Bianchi 恒等式**的局部形式:

$$d\Omega_{ij} = -\sum_{k=1}^{m} \Omega_{ik} \wedge \omega_{kj} + \sum_{k=1}^{m} \omega_{ik} \wedge \Omega_{kj}. \tag{3.40}$$

依照 [Chern2] 公式 (4) 的记号, 对满足 $0 \leqslant k \leqslant \frac{m}{2} - 1$ 的任意整数 k, 定义

$$\Phi_k = \sum_{\alpha_1, \cdots, \alpha_{m-1}=1}^{m-1} \epsilon_{\alpha_1 \cdots \alpha_{m-1}} \Omega_{\alpha_1 \alpha_2} \wedge \cdots \wedge \Omega_{\alpha_{2k-1} \alpha_{2k}}$$

$$\wedge \omega_{\alpha_{2k+1} m} \wedge \cdots \wedge \omega_{\alpha_{m-1} m},$$

$$\Psi_k = 2(k+1) \sum_{\alpha_1, \cdots, \alpha_{m-1}=1}^{m-1} \epsilon_{\alpha_1 \cdots \alpha_{m-1}} \Omega_{\alpha_1 \alpha_2} \wedge \cdots \wedge \Omega_{\alpha_{2k-1} \alpha_{2k}} \wedge \Omega_{\alpha_{2k+1} m}$$

$$\wedge \omega_{\alpha_{2k+2} m} \wedge \cdots \wedge \omega_{\alpha_{m-1} m}. \tag{3.41}$$

同时规定 $\Psi_{-1} = \Psi_{m/2} = 0$.

可直接验证 Φ_k 和 Ψ_k 不依赖于 $e_1, \cdots, e_{m-1}$ 的选取, 从而它们及 $d\Phi_k$ 均是定义在 SM 上的整体微分式. 由式 (3.41), 有

$$d\Phi_k = k \sum_{\alpha_1, \cdots, \alpha_{m-1}=1}^{m-1} \epsilon_{\alpha_1 \cdots \alpha_{m-1}} d\Omega_{\alpha_1 \alpha_2} \wedge \cdots \wedge \Omega_{\alpha_{2k-1} \alpha_{2k}}$$

$$\wedge \omega_{\alpha_{2k+1} m} \wedge \cdots \wedge \omega_{\alpha_{m-1} m}$$

$$+ (n - 2k - 1) \sum_{\alpha_1, \cdots, \alpha_{m-1}=1}^{m-1} \epsilon_{\alpha_1 \cdots \alpha_{m-1}} \Omega_{\alpha_1 \alpha_2} \wedge \cdots \wedge \Omega_{\alpha_{2k-1} \alpha_{2k}}$$

$$\wedge d\omega_{\alpha_{2k+1} m} \wedge \cdots \wedge \omega_{\alpha_{m-1} m}. \tag{3.42}$$

另外, 从式 (3.38), 容易看出

$$\omega_{mm} = 0.$$

现将式 (3.42) 中的 $d\Omega_{\alpha_1\alpha_2}$ 和 $d\omega_{\alpha_{2k+1}m}$ 分别用式 (3.39) 和 (3.40) 的右端代替. 注意到 $d\Phi_k$ 是 SM 上的整体形式, 从而涉及 (局部定义的) $\omega_{\alpha\beta}$ 的项彼此抵消[1], 这里 $1 \leqslant \alpha, \beta \leqslant m-1$.

最后我们得到

$$d\Phi_k = \Psi_{k-1} + \frac{m-2k-1}{2(k+1)}\Psi_k. \tag{3.43}$$

按照 [Chern2] 公式 (9) 和 (10), 我们定义

$$\Pi = \left(\frac{1}{2\pi}\right)^{m/2} \sum_{k=0}^{\frac{m}{2}-1} \frac{(-1)^k}{1 \cdot 3 \cdots (m-2k-1) \cdot 2^k \cdot k!}\Phi_k \tag{3.44}$$

和

$$\Omega = \left(\frac{-1}{2\pi}\right)^{m/2} \frac{1}{2^{m/2}\left(\frac{m}{2}\right)!} \sum_{i_1,\cdots,i_m=1}^{m} \epsilon_{i_1\cdots i_m} \Omega_{i_1 i_2} \wedge \cdots \wedge \Omega_{i_{m-1} i_m}. \tag{3.45}$$

由式 (3.43), 我们得到如同 [Chern2] 公式 (11) 的下述 SM 上的**超渡公式**:

$$-d\Pi = \Omega, \tag{3.46}$$

此即为式 (3.37). □

注记 3.4　除了引入超渡观念以外, 陈省身的证明的历史重要性在于这是历史上首次利用内蕴定义的球丛来解决几何中的重要问题.

注记 3.5　尽管 Mathai 和 Quillen 通过 Thom 形式的几何构造给出了陈省身的超渡公式的一个合理解释, 但陈省身当初是如何构造出形式 Φ_k 和 Ψ_k, 特别是它们出现在 [Chern1] 中的形式, 仍旧是一个谜.

3.8　再论 Gauss-Bonnet-陈定理

本节我们将利用第一章介绍的 Quillen 超联络理论, 给出 Gauss-Bonnet-陈定理的一个新的几何证明.

3.8.1　Clifford 作用

为本节及本书后面部分的需要, 在本小节中我们将对外代数上的 Clifford 作用做较详细的介绍. 有关这方面内容参见 [BGV] 和 [Y2], [Y3].

---

[1] 事实上, 对任意的 $p \in SM$, 可在 p 点附近构造 $e_1, \cdots, e_{m-1}$, 使得对于 $1 \leqslant \alpha, \beta \leqslant m-1$ 有 $\omega_{\alpha\beta}(p) = 0$.

设 V 是一 m 维实 Euclid 空间, V^* 是其对偶空间. 我们用 $\Lambda^*(V^*)$ 及 $\Lambda_{\mathbb{C}}^*(V^*)$ 分别表示 V^* 生成的实及复的外代数.

任给 V 上一个 Euclid 度量 g^V, 则对于 V 中的向量 v 可定义其度量对偶 $v^* = g^V(v, \cdot) \in V^*$, 即对于任意 $X \in V$, $v^*(X) = g^V(v, X)$.

利用度量 g^V, 我们可定义向量 $v \in V$ 在外代数 $\Lambda^*(V^*)$ 上的 (两个) **Clifford** 作用:

$$c(v) = v^* \wedge -i_v, \quad \widehat{c}(v) = v^* \wedge +i_v, \tag{3.47}$$

这里 $v^* \wedge$ 和 i_v 是作用在 $\Lambda^*(V^*)$ 上的外乘和内乘算子. 注意到, 对任意的 $v, v' \in V$, 有

$$[i_{v'}, v^* \wedge] := i_{v'} v^* \wedge + v^* \wedge i_{v'} = v^*(v') = g^V(v, v'). \tag{3.48}$$

由上式即得如下引理:

引理 3.2 对任意 $v, v' \in V$,

$$\begin{cases} c(v)c(v') + c(v')c(v) = -2g^V(v, v'), \\ \widehat{c}(v)\widehat{c}(v') + \widehat{c}(v')\widehat{c}(v) = 2g^V(v, v'), \\ c(v)\widehat{c}(v') + \widehat{c}(v')c(v) = 0. \end{cases} \tag{3.49}$$

注意上面定义的 $\Lambda^*(V^*)$ 上的 Clifford 作用可自然复线性扩张为 $\Lambda_{\mathbb{C}}^*(V^*)$ 上的作用, 且引理 3.2 依然成立.

引理 3.3 设 $\{e_1, \cdots, e_m\}$ 是 V 的任一标准正交基, 则 $\Lambda^*(V^*)$ 的线性映射全体构成的代数 $\mathrm{End}(\Lambda^*(V^*))$ 由元素 $c(e_i)$ 及 $\widehat{c}(e_i)$, $i = 1, \cdots, m$, 生成.

证明 我们引入如下记号:

$$c(e_I) = c(e_{i_1}) \cdots c(e_{i_k}), \quad \widehat{c}(e_J) = \widehat{c}(e_{j_1}) \cdots \widehat{c}(e_{j_l});$$
$$e_I^* = e_{i_1}^* \wedge \cdots \wedge e_{i_k}^*, \quad i_{e_J} = i_{e_{j_1}} \cdots i_{e_{j_l}},$$

其中 $I = (i_1, \cdots, i_k)$, $J = (j_1, \cdots, j_l)$ 为 $N_m := \{1, \cdots, m\}$ 的有序子集, 满足

$$1 \leqslant i_1 < \cdots < i_k \leqslant m, \quad 1 \leqslant j_1 < \cdots < j_l \leqslant m, \quad 0 \leqslant k, l \leqslant m.$$

特别地, 当 $k, l = 0$ 时, 约定 $I, J = \emptyset$, 且

$$c(e_I) = \widehat{c}(e_J) = e_I^* = i_{e_J} = 1.$$

由定义式 (3.47) 易见, 作用在 $\Lambda^*(V^*)$ 上的算子集 $\{c(e_I)\widehat{c}(e_J)|I,J\subseteq N_m\}$ 与 $\{e_I^*\wedge i_{e_J}|I,J\subseteq N_m\}$ 可相互线性表示.

注意到 $\Lambda^*(V^*)$ 作为向量空间, $\{e_I^*|I\subseteq N_m\}$ 是其一组 (线性) 基. 又, 对于任意的 $I,J\subseteq N_m$, 我们有

$$\epsilon(\bar{J},J)(-1)^{\frac{|I|(|I|-1)}{2}+\frac{|J|(|J|-1)}{2}}(i_{e_{\bar{J}}}e_{N_m}^*\wedge i_{e_I})(e_{I'}^*)=\begin{cases}e_J^*, & I'=I,\\ 0, & I'\neq I,\end{cases}\tag{3.50}$$

其中, $|I|$ 表示有序子集 I 的元素个数, $\bar{J}$ 表示 J 在 N_m 中的 (有序) 补子集, 且当 $(\bar{J},J)$ 为 $\{e_1,\cdots,e_m\}$ 的偶 (或奇) 排列时, $\epsilon(\bar{J},J)=1$ (或 -1). 另一方面, 由式 (3.48) 可知, 算子 $i_{e_{\bar{J}}}e_{N_m}^*\wedge i_{e_I}$ 可由算子集 $\{e_I^*\wedge i_{e_J}|I,J\subseteq N_m\}$ 线性表示. 从而, $\mathrm{End}(\Lambda^*(V^*))$ 由 $\{e_I^*\wedge i_{e_J}|I,J\subseteq N_m\}$ 线性张成. 又注意到 $\dim\mathrm{End}(\Lambda^*(V^*))=2^{2m}$, 我们知 $\{e_I^*\wedge i_{e_J}|I,J\subseteq N_m\}$ 构成 $\mathrm{End}(\Lambda^*(V^*))$ 的一组线性基. 进而, 由于 $\{e_I^*\wedge i_{e_J}|I,J\subseteq N_m\}$ 与 $\{c(e_I)\widehat{c}(e_J)|I,J\subseteq N_m\}$ 可相互线性表出, 可知 $\{c(e_I)\widehat{c}(e_J)|I,J\subseteq N_m\}$ 亦是 $\mathrm{End}(\Lambda^*(V^*))$ 的一组线性基. □

注记 3.6　由引理 3.3 易见 $\mathrm{End}(\Lambda_{\mathbf{C}}^*(V^*))$ 由 $\{c(e_I)\widehat{c}(e_J)|I,J\subseteq N_m\}$ 复线性张成.

注记 3.7　对于任意 $A\in\mathrm{End}(V)$, 线性变换 A 在 $\Lambda^*(V^*)$ 上的提升 $A^\natural\in\mathrm{End}(\Lambda^*(V^*))$ 是代数 $\Lambda^*(V^*)$ 的一个导子, 即 $A^\natural$ 线性, 且对于任意正整数 k 及 $v^{*,1},\cdots,v^{*,k}\in V^*$, 有

$$A^\natural(v^{*,1}\wedge\cdots\wedge v^{*,k}):=\sum_l v^{*,1}\wedge\cdots\wedge(A^*v^{*,l})\wedge\cdots\wedge v^{*,k},\tag{3.51}$$

其中 $(A^*v^*)(v):=-v^*(Av)$ 对于任意 $v\in V$ 和 $v^*\in V^*$ 成立.

此时, 对于 V 的任一标准正交基 $\{e_1,\cdots,e_m\}$, 令 $Ae_i=\sum_j A_i^j e_j$. 则在 $\mathrm{End}(\Lambda^*(V^*))$ 中, 提升 $A^\natural$ 有如下表达式:

$$A^\natural=-\sum_{i,j}A_i^j e^*\wedge i_{e_j}=-\frac{1}{4}\sum_{i,j}A_i^j(\widehat{c}(e_i)+c(e_i))(\widehat{c}(e_j)-c(e_j)).\tag{3.52}$$

利用式 (3.47) 中定义的 **Clifford 算子**, 读者容易验证外代数 $\Lambda^*(V^*)$ 中自然的偶/奇 $\mathbf{Z}_2$-分次对应的超结构可表示为

$$\tilde{\tau}=\widehat{c}(e_1)c(e_1)\cdots\widehat{c}(e_m)c(e_m)$$
$$=(-1)^{\frac{m(m+1)}{2}}c(e_1)\cdots c(e_m)\widehat{c}(e_1)\cdots\widehat{c}(e_m).$$

注意超结构 $\tilde{\tau}$ 的上述表示与 V 的标准正交基 $e_1, \cdots, e_m$ 选取无关. 事实上: 首先 Clifford 算子 $c(e_1), \cdots, c(e_m)$ 生成 $\mathrm{End}(\Lambda^*(V^*))$ 的一个子代数 $\mathcal{C}_m$; 又下述对应

$$\phi: c(e_I) \mapsto c(e_I) \cdot 1 = e_I^* \in \Lambda^*(V^*)$$

给出了向量空间 $\mathcal{C}_m$ 与 $\Lambda^*(V^*)$ 之间的一个线性同构, 从而 $\{c(e_I)|I \subseteq N_m\}$ 线性无关, 且是 $\mathcal{C}_m$ 的一组基; 现对 V 的任意另一组标准正交基 $e_1', \cdots, e_m'$, 我们有

$$\phi(c(e_{N_m}')) = c(e_{N_m}') \cdot 1 = (e')_{N_m}^* = \pm e_{N_m}^* = \pm\phi(c(e_{N_m})), \tag{3.53}$$

其中 $\pm$ 的选取依 $e_1', \cdots, e_m'$ 与 $e_1, \cdots, e_m$ 是否定向一致而定, 故有 $c(e_{N_m}') = \pm c(e_{N_m})$; 类似地我们还可证明 $\widehat{c}(e_{N_m}') = \pm\widehat{c}(e_{N_m})$; 从而我们证明了 Clifford 算子 $c(e_{N_m})\widehat{c}(e_{N_m})$ 与 V 的标准正交基 $e_1, \cdots, e_m$ 的选取无关.

现设 V 是一 $2n$ 维定向 Euclid 空间. 对于 V 的任意定向标准正交基 $e_1, \cdots, e_{2n}$, 令

$$\tau = \sqrt{-1}^n c(e_1)c(e_2)\cdots c(e_{2n}). \tag{3.54}$$

同上, τ 的定义与 V 的定向标准正交基 $e_1, \cdots, e_{2n}$ 选取无关, 且有

$$\tau^2 = 1. \tag{3.55}$$

从而 τ 是复值外代数 $\Lambda_{\mathbf{C}}^*(V^*)$ 的一个超结构, 相应的 $\mathbf{Z}_2$-分次称为 $\Lambda_{\mathbf{C}}^*(V^*)$ 上的**符号差分次**. 我们记 $\Lambda_{\pm}(V^*) = \ker(\tau \mp 1)$, 则有

$$\Lambda_{\mathbf{C}}^*(V^*) = \Lambda_+(V^*) \oplus \Lambda_-(V^*). \tag{3.56}$$

注意, 对于任意的 $e \in V$, 我们有

$$\begin{cases} c(e)\tilde{\tau} = -\tilde{\tau}c(e), & \widehat{c}(e)\tilde{\tau} = -\tilde{\tau}\widehat{c}(e); \\ c(e)\tau = -\tau c(e), & \widehat{c}(e)\tau = \tau\widehat{c}(e); \end{cases} \tag{3.57}$$

即 Clifford 作用 $c(e)$ 及 $\widehat{c}(e)$ 交换 $\Lambda^*(V^*)$ 中的奇/偶 $\mathbf{Z}_2$-分次; 而对 V 是 $2n$ 维定向 Euclid 空间的情形, Clifford 作用 $c(e)$ 交换 $\Lambda_{\mathbf{C}}^*(V^*)$ 中的符号差分次, $\widehat{c}(e)$ 保持 $\Lambda_{\mathbf{C}}^*(V^*)$ 中的符号差分次.

引理 3.4 在 $\Lambda^*(V^*)$ 上, 如下关于算子迹的等式成立:

$$\mathrm{tr}[c(e_I)\widehat{c}(e_J)] = \begin{cases} 2^{\dim V}, & \text{如果 } I = J = \emptyset, \\ 0, & \text{其他情形.} \end{cases} \tag{3.58}$$

证明　注意到当 $I = J = \emptyset$ 也即 $c(e_I)\widehat{c}(e_J) = 1$ 时, 显然有 $\mathrm{tr}[1] = 2^{\dim V}$. 故我们只需考虑 $|I| + |J| > 0$ 的情形. 此时必有某个 $i \in I$ 或 $j \in J$. 在此情形注意到

$$c(e_i)(c(e_I)\widehat{c}(e_J))c(e_i)^{-1} = (-1)^{|I|+|J|-1}c(e_I)\widehat{c}(e_J)$$

或

$$\widehat{c}(e_j)(c(e_I)\widehat{c}(e_J))\widehat{c}(e_j)^{-1} = (-1)^{|I|+|J|-1}c(e_I)\widehat{c}(e_J),$$

我们有: 当 $|I| + |J|$ 为偶数时,

$$\mathrm{tr}[c(e_I)\widehat{c}(e_J)] = 0.$$

而当 $|I| + |J|$ 为奇数时, 则必有某个 $i \notin I$ 或 $j \notin J$, 相应地有

$$c(e_i)(c(e_I)\widehat{c}(e_J))c(e_i)^{-1} = (-1)^{|I|+|J|}c(e_I)\widehat{c}(e_J) = -c(e_I)\widehat{c}(e_J)$$

或

$$\widehat{c}(e_j)(c(e_I)\widehat{c}(e_J))\widehat{c}(e_j)^{-1} = (-1)^{|I|+|J|}c(e_I)\widehat{c}(e_J) = -c(e_I)\widehat{c}(e_J).$$

从而当 $|I| + |J|$ 为奇数时,

$$\mathrm{tr}[c(e_I)\widehat{c}(e_J)] = 0. \qquad \square$$

利用第一章给出的超迹的定义式 (1.12) 以及 Clifford 算子的运算关系式 (3.49), 易见 $\Lambda^*(V^*)$ 或 $\Lambda_{\mathbf{C}}^*(V^*)$ 上的超迹计算均可归结为计算 $\mathrm{tr}[c(e_I)\widehat{c}(e_J)]$, 从而由上一引理立得如下推论:

推论 3.1　(i) 设 V 是一 m 维 Euclid 空间, 则关于 $\Lambda^*(V^*)$ 中的奇偶 $\mathbf{Z}_2$-分次, 下列超迹的等式成立:

$$\mathrm{str}[c(e_I)\widehat{c}(e_J)] = \begin{cases} (-1)^{m(m+1)/2}2^m, & \text{如果 } I = J = N_m, \\ 0, & \text{其他情形.} \end{cases} \tag{3.59}$$

(ii) 设 V 是 $m = 2n$ 维定向 Euclid 空间, 则关于 $\Lambda_{\mathbf{C}}^*(V^*)$ 中的符号差分次, 下列超迹的等式成立:

$$\mathrm{str}[c(e_I)\widehat{c}(e_J)] = \begin{cases} (-\sqrt{-1})^n 2^{2n}, & \text{如果 } I = N_{2n}, J = \emptyset, \\ 0, & \text{其他情形.} \end{cases} \tag{3.60}$$

3.8.2 Gauss-Bonnet-陈定理的又一证明

设 $E \to M$ 为 $2n$ 维闭、定向流形 M 上的一个秩为 $2n$ 的定向实向量丛. 任给 E 上一个 Euclid 度量 g^E, 则对于 E 的任一光滑截面 $e \in \Gamma(E)$, 类似于式 (3.47), 我们可以在外代数丛 $\Lambda_{\mathbb{C}}^*(E^*)$ 上定义逐纤维的 Clifford 作用 $c(e)$ 及 $\widehat{c}(e)$. 由上节的相关讨论知

$$\tau = \sqrt{-1}^n c(e_1)c(e_2)\cdots c(e_{2n}) \tag{3.61}$$

的定义不依赖于 E 的局部定向标准正交基 $\{e_1, e_2, \cdots, e_{2n}\}$ 的选取, 从而 τ 良好定义了 $\Lambda_{\mathbb{C}}^*(E^*)$ 上的**符号差分次**.

设 ∇^E 是 E 的任一联络, 令 $\nabla^{\Lambda_{\mathbb{C}}^*(E^*)}$ 记 ∇^E 在 $\Lambda_{\mathbb{C}}^*(E^*)$ 上的自然提升联络. 设 $\varpi = (\omega_{ij})$ 为 ∇^E 关于 E 的某一局部标准正交基 $\{e_1, e_2, \cdots, e_{2n}\}$ 的联络矩阵, 即有 $\nabla^E e_i = \omega_{ij} \otimes e_j$ (参见式 (A.2)), 则当 $\Lambda_{\mathbb{C}}^*(E^*)$ 关于 E^* 的对偶基 $\{e_1^*, e_2^*, \cdots, e_{2n}^*\}$ 平凡化后, 由注记 3.7 及式 (3.52), 提升联络 $\nabla^{\Lambda_{\mathbb{C}}^*(E^*)}$ 局部上可写为[1]

$$\nabla^{\Lambda_{\mathbb{C}}^*(E^*)} = d - \sum_{i,j=1}^{2n} \omega_{ij} e_i^* \wedge i_{e_j}$$

$$= d - \frac{1}{4} \sum_{i,j=1}^{2n} \omega_{ij}(\widehat{c}(e_i) + c(e_i))(\widehat{c}(e_j) - c(e_j)). \tag{3.62}$$

特别地, 若 ∇^E 保持度量 g^E (该联络一定存在!), 我们有 $\omega_{ij} = -\omega_{ji}$, 从而式 (3.62) 又可写为

$$\nabla^{\Lambda_{\mathbb{C}}^*(E^*)} = d + \frac{1}{4} \sum_{i,j=1}^{2n} \omega_{ij}(c(e_i)c(e_j) - \widehat{c}(e_i)\widehat{c}(e_j)). \tag{3.63}$$

现设 ∇^E 保持度量 g^E. 则对于任意的 $X \in \Gamma(TM)$, $e \in \Gamma(E)$, 有

$$[\nabla_X^{\Lambda_{\mathbb{C}}^*(E^*)}, c(e)] = c(\nabla_X^E e), \quad [\nabla_X^{\Lambda_{\mathbb{C}}^*(E^*)}, \widehat{c}(e)] = \widehat{c}(\nabla_X^E e). \tag{3.64}$$

事实上, 对于任意 $\omega \in \Gamma(\Lambda_{\mathbb{C}}^*(E^*))$, 有

$$\nabla_X^{\Lambda_{\mathbb{C}}^*(E^*)}(e^* \wedge \omega) = (\nabla_X^{E^*} e^*) \wedge \omega + e^* \wedge \nabla_X^{\Lambda_{\mathbb{C}}^*(E^*)}\omega.$$

从而

$$[\nabla_X^{\Lambda_{\mathbb{C}}^*(E^*)}, e^* \wedge]\omega = (\nabla_X^{E^*} e^*) \wedge \omega. \tag{3.65}$$

---

[1] 注意此处关于提升联络的如下局部表达式事实上对任意向量丛 E 的实或复值外代数丛均成立.

对任意 $e' \in \Gamma(E)$, 由对偶联络的定义及 ∇^E 保度量, 有

$$(\nabla_X^{E^*} e^*)(e') = X(e^*(e')) - e^*(\nabla_X^E e') = X g^E(e, e') - g^E(e, \nabla_X^E e')$$
$$= g^E(\nabla_X^E e, e') = (\nabla_X^E e)^*(e').$$

由此及式 (3.65) 有

$$[\nabla_X^{\Lambda_{\mathbf{C}}^*(E^*)}, e^* \wedge] = (\nabla_X^E e)^* \wedge. \tag{3.66}$$

另一方面, 容易验证 $[\nabla_X^{\Lambda_{\mathbf{C}}^*(E^*)}, i_e]$ 是作用在 $\Gamma(\Lambda_{\mathbf{C}}^*(E^*))$ 上的一个 -1 **次导子**, 即 $[\nabla_X^{\Lambda_{\mathbf{C}}^*(E^*)}, i_e]$ 是 **C-线性**的, 且对于任意 $\eta \in \Gamma(\Lambda_{\mathbf{C}}^k(E^*))$, $\omega \in \Gamma(\Lambda_{\mathbf{C}}^*(E^*))$, 有

$$[\nabla_X^{\Lambda_{\mathbf{C}}^*(E^*)}, i_e](\eta \wedge \omega) = ([\nabla_X^{E^*}, i_e]\eta) \wedge \omega + (-1)^{k-1}\eta \wedge ([\nabla_X^{E^*}, i_e]\omega). \tag{3.67}$$

又对于任意 $\eta \in \Gamma(E^*)$,

$$[\nabla_X^{\Lambda_{\mathbf{C}}^*(E^*)}, i_e]\eta = \nabla_X^{E^*}(i_e \eta) - i_e(\nabla_X^{E^*}\eta)$$
$$= X(\eta(e)) - i_e(\nabla_X^{E^*}\eta)$$
$$= (\nabla_X^{E^*}\eta)(e) + \eta(\nabla_X^E e) - (\nabla_X^{E^*}\eta)(e)$$
$$= \eta(\nabla_X^E e) = i_{\nabla_X^E e}\eta.$$

故作为作用在 $\Gamma(\Lambda_{\mathbf{C}}^*(E^*))$ 上的算子, 有

$$[\nabla_X^{\Lambda_{\mathbf{C}}^*(E^*)}, i_e] = i_{\nabla_X^E e}. \tag{3.68}$$

最后, 由式 (3.66) 及 (3.68) 得知断言 (3.64) 成立.

利用断言 (3.64), 我们容易证明对于保度量联络 ∇^E, 诱导联络 $\nabla^{\Lambda_{\mathbf{C}}^*(E^*)}$ 保持 $\Lambda_{\mathbf{C}}^*(E^*)$ 中的符号差分次, 即有

$$[\nabla^{\Lambda_{\mathbf{C}}^*(E^*)}, \tau] = 0. \tag{3.69}$$

从而 $\nabla^{\Lambda_{\mathbf{C}}^*(E^*)}$ 是超向量丛

$$\Lambda_{\mathbf{C}}^*(E^*) = \Lambda_+(E^*) \oplus \Lambda_-(E^*)$$

上的一个超联络.

我们现在计算超向量丛 $\Lambda_{\mathbf{C}}^*(E^*)$ 的陈特征形式 (参见定义式 (1.58))

$$\mathrm{ch}(\Lambda_{\mathbf{C}}^*(E^*), \nabla^{\Lambda_{\mathbf{C}}^*(E^*)}) = \mathrm{str}\left[\exp\left(\frac{\sqrt{-1}}{2\pi} R^{\Lambda_{\mathbf{C}}^*(E^*)}\right)\right], \tag{3.70}$$

其中, $R^{\Lambda_{\mathbf{C}}^*(E^*)}$ 表示联络 $\nabla^{\Lambda_{\mathbf{C}}^*(E^*)}$ 的曲率, 其为曲率算子 $R^E = (\nabla^E)^2$ 在 $\Lambda_{\mathbf{C}}^*(E^*)$ 上的提升. 由注记 3.7 及式 (3.52), 关于 E 的 (局部) 定向标准正交基 $e_1, e_2, \cdots$, e_{2n}, 有

$$
\begin{aligned}
R^{\Lambda_{\mathbf{C}}^*(E^*)} &= -\sum_{i,j}^{2n} \Omega_{ij} e_i^* \wedge i_{e_j} \\
&= -\frac{1}{4} \sum_{i,j}^{2n} \Omega_{ij} (\widehat{c}(e_i) + c(e_i))(\widehat{c}(e_j) - c(e_j)),
\end{aligned}
\tag{3.71}
$$

其中 $\Omega_{ij} = g^E(R^E e_i, e_j)$.

由于 ∇^E 保度量, 故 $\Omega_{ij} = -\Omega_{ji}$, 从而

$$
R^{\Lambda_{\mathbf{C}}^*(E^*)} = \frac{1}{4} \sum_{i,j}^{2n} \Omega_{ij} \left(c(e_i)c(e_j) - \widehat{c}(e_i)\widehat{c}(e_j) \right).
\tag{3.72}
$$

由式 (3.70), (3.72) 及超迹公式 (3.60) 与微分形式次数的计数, 我们有

$$
\begin{aligned}
&\mathrm{ch}(\Lambda_{\mathbf{C}}^*(E^*), \nabla^{\Lambda_{\mathbf{C}}^*(E^*)}) \\
&= \frac{1}{2^{2n}n!} \left(\frac{\sqrt{-1}}{2\pi} \right)^n \mathrm{str} \left[\left(\sum_{i,j}^{2n} \Omega_{ij} \left(c(e_i)c(e_j) - \widehat{c}(e_i)\widehat{c}(e_j) \right) \right)^n \right] \\
&= \frac{1}{2^{2n}n!} \left(\frac{\sqrt{-1}}{2\pi} \right)^n \mathrm{str} \left[\left(\sum_{i,j}^{2n} \Omega_{ij} c(e_i)c(e_j) \right)^n \right] \\
&= \frac{1}{2^{2n}n!} \left(\frac{\sqrt{-1}}{2\pi} \right)^n \sum_{i_1,\cdots,i_{2n}} \epsilon_{i_1 \cdots i_{2n}} \Omega_{i_1 i_2} \cdots \Omega_{i_{2n-1} i_{2n}} \mathrm{str}[c(e_1)c(e_2) \cdots c(e_{2n})] \\
&= \frac{1}{2^{2n}n!} \left(\frac{\sqrt{-1}}{2\pi} \right)^n (-\sqrt{-1})^n 2^{2n} \sum_{i_1,\cdots,i_{2n}} \epsilon_{i_1 \cdots i_{2n}} \Omega_{i_1 i_2} \cdots \Omega_{i_{2n-1} i_{2n}} \\
&= \frac{1}{(2\pi)^n n!} \sum_{i_1,\cdots,i_{2n}} \epsilon_{i_1 \cdots i_{2n}} \Omega_{i_1 i_2} \cdots \Omega_{i_{2n-1} i_{2n}}.
\end{aligned}
$$

由 Euler 形式 $\mathrm{Pf}(R^E)$ 的表达式 (3.24), 我们有

$$
\mathrm{ch}(\Lambda_{\mathbf{C}}^*(E^*), \nabla^{\Lambda_{\mathbf{C}}^*(E^*)}) = \frac{1}{\pi^n} \mathrm{Pf}(R^E).
\tag{3.73}
$$

利用式 (3.73), 联系于 (E, g^E, ∇^E) 的 **Euler 形式**可表示为

$$
\left(-\frac{1}{2\pi} \right)^n \mathrm{Pf}(R^E) := \left(-\frac{1}{2} \right)^n \mathrm{ch}(\Lambda_{\mathbf{C}}^*(E^*), \nabla^{\Lambda_{\mathbf{C}}^*(E^*)}).
\tag{3.74}
$$

　　下面我们利用超向量丛陈特征的 Quillen 超联络的构造式 (1.58) 及公式 (3.74) 给出 Gauss-Bonnet-陈定理的一个新的几何证明.

　　我们采用与本章 3.5 节相同的记号. 利用 TM 的一个横截截面 $V \in \Gamma(TM)$, 对于 $T \geqslant 0$, 我们定义带有符号差分次的复值外代数 $\Lambda_{\mathbf{C}}^*(T^*M)$ 上如下的一簇超联络:

$$\mathbf{A}_T := \nabla^{\Lambda_{\mathbf{C}}^*(T^*M)} + Tc(V) : \Omega(M, \Lambda_{\mathbf{C}}^*(T^*M)) \to \Omega(M, \Lambda_{\mathbf{C}}^*(T^*M)). \quad (3.75)$$

由示性类的陈-Weil 定理 1.3 及式 (3.74), 我们有

$$\left(-\frac{1}{2\pi}\right)^n \int_M \mathrm{Pf}(R^{TM})$$

$$= \left(-\frac{1}{2}\right)^n \int_M \mathrm{ch}(\Lambda_{\mathbf{C}}^*(T^*M), \mathbf{A}_T)$$

$$= \left(-\frac{1}{2}\right)^n \left(\frac{\sqrt{-1}}{2\pi}\right)^n \int_M \mathrm{str}\left[\exp(\mathbf{A}_T^2)\right]$$

$$= \left(-\frac{\sqrt{-1}}{4\pi}\right)^n \int_M \mathrm{str}\left[\exp\left((\nabla^{\Lambda_{\mathbf{C}}^*(T^*M)} + Tc(V))^2\right)\right]$$

$$= \left(-\frac{\sqrt{-1}}{4\pi}\right)^n \int_M e^{-T^2|V|^2}\mathrm{str}\left[\exp\left(R^{\Lambda_{\mathbf{C}}^*(T^*M)} + Tc(\nabla^{TM}V)\right)\right]. \quad (3.76)$$

完全类似本章 3.5 节, 我们在每个 $p \in \mathrm{zero}(V)$ 的充分小定向坐标邻域 $(U_p; (y^1, \cdots, y^{2n}))$ 上对 V 及 g^{TM} 做与式 (3.30) 及 (3.31) 相同的假设. 从而由超迹公式 (3.60) 并类似于式 (3.34), 我们有

$$\lim_{T\to+\infty} \int_M e^{-T^2|V|^2}\mathrm{str}\left[\exp\left(R^{\Lambda_{\mathbf{C}}^*(T^*M)} + Tc(\nabla^{TM}V)\right)\right]$$

$$= \sum_{p\in\mathrm{zero}(V)} \lim_{T\to+\infty} \int_{U_p} e^{-T^2|V|^2}\mathrm{str}\left[\exp\left(R^{\Lambda_{\mathbf{C}}^*(T^*M)} + Tc(\nabla^{TM}V)\right)\right]$$

$$= \sum_{p\in\mathrm{zero}(V)} \lim_{T\to+\infty} \int_{U_p} e^{-T^2|\mathbf{y}A_p|^2}\mathrm{str}\left[\exp\left(Td(\mathbf{y}A_p)c(\partial_{\mathbf{y}})\right)\right]$$

$$= \sum_{p\in\mathrm{zero}(V)} (-1)^n \det(A_p)$$

$$\cdot \lim_{T\to+\infty} \int_{U_p} e^{-T^2|\mathbf{y}A_p|^2}T^{2n}dy^1 \wedge \cdots \wedge dy^{2n}\mathrm{str}\left[c\left(\frac{\partial}{\partial y^1}\right)\cdots c\left(\frac{\partial}{\partial y^{2n}}\right)\right]$$

$$= (-1)^n \frac{2^{2n}}{(\sqrt{-1})^n} \sum_{p\in\mathrm{zero}(V)} \det(A_p)\lim_{T\to+\infty} \int_{U_p} e^{-T^2|\mathbf{y}A_p|^2}T^{2n}dy^1 \wedge \cdots \wedge dy^{2n}$$

$$
\begin{aligned}
&= (-1)^n \frac{2^{2n}}{(\sqrt{-1})^n} \pi^n \sum_{p \in \mathrm{zero}(V)} \mathrm{sign}(\det(A_p)) \\
&= (4\pi\sqrt{-1})^n \sum_{p \in \mathrm{zero}(V)} \mathrm{sign}(\det(A_p)).
\end{aligned}
$$

最后, 由式 (3.76) 及 Poincaré-Hopf 指标公式 (3.35), 我们再一次得到了如下的 Gauss-Bonnet-陈定理:

$$
\chi(M) = \left(-\frac{1}{2\pi}\right)^n \int_M \mathrm{Pf}(R^{TM}).
$$

3.8.3 Euler 类的又一陈-Weil 表示

设 $\pi : E \to M$ 是定向闭流形 M 上一秩为 $2n$ 的定向实向量丛. 任给 E 上一个联络 ∇^E. 一般而言, E 上不一定存在 Euclid 度量 g^E, 使得联络 ∇^E 保持度量 g^E. 从而之前给出的构造 Euler 形式的两种方法在此情形均不可用 (参见式 (3.24) 及 (3.74)). 然而, 注意到 ∇^E 在外代数丛 $\Lambda^*(E^*)$ 上的自然提升联络 $\nabla^{\Lambda^*(E^*)}$ 总保持 $\Lambda^*(E^*)$ 中的偶/奇 – 分次, 这使得我们可以借鉴 Mathai 和 Quillen 利用旋量丛构造 Thom 形式的想法, 通过研究 E 上的拉回超向量丛

$$
\pi^*\Lambda^*(E^*) = \pi^*\Lambda^{\mathrm{even}}(E^*) \oplus \pi^*\Lambda^{\mathrm{odd}}(E^*)
$$

的陈特征形式, 去寻找 E 的 Euler 类 $e(E)$ 关于任意联络 ∇^E 的一个陈-Weil 表示 (参见 [FZ]).

首先考虑拉回丛 $\pi^*E \to E$ 的**典则截面**[①] $Y \in \Gamma(\pi^*E)$:

$$
Y(y) = (\pi(y), y) \in \pi^*E, \quad \forall y \in E. \tag{3.77}
$$

任给 E 上一个 Euclid 度量 g^E, 借助 π^*E 上的拉回度量 π^*g^E, 我们可以定义 Y 在 $\pi^*\Lambda^*(E^*)$ 上的 Clifford 作用

$$
c(Y) = Y^* \wedge - i_Y : \pi^*\Lambda^{\mathrm{even/odd}}(E^*) \to \pi^*\Lambda^{\mathrm{odd/even}}(E^*),
$$

其中, $Y^* = (\pi^*g^E)(Y, \cdot)$.

现在关于参数 $T \geqslant 0$, 我们可以给出 $\pi^*\Lambda^*(E^*)$ 上的一簇超联络

$$
\mathbf{A}_T := \pi^*\nabla^{\Lambda^*(E^*)} + Tc(Y) : \Omega^*(E, \pi^*\Lambda^*(E^*)) \to \Omega^*(E, \pi^*\Lambda^*(E^*)), \tag{3.78}
$$

[①] 即本章 3.1 节出现过的 E 上的恒等映射.

且

$$\mathbf{A}_T^2 = \pi^* R^{\Lambda^*(E^*)} + T[\pi^* \nabla^{\Lambda^*(E^*)}, c(Y)] - T^2|Y|^2. \tag{3.79}$$

注意到关于每个 $T > 0$, 函数 $e^{-T^2|Y|^2}$ 沿向量丛 E 的纤维指数衰减, 且

$$\exp\left(\pi^* R^{\Lambda^*(E^*)} + T[\pi^* \nabla^{\Lambda^*(E^*)}, c(Y)]\right)$$

是一关于 T 的、以微分形式为系数的多项式, 从而 E 上的微分形式

$$
\begin{aligned}
&\operatorname{str}\left[\exp(\mathbf{A}_T^2)\right] \\
&= e^{-T^2|Y|^2} \operatorname{str}\left[\exp\left(\pi^* R^{\Lambda^*(E^*)} + T[\pi^* \nabla^{\Lambda^*(E^*)}, c(Y)]\right)\right]
\end{aligned} \tag{3.80}
$$

沿向量丛 E 的纤维可积, 且

$$
\begin{aligned}
&\int_{E/M} \operatorname{str}\left[\exp(\mathbf{A}_T^2)\right] \\
&= \int_{E/M} e^{-T^2|Y|^2} \operatorname{str}\left[\exp\left(\pi^* R^{\Lambda^*(E^*)} + T[\pi^* \nabla^{\Lambda^*(E^*)}, c(Y)]\right)\right]
\end{aligned} \tag{3.81}
$$

是 M 上一闭的 $2n$ 次光滑微分形式.

进一步, 微分形式 (3.81) 给出的上同调类

$$\left[\int_{E/M} \operatorname{str}\left[\exp(\mathbf{A}_T^2)\right]\right]$$

不依赖于 E 上的联络 ∇^E 及度量 g^E 的选取. 事实上, 任给 E 上另一对联络 $\tilde{\nabla}^E$ 及度量 $\tilde{g}^E$, 则对于 $0 \leqslant u \leqslant 1$,

$$\nabla_u^E = (1-u)\nabla^E + u\tilde{\nabla}^E, \quad g_u^E = (1-u)g^E + u\tilde{g}^E$$

分别为 E 上的一簇联络与度量. 对应于任一 $u \in [0,1]$, 我们有提升联络 $\nabla_u^{\Lambda^*(E^*)}$ 及 Clifford 作用 $c_u(Y)$, 以及超联络簇

$$\mathbf{A}_{u,T} = \pi^* \nabla_u^{\Lambda^*(E^*)} + Tc_u(Y).$$

注意到

$$
\begin{aligned}
&\int_{E/M} \operatorname{str}\left[\exp(\mathbf{A}_{1,T}^2)\right] - \int_{E/M} \operatorname{str}\left[\exp(\mathbf{A}_{0,T}^2)\right] \\
&= \int_0^1 \left\{ \frac{\partial}{\partial u} \int_{E/M} \operatorname{str}\left[\exp(\mathbf{A}_{u,T}^2)\right] \right\} du
\end{aligned}
$$

$$= \int_0^1 \left\{ \int_{E/M} \frac{\partial}{\partial u} \mathrm{str}\left[\exp(\mathbf{A}_{u,T}^2) \right] \right\} du$$

$$= \int_0^1 \left\{ \int_{E/M} d^E \mathrm{str}\left[\frac{\partial \mathbf{A}_{u,T}}{\partial u} \exp(\mathbf{A}_{u,T}^2) \right] \right\} du$$

$$= d \int_0^1 \left\{ \int_{E/M} \mathrm{str}\left[\frac{\partial \mathbf{A}_{u,T}}{\partial u} \exp(\mathbf{A}_{u,T}^2) \right] \right\} du, \tag{3.82}$$

我们有

$$\left[\int_{E/M} \mathrm{str}\left[\exp(\mathbf{A}_T^2) \right] \right] = \left[\int_{E/M} \mathrm{str}\left[\exp(\mathbf{A}_{0,T}^2) \right] \right]$$

$$= \left[\int_{E/M} \mathrm{str}\left[\exp(\mathbf{A}_{1,T}^2) \right] \right].$$

设 ω 是流形 X 上的一个微分形式, 我们记 $\omega = \sum \{\omega\}^{(i)}$, 其中 $\{\omega\}^{(i)} \in \Omega^i(X)$.

现在, 我们任选 E 的一个保持度量 g^E 的联络 ∇^E, 对于任意 $x \in M$, 我们选取 E 在 x 附近的一个局部定向标准正交基 $\{e_1, \cdots, e_{2n}\}$, 使得 $(\nabla^E e_i)(x) = 0$. 关于 $\{e_1, \cdots, e_{2n}\}$, E_x 中的向量 y 可写为 $y = \sum_{i=1}^{2n} y^i e_i$. 从而由式 (3.24), (3.72) 及超迹公式 (3.59) 与微分形式次数的计数, 我们有

$$\int_{E_x} \left\{ \mathrm{str}\left[\exp(\mathbf{A}_T^2) \right] \right\}^{(4n)}$$

$$= \int_{E_x} \left\{ e^{-T^2 |Y|^2} \mathrm{str}\left[\exp\left(\pi^* R^{\Lambda^*(E^*)} + T c(\pi^* \nabla^E Y) \right) \right] \right\}^{(4n)}$$

$$= \int_{E_x} e^{-T^2 \sum_{i=1}^{2n} (y^i)^2}$$

$$\cdot \left\{ \mathrm{str}\left[\exp\left(\frac{1}{4} \sum_{i,j=1}^{2n} \Omega_{ij}(x)(c(e_i)c(e_j) - \widehat{c}(e_i)\widehat{c}(e_j)) + T \sum_{i=1}^{2n} dy^i c(e_i) \right) \right] \right\}^{(4n)}$$

$$= \int_{E_x} e^{-T^2 \sum_{i=1}^{2n} (y^i)^2}$$

$$\cdot \left\{ \mathrm{str}\left[\exp\left(-\frac{1}{4} \sum_{i,j=1}^{2n} \Omega_{ij}(x)\widehat{c}(e_j)\widehat{c}(e_i) \right) \exp\left(T \sum_{i=1}^{2n} dy^i c(e_i) \right) \right] \right\}^{(4n)}$$

$$= \int_{E_x} \frac{(-1)^n}{2^n} e^{-T^2 \sum_{i=1}^{2n} (y^i)^2}$$

$$\cdot \left\{ \mathrm{str}\left[\frac{1}{2^n n!} \left(\sum_{i,j=1}^{2n} \Omega_{ij}(x)\widehat{c}(e_j)\widehat{c}(e_i) \right)^n \prod_{i=1}^{2n} \left(1 + T dy^i c(e_i) \right) \right] \right\}^{(4n)}$$

$$= \int_{E_x} \frac{(-1)^n T^{2n}}{2^n} e^{-T^2 \sum_{i=1}^{2n}(y^i)^2}$$

$$\cdot \left\{ \mathrm{str}\left[\pi^* \mathrm{Pf}(R^E)(x)\widehat{c}(e_1)\cdots\widehat{c}(e_{2n})\prod_{i=1}^{2n} dy^i c(e_i) \right] \right\}^{(4n)}$$

$$= \left(\frac{-1}{2}\right)^n \int_{E_x} T^{2n} e^{-T^2 \sum_{i=1}^{2n}(y^i)^2} \pi^* \mathrm{Pf}(R^E)(x) \wedge dy^1 \wedge \cdots \wedge dy^{2n}$$

$$\cdot \mathrm{str}\left[\widehat{c}(e_1)c(e_1)\cdots\widehat{c}(e_{2n})c(e_{2n})\right]$$

$$= (-2)^n \mathrm{Pf}(R^E)(x) \int_{\mathbf{R}^{2n}} T^{2n} e^{-T^2 \sum_{i=1}^{2n}(y^i)^2} dy^1 \wedge \cdots \wedge dy^{2n}$$

$$= (-2\pi)^n \mathrm{Pf}(R^E)(x),$$

即有

$$\left(\frac{1}{2\pi}\right)^{2n} \int_{E/M} \left\{ \mathrm{str}\left[\exp(\mathbf{A}_T^2)\right] \right\}^{(4n)} = \left(-\frac{1}{2\pi}\right)^n \mathrm{Pf}(R^E). \tag{3.83}$$

最后, 由式 (3.83), 我们就有 (参见 [FZ] 定理 1.1):

定理 3.2　(i) 设 $\pi : E \to M$ 是 $2n$ 维定向闭流形 M 上一秩为 $2n$ 的定向实向量丛. 任给 E 上一个联络 ∇^E 及一个 Euclid 度量 g^E, 则对于任意 $T > 0$, 由 $\pi^*\Lambda^*(E^*)$ 上的超联络

$$\mathbf{A}_T := \pi^*\nabla^{\Lambda^*(E^*)} + Tc(Y) : \Omega^*(E, \pi^*\Lambda^*(E^*)) \to \Omega^*(E, \pi^*\Lambda^*(E^*)) \tag{3.84}$$

所定义的 M 上 $2n$ 次闭微分形式

$$\left(\frac{1}{2\pi}\right)^{2n} \int_{E/M} \left\{ \mathrm{str}\left[\exp(\mathbf{A}_T^2)\right] \right\}^{(4n)} \tag{3.85}$$

是 E 的 Euler 类 $e(M)$ 的一个陈-Weil 表示, 即有

$$e(E, \nabla^E) = \left(\frac{1}{2\pi}\right)^{2n} \int_{E/M} \left\{ \mathrm{str}\left[\exp(\mathbf{A}_T^2)\right] \right\}^{(4n)}. \tag{3.86}$$

(ii) 当 $E = TM$ 时, 还有

$$\chi(M) = \left(\frac{1}{2\pi}\right)^{2n} \int_{TM} \mathrm{str}\left[\exp(\mathbf{A}_T^2)\right]. \tag{3.87}$$

如果 ∇^E 保持 g^E, 那么易见

$$e(E, \nabla^E) = \left(-\frac{1}{2\pi}\right)^{2n} \mathrm{Pf}(R^E). \tag{3.88}$$

特别地, 对于另外一个保持 g^E 的 $\widetilde{\nabla}^E$, 由式 (3.82) 有

$$e(E, \nabla^E) - e(E, \widetilde{\nabla}^E) = d\omega, \tag{3.89}$$

从而 3.4 节中的性质 3.5 得证.

注记 3.8 定理 3.2 可被用来研究与流形上一般平坦向量丛的 Euler 类相关的问题, 参见 [FZ].

注记 3.9 对于一个偶数维闭定向的 Finsler 流形 (M, F), D. Bao 和陈省身利用 Finsler 度量 F 确定的陈联络, 在 M 的单位球丛上构造了一个恰当的 $2n$ 次微分式; 然后利用 M 上具有孤立零点的向量场将该微分式拉回, 得到了 M (去掉零点集) 上一个恰当的 $2n$ 次微分式, 并由此得到了一个 Finsler 几何范畴内的 Gauss-Bonnet-陈定理 (参见 [BaoC]). 另一方面, 利用定理 3.2, 冯惠涛和李明得到了 Finsler 流形上一个不依赖于任何向量场的 Gauss-Bonnet-陈定理 (参见 [FL]), 从而解决了沈一兵 [S] 的一个公开问题.

3.8.4 Thom 形式的又一陈-Weil 表示

Mathai 和 Quillen [MaQ] 用 M 上向量丛 E 的保度量联络, 给出了 E 的 Thom 形式的一个几何构造. 本小节我们将根据定理 3.2 的想法, 从定向向量丛 E 上的任意联络 ∇^E 出发, 几何地构造 E 的一个新的 Thom 形式.

以下我们采用与 3.8.3 节相同的记号. 考虑直和向量丛 $\pi : E \oplus E \to M$. 对任意 $(Y, Z) \in E \oplus E$, 有 $\pi(Y) = \pi(Z)$. 令 $p : E \oplus E \to E$ 记 $E \oplus E$ 到其中第二个因子上的投射, 即对任意 $(Y, Z) \in E \oplus E$, 有 $p(Y, Z) = Z$. 此时, 通过投射 p, 全空间 $E \oplus E$ 可视为 E 上的一个向量丛.

现考虑拉回的复值外代数丛 $\tilde{\pi}^* \Lambda^*(E^*) \to E \oplus E$, 其上有拉回联络 $\tilde{\pi}^* \nabla^{\Lambda^*(E^*)}$. 另一方面, 利用 E 上任意给定的 Euclid 度量 g^E, 我们可以定义一个拉回丛 $\tilde{\pi}^* \Lambda^*(E^*) \to E \oplus E$ 上的 Clifford 作用: 对于任意点 $(Y, Z) \in E \oplus E$,

$$c(Y, Z) := c(Y) + \sqrt{-1}\hat{c}(Z) : \tilde{\pi}^* \Lambda^*(E^*)|_{(Y,Z)} \to \tilde{\pi}^* \Lambda^*(E^*)|_{(Y,Z)}, \tag{3.90}$$

这里 $c(Y), \hat{c}(Z)$ 的定义见式 (3.47). 显然 Clifford 作用 $c(Y, Z)$ 交换 $\tilde{\pi}^* \Lambda^*(E^*)$ 中的偶/奇 $\mathbf{Z}_2$-分次. 进而, 由式 (3.90) 及 (3.49) 我们有

$$c(Y, Z)^2 = -|Y|_{g^E}^2 - |Z|_{g^E}^2. \tag{3.91}$$

因此对于 $T \geq 0$, 我们可以定义 $\tilde{\pi}^* \Lambda^*(E^*)$ 上如下的超联络:

$$\mathbf{A}_T = \tilde{\pi}^* \nabla^{\Lambda^*(E^*)} + Tc(Y, Z)$$

$$= \tilde{\pi}^* \nabla^{\Lambda^*(E^*)} + Tc(Y) + T\sqrt{-1}\widehat{c}(Z). \tag{3.92}$$

由式 (3.91), 当 $T \to +\infty$ 时, 全空间 $E \oplus E$ 上的微分形式 $\mathrm{tr}_s \left[\exp\left(\widetilde{A}_T^2 \right) \right]$ 沿纤维指数衰减. 我们用 $p_* \omega$ 表示微分形式 $\omega \in \Omega^*(E \oplus E)$ 沿向量丛 $p: E \oplus E \to E$ 的纤维的积分. 从而, 对于任何 $T > 0$, 如下微分形式

$$U_T(E, \nabla^E) := \left(\frac{1}{2\pi} \right)^{2n} \left\{ p_* \left(\mathrm{str} \left[\exp\left(\mathbf{A}_T^2 \right) \right] \right) \right\}^{(2n)} \in \Omega^{2n}(E) \tag{3.93}$$

是 E 上的一个良好定义的闭形式, 且 $U_T(E, \nabla^E)$ 决定的上同调类不依赖于 ∇^E 及参数 $T > 0$ 的选取.

定理 3.3　设 M 是一定向光滑闭流形. 设 $\pi: E \to M$ 是 M 上一个秩为 $2n$ 的定向实向量丛. 则对于 E 上任一联络 ∇^E, 及任意的 $T > 0$, 由式 (3.93) 定义的闭微分式 $U_T(E, \nabla^E)$ 是 E 的一个 Thom 形式, 即微分形式 $U_T(E, \nabla^E)$ 满足

$$\int_{E/M} U_T(E, \nabla^E) \equiv 1. \tag{3.94}$$

证明　根据与定理 3.2 证明中相同的理由, 我们只需考虑保持度量 g^E 的联络 ∇^E. 在此情形, 对于任意 $x \in M$, 我们选取 E 在 x 附近的一个局部定向标准正交基 $\{e_1, \cdots, e_{2n}\}$, 使得 $(\nabla^E e_i)(x) = 0$. 对于任意 $(Y, Z) \in (E \oplus E)_x$, 有 $Y, Z \in E_x$. 关于 $\{e_1, \cdots, e_{2n}\}$ 我们将 Y, Z 写为 $Y = \sum_{i=1}^{2n} y^i e_i$, $Z = \sum_{i=1}^{2n} z^i e_i$. 从而由式 (3.72) 及超迹公式 (3.59) 与微分形式次数的计数, 我们有如下的计算

$$\int_{(E \oplus E)_x} \left\{ \mathrm{str} \left[\exp(\mathbf{A}_T^2) \right] \right\}^{(4n)}$$

$$= \int_{(E \oplus E)_x} e^{-T^2(|Y|^2 + |Z|^2)}$$

$$\cdot \left\{ \mathrm{str} \left[\exp\left(\tilde{\pi}^* R^{\Lambda^*(E^*)} + Tc(\tilde{\pi}^* \nabla^E Y) + T\sqrt{-1}c(\tilde{\pi}^* \nabla^E Z) \right) \right] \right\}^{(4n)}$$

$$= \int_{(E \oplus E)_x} e^{-T^2 \sum_{i=1}^{2n}((y^i)^2 + (z^i)^2)}$$

$$\cdot \left\{ \mathrm{str} \left[\exp\left(\frac{1}{4} \sum_{i,j=1}^{2n} \Omega_{ij}(x)(c(e_i)c(e_j) - \widehat{c}(e_i)\widehat{c}(e_j)) \right. \right. \right.$$

$$\left. \left. \left. + T \sum_{i=1}^{2n} dy^i c(e_i) + T\sqrt{-1} \sum_{i=1}^{2n} dz^i \widehat{c}(e_i) \right) \right] \right\}^{(4n)}$$

$$= \int_{(E \oplus E)_x} e^{-T^2 \sum_{i=1}^{2n} ((y^i)^2 + (z^i)^2)}$$

$$\cdot \mathrm{str} \left[\exp \left(T \sum_{i=1}^{2n} dy^i c(e_i) \right) \exp \left(T\sqrt{-1} \sum_{i=1}^{2n} dz^i \widehat{c}(e_i) \right) \right]$$

$$= (-1)^n \int_{(E \oplus E)_x} e^{-T^2 \sum_{i=1}^{2n} ((y^i)^2 + (z^i)^2)} T^{4n}$$

$$\cdot dy^1 \wedge \cdots \wedge dy^{2n} \wedge dz^1 \wedge \cdots \wedge dz^{2n}$$

$$\cdot \mathrm{str} \left[c(e_1) \cdots c(e_{2n}) \widehat{c}(e_1) \cdots \widehat{c}(e_{2n}) \right]$$

$$= (2\pi)^{2n}. \qquad \square$$

注记 3.10 设

$$i : M \hookrightarrow \{0\} \oplus E \cong E$$

为自然的嵌入映射. 由定理 3.3 及 [BoT] 知 $i^* U_T(E, \nabla^E)$ 为 $e(E)$ 的一个表示. 这给出了定理 3.2 的另外一个证明.

第四章　Poincaré-Hopf 指标公式：解析证明

在前一章我们已经看到 Poincaré-Hopf 指标公式在 Gauss-Bonnet-陈定理证明中的重要地位. 在本章, 我们将根据 E. Witten [Wi1] 的想法, 给这一经典结果一个纯解析的证明.

Witten 的想法非常简单、漂亮. 其出发点是, 首先利用 Hodge 定理给出 Euler 示性数的一个解析解释, 之后再利用问题中涉及的向量场对相应的椭圆算子做形变. 形变过程表明, 所关心的问题可以局部化到该向量场零点集的充分小邻域内的计算, 而这些计算最终将给出所期待的结果.

本章我们首先介绍 Hodge 定理及 Euler 示性数的解析解释, 之后我们介绍 **Witten 形变**并由此给出 Poincaré-Hopf 指标公式的一个解析证明. 在本书第八章我们将给出 Hodge 定理的一个热方程的证明.

本章及下一章我们只涉及实数域.

4.1　Hodge 定理回顾

设 M 为一 n 维定向闭流形. 在 1.1 节我们已经定义了 M 的 de Rham 上同调[①]. 以下介绍的 Hodge 定理则给出了该上同调的一个解析实现.

[①] 尽管在 1.1 节中我们使用的是复系数, 但相应做法对实数域同样有效.

令 g^{TM} 是 M 上的一个 Riemann 度量. **Hodge ∗-算子**

$$*: \Lambda^*(T^*M) \to \Lambda^{n-*}(T^*M)$$

定义如下: 如果 $e_1, \cdots, e_n$ 是 TM 的一个定向标准正交基, 而 $e^1, \cdots, e^n$ 是对应的 T^*M 的对偶基, 那么对于在 1 和 n 之间的任意整数 k, 定义

$$*: e^1 \wedge \cdots \wedge e^k \mapsto e^{k+1} \wedge \cdots \wedge e^n. \tag{4.1}$$

容易验证算子 $*$ 是良好定义的.

容易验证 Hodge ∗-算子的下列几条性质:

(i) 对任意的整数 $k \geqslant 0$, $** = (-1)^{nk+k}: \Omega^k(M) \to \Omega^k(M)$;

(ii) 对任意的整数 $k \geqslant 0$ 以及任意的 $\alpha, \beta \in \Omega^k(M)$, $\alpha \wedge *\beta = \beta \wedge *\alpha$;

(iii) $\alpha \wedge *\alpha = 0$ 当且仅当 $\alpha = 0$.

根据这些性质, 在 $\Omega^*(M)$ 上可定义如下的内积 $\langle \cdot, \cdot \rangle$: 对任意的 $\alpha, \beta \in \Omega^*(M)$,

$$\langle \alpha, \beta \rangle := \int_M \alpha \wedge *\beta. \tag{4.2}$$

令 $d: \Omega^*(M) \to \Omega^*(M)$ 为 M 上的外微分算子.

定义 4.1　算子 $d^*: \Omega^*(M) \to \Omega^*(M)$ 定义为

$$\alpha \in \Omega^k(M) \mapsto (-1)^{nk+n+1} * d * \alpha \in \Omega^{k-1}(M). \tag{4.3}$$

由式 (4.3) 和上面的性质 (i) 可知, 对于任意的 $\alpha \in \Omega^k(M)$, $\beta \in \Omega^{k+1}(M)$,

$$d(\alpha \wedge *\beta) = (d\alpha) \wedge *\beta + (-1)^k \alpha \wedge d * \beta$$
$$= (d\alpha) \wedge *\beta - \alpha \wedge *d^*\beta,$$

从而

$$\langle d\alpha, \beta \rangle = \langle \alpha, d^*\beta \rangle. \tag{4.4}$$

即, d^* 是 d 的**形式伴随算子**. 记

$$\Omega^{\text{even}}(M) = \bigoplus_{i \text{ 为偶数}} \Omega^i(M), \quad \Omega^{\text{odd}}(M) = \bigoplus_{i \text{ 为奇数}} \Omega^i(M).$$

令

$$D = d + d^*, \quad D_{\text{even/odd}} = D|_{\Omega^{\text{even/odd}}(M)}: \Omega^{\text{even/odd}}(M) \to \Omega^{\text{odd/even}}(M).$$

显然, D_{odd} 是 D_{even} 的形式伴随, $D = D_{\text{even}} + D_{\text{odd}}$ 是形式自伴的.

定义 4.2 联系于 Riemann 度量 g^{TM} 的 **de Rham-Hodge 算子**定义为

$$D_{\text{even}} : \Omega^{\text{even}}(M) \longrightarrow \Omega^{\text{odd}}(M).$$

令

$$\Box = D^2 = dd^* + d^*d \tag{4.5}$$

为 D 的 **Laplace 算子**. 易见 $\Box$ 保持每一 $\Omega^k(M)$, $0 \leqslant k \leqslant n$.

我们现在叙述 **Hodge 定理**如下:

定理 4.1 下述关于 $\Omega^*(M)$ 的分解式成立:

$$\Omega^*(M) = \ker(\Box) \oplus \text{Im}(\Box).$$

该结果有多种不同的证明, 在本书第八章我们将给出一个基于热核方法的证明.

由定理 4.1, 当限制到每个 $\Omega^k(M)$ ($0 \leqslant k \leqslant n$) 上时, 我们还有

$$\Omega^k(M) = \ker(\Box_k) \oplus \text{Im}(d_{k-1}) \oplus \text{Im}(d_{k+1}^*), \tag{4.6}$$

这里对满足 $0 \leqslant i \leqslant n$ 的任意整数 i, 我们采用记号 $\Box_i := \Box|_{\Omega^i(M)}$, $d_i := d|_{\Omega^i(M)}$ 和 $d_i^* := d^*|_{\Omega^i(M)}$. 事实上, 注意到 $\text{Im}(\Box_k) \subset \text{Im}(d_{k-1}) + \text{Im}(d_{k+1}^*)$, 式 (4.6) 的证明关键在于说明该式右端的三项相互正交. 由 $d^2 = 0$ 立得 $\text{Im}(d_{k-1})$ 与 $\text{Im}(d_{k+1}^*)$ 相互正交; 而 $\ker(\Box_k)$ 与 $\text{Im}(d_{k-1}) \oplus \text{Im}(d_{k+1}^*)$ 正交可由如下推论证明的式 (4.7) 得到.

推论 4.1 对于满足 $0 \leqslant k \leqslant n$ 的任意整数 k, 有如下的自然等同

$$\ker(\Box_k) \cong H_{\text{dR}}^k(M; \mathbf{R}).$$

证明 首先, 若 $\omega \in \ker(\Box_k)$, 则由式 (4.4) 和 (4.5) 得

$$\langle d\omega, d\omega \rangle + \langle d^*\omega, d^*\omega \rangle = \langle (d^*d + dd^*)\omega, \omega \rangle = 0, \tag{4.7}$$

从而有 $d\omega = 0, d^*\omega = 0$. 进而, 若 $\omega, \omega' \in \ker(\Box_k)$ 使得 $\omega - \omega' = d\omega''$ 对某个 $\omega'' \in \Omega^{k-1}(M)$ 成立, 则由式 (4.6) 可知 $\omega = \omega'$. 即, $\ker(\Box_k)$ 中不同的元素决定 $H_{\text{dR}}^k(M; \mathbf{R})$ 中不同的上同调类.

另一方面, 若 $d\omega = 0$, 则由式 (4.6) 易知 ω 有唯一的分解式 $\omega = \omega' + d\omega''$, 这里 $\omega' \in \ker(\Box_k)$ 而 $\omega'' \in \Omega^{k-1}(M)$, 从而决定了 $\ker(\Box_k)$ 中的一个元素.

结合上述讨论便得推论 4.1. $\qquad\qquad\qquad\qquad\qquad\qquad\qquad\qquad$ $\Box$

现由式 (4.5)—(4.7), 可见

$$\ker(\square) = \ker(d + d^*) \subset \Omega^*(M). \tag{4.8}$$

再由定义 1.3, 推论 4.1 及式 (4.8), 我们有如下关于 M 的 Euler 示性数 $\chi(M)$ 的解析解释:

$$\chi(M) = \sum_{i=0}^{n}(-1)^i \dim H_{\mathrm{dR}}^i(M;\mathbf{R}) = \sum_{i=0}^{n}(-1)^i \dim \ker(\square_k)$$
$$= \mathrm{ind}\left(D_{\mathrm{even}} : \Omega^{\mathrm{even}}(M) \to \Omega^{\mathrm{odd}}(M)\right), \tag{4.9}$$

该指标根据定义等于

$$\dim(\ker(D_{\mathrm{even}})) - \dim(\ker(D_{\mathrm{odd}})).$$

4.2　Weitzenböck 公式

利用本书第三章 3.8 节介绍的 Clifford 作用, 我们可以给出算子 $d + d^*$ 一个协变的局部表达式, 并可由此得到关于 $(d + d^*)^2$ 的著名的 **Weitzenböck 公式**及 **Lichnerowicz 公式**.

首先注意到 Levi-Civita 联络 ∇^{TM} 无挠, 对于 TM 的任一标准正交基 $\{e_1,\cdots,e_n\}$, 我们可直接验证

$$d = \sum_{i=1}^{n} e^i \wedge \nabla_{e_i}^{\Lambda^*(T^*M)} : \Omega^*(M) \to \Omega^*(M). \tag{4.10}$$

由式 (4.10), 对任意的 $\alpha, \beta \in \Omega^*(M)$, 有

$$\int_M \left(d\alpha \wedge *\beta + \alpha \wedge * \sum_{i=1}^{n} i_{e_i}\nabla_{e_i}^{\Lambda^*(T^*M)}\beta\right)$$
$$= \int_M \sum_{i=1}^{n}\left(e^i \wedge \nabla_{e_i}^{\Lambda^*(T^*M)}\alpha \wedge *\beta + e^i \wedge \alpha \wedge *\nabla_{e_i}^{\Lambda^*(T^*M)}\beta\right)$$
$$= \int_M \sum_{i=1}^{n} e^i \wedge \nabla_{e_i}^{\Lambda^*(T^*M)}(\alpha \wedge *\beta)$$
$$= \int_M d(\alpha \wedge *\beta) = 0.$$

因此, $-\sum_{i=1}^{n} i_{e_i}\nabla_{e_i}^{\Lambda^*(T^*M)}$ 是 d 的形式伴随.

在前面我们已将 d 的形式伴随记为 d^*, 从而由形式伴随算子的唯一性, 我们有

$$d^* = -\sum_{i=1}^{n} i_{e_i} \nabla_{e_i}^{\Lambda^*(T^*M)} : \Omega^*(M) \to \Omega^*(M). \tag{4.11}$$

现由式 (3.47), (4.10) 和 (4.11), 有

$$d + d^* = \sum_{i=1}^{n} c(e_i) \nabla_{e_i}^{\Lambda^*(T^*M)} : \Omega^*(M) \to \Omega^*(M). \tag{4.12}$$

另一方面, 我们注意到

$$\Delta_0^{\Lambda^*(T^*M)} := \sum_{i=1}^{n} \left(\nabla_{e_i}^{\Lambda^*(T^*M)} \nabla_{e_i}^{\Lambda^*(T^*M)} - \nabla_{\nabla_{e_i}^{TM} e_i}^{\Lambda^*(T^*M)} \right) : \Omega^*(M) \to \Omega^*(M) \tag{4.13}$$

的定义与局部标准正交基 $\{e_1, e_2, \cdots, e_n\}$ 的选取无关, 从而是 $\Omega^*(M)$ 上的一个良好定义的二阶 (椭圆) 微分算子[①], 其关于内积 (4.2) **形式自伴** (关于此断言的一个一般的证明见本书附录 A 中性质 A.1). 算子 $\Delta_0^{\Lambda^*(T^*M)}$ 称为作用在 M 的微分形式空间上的 **Laplace-Beltrami 算子** (也称为 Bochner Laplacian). 易见, 当限制在 $C^\infty(M)$ 上时, Δ_0 就是本书附录 A 中式 (A.50) 定义的 Laplace-Beltrami 算子.

利用算子 $d + d^*$ 及 $\Delta_0^{\Lambda^*(T^*M)}$ 的上述表达式 (4.12) 及 (4.13), 我们证明如下的 Weitzenböck 公式:

定理 4.2 (Weitzenböck 公式)

$$\begin{aligned}
\square &= (d + d^*)^2 \\
&= -\Delta_0^{\Lambda^*(T^*M)} + \sum_{i,j,k,l} R_{ijkl} e_i^* \wedge e_k^* \wedge i_{e_j} i_{e_l} + \sum_{i,j} \mathrm{Ric}_{ij} e_i^* \wedge i_{e_j},
\end{aligned} \tag{4.14}$$

其中 R_{ijkl} 及 Ric_{ij} 的定义见附录 A 中的式 (A.5) 与 (A.6).

[①] 此处及本书其余地方出现的椭圆微分算子的概念可见本书第十二章 12.3 节, 或参见 [BGV], [Y2] 或 [Y3].

证明   首先, 我们有

$$
\Box = (d + d^*)^2 = \sum_{i,j} c(e_i) \nabla_{e_i}^{\Lambda^*(T^*M)} c(e_j) \nabla_{e_j}^{\Lambda^*(T^*M)}
$$

$$
= \sum_{i,j} c(e_i) c(e_j) \nabla_{e_i}^{\Lambda^*(T^*M)} \nabla_{e_j}^{\Lambda^*(T^*M)} + \sum_{i,j} c(e_i) c(\nabla_{e_i}^{TM} e_j) \nabla_{e_j}^{\Lambda^*(T^*M)}
$$

$$
= -\sum_i \left(\nabla_{e_i}^{\Lambda^*(T^*M)} \right)^2 + \frac{1}{2} \sum_{i,j} c(e_i) c(e_j) \left[\nabla_{e_i}^{\Lambda^*(T^*M)}, \nabla_{e_j}^{\Lambda^*(T^*M)} \right]
$$

$$
+ \sum_{i,j,k} c(e_i) c(e_k) \nabla_{\langle \nabla_{e_i}^{TM} e_j, e_k \rangle e_j}^{\Lambda^*(T^*M)}
$$

$$
= -\sum_i \left(\nabla_{e_i}^{\Lambda^*(T^*M)} \right)^2 + \frac{1}{2} \sum_{i,j} c(e_i) c(e_j) \left[\nabla_{e_i}^{\Lambda^*(T^*M)}, \nabla_{e_j}^{\Lambda^*(T^*M)} \right]
$$

$$
- \sum_{i,k} c(e_i) c(e_k) \nabla_{\nabla_{e_i}^{TM} e_k}^{\Lambda^*(T^*M)}
$$

$$
= -\sum_i \left(\nabla_{e_i}^{\Lambda^*(T^*M)} \nabla_{e_i}^{\Lambda^*(T^*M)} - \nabla_{\nabla_{e_i}^{TM} e_i}^{\Lambda^*(T^*M)} \right)
$$

$$
+ \frac{1}{2} \sum_{i,j} c(e_i) c(e_j) R^{\Lambda^*(T^*M)}(e_i, e_j)
$$

$$
= -\Delta_0^{\Lambda^*(T^*M)} + \frac{1}{2} \sum_{i,j} c(e_i) c(e_j) R^{\Lambda^*(T^*M)}(e_i, e_j), \tag{4.15}
$$

其中 $R^{\Lambda^*(T^*M)}$ 是联络 $\nabla^{\Lambda^*(T^*M)}$ 的曲率. 此时完全类似于式 (3.71), 并由式 (A.6) 我们有

$$
\sum_{i,j} c(e_i) c(e_j) R^{\Lambda^*(T^*M)}(e_i, e_j)
$$

$$
= \sum_{i,j,k,l} R_{ijkl} (e_i^* \wedge - i_{e_i})(e_j^* \wedge - i_{e_j}) e_k^* \wedge i_{e_l}
$$

$$
= \sum_{i,j,k,l} R_{ijkl} e_i^* \wedge e_j^* \wedge e_k^* \wedge i_{e_l} + \sum_{i,j,k,l} R_{ijkl} i_{e_i} i_{e_j} e_k^* \wedge i_{e_l}
$$

$$
- \sum_{i,j,k,l} R_{ijkl} (e_i^* \wedge i_{e_j} + i_{e_i} e_j^* \wedge) e_k^* \wedge i_{e_l}
$$

$$
= \sum_l \left(\sum_{i,j,k} R_{ijkl} e_i^* \wedge e_j^* \wedge e_k^* \wedge \right) i_{e_l} - \sum_k \left(\sum_{i,j,l} R_{ijkl} i_{e_i} i_{e_j} i_{e_l} \right) e_k^* \wedge
$$

$$
- 2 \sum_{i,j,k,l} R_{ijkl} e_i^* \wedge i_{e_j} e_k^* \wedge i_{e_l}. \tag{4.16}
$$

现由 Riemann 几何中熟知的 Bianchi 第一恒等式 (参见 [ChernC]):

$$R_{ijkl} + R_{jkil} + R_{kijl} = 0, \tag{4.17}$$

及

$$R_{ijkl} = -R_{ijlk}, \tag{4.18}$$

我们有

$$\sum_{i,j,k} R_{ijkl} e_i^* \wedge e_j^* \wedge e_k^* \wedge = \sum_{i,j,l} R_{ijkl} i_{e_i} i_{e_j} i_{e_l} = 0. \tag{4.19}$$

从而由式 (4.15), (4.16) 及 (4.19), 我们有

$$\square = (d + d^*)^2 = -\Delta_0^{\Lambda^*(T^*M)} - \sum_{i,j,k,l} R_{ijkl} e_i^* \wedge i_{e_j} e_k^* \wedge i_{e_l}$$

$$= -\Delta_0^{\Lambda^*(T^*M)} + \sum_{i,j,k,l} R_{ijkl} e_i^* \wedge e_k^* \wedge i_{e_j} i_{e_l} - \sum_{i,k,l} R_{ikkl} e_i^* \wedge i_{e_l}$$

$$= -\Delta_0^{\Lambda^*(T^*M)} + \sum_{i,j,k,l} R_{ijkl} e_i^* \wedge e_k^* \wedge i_{e_j} i_{e_l} + \sum_{i,j} \mathrm{Ric}_{ij} e_i^* \wedge i_{e_j}. \qquad \square$$

注意到当限制在流形 M 的 1-形式空间 $\Omega^1(M)$ 上时, 算子 $R_{ijkl} e_i^* \wedge e_k^* \wedge i_{e_j} i_{e_l}$ 恒为零, 我们就有如下推论:

推论 4.2 限制在 $\Omega^1(M)$ 上有

$$\square = (d + d^*)^2 = -\Delta_0^{\Lambda^*(T^*M)} + \sum_{i,j} \mathrm{Ric}_{ij} e_i^* \wedge i_{e_j}. \tag{4.20}$$

从如上的式 (4.15) 出发, 我们进一步还可得到如下的关于算子 $\square = (d + d^*)^2$ 的 Lichnerowicz 公式:

定理 4.3 (Lichnerowicz 公式)

$$\square = (d + d^*)^2$$
$$= -\Delta_0^{\Lambda^*(T^*M)} + \frac{1}{8} \sum_{i,j,k,l} R_{ijkl} c(e_i) c(e_j) \widehat{c}(e_k) \widehat{c}(e_l) + \frac{k_M}{4}, \tag{4.21}$$

其中 $k_M = \sum_{ij} R_{ijij}$ 是 Riemann 流形 (M, g^{TM}) 的**数量曲率** (参见式 (A.6)).

证明　首先, 由式 (3.72), $R^{\Lambda^*(T^*M)}(e_i, e_j)$ 在 $\Lambda^*(T^*M)$ 上的作用还可写为

$$R^{\Lambda^*(T^*M)}(e_i, e_j) = \sum_{k,l} R_{ijkl} e_k^* \wedge i_{e_l}$$

$$= \frac{1}{4} \sum_{k,l} R_{ijkl} \left(\widehat{c}(e_k)\widehat{c}(e_l) - c(e_k)c(e_l) \right). \tag{4.22}$$

从而由式 (4.15), 我们有

$$\Box = (d + d^*)^2 = -\Delta_0^{\Lambda^*(T^*M)} + \frac{1}{8} \sum_{i,j,k,l} R_{ijkl} c(e_i)c(e_j)\widehat{c}(e_k)\widehat{c}(e_l)$$

$$- \frac{1}{8} \sum_{i,j,k,l} R_{ijkl} c(e_i)c(e_j)c(e_k)c(e_l). \tag{4.23}$$

再由 Bianchi 第一恒等式 (4.17) 及关于 Riemann 曲率熟知的性质

$$R_{ijkl} = R_{klij}, \tag{4.24}$$

并利用 Einstein 的求和约定, 我们有

$$R_{ijkl}c(e_i)c(e_j)c(e_k)c(e_l) = -R_{ijkl}c(e_j)c(e_i)c(e_k)c(e_l)$$

$$= -R_{ijkl}c(e_j)(-2\delta_{ik} - c(e_k)c(e_i))c(e_l)$$

$$= R_{ijkl}c(e_j)c(e_k)c(e_i)c(e_l) + 2R_{ijil}c(e_j)c(e_l)$$

$$= -(R_{jkil} + R_{kijl})c(e_j)c(e_k)c(e_i)c(e_l) + 2R_{ijil}c(e_j)c(e_l)$$

$$= -R_{jkil}c(e_j)c(e_k)c(e_i)c(e_l) - R_{kijl}c(e_j)c(e_k)c(e_i)c(e_l)$$

$$+ 2R_{ijil}c(e_j)c(e_l)$$

$$= -R_{jkil}c(e_j)c(e_k)c(e_i)c(e_l) + R_{kijl}c(e_k)c(e_j)c(e_i)c(e_l)$$

$$+ 2R_{kikl}c(e_i)c(e_l) + 2R_{ijil}c(e_j)c(e_l)$$

$$= -R_{jkil}c(e_j)c(e_k)c(e_i)c(e_l) - R_{kijl}c(e_k)c(e_i)c(e_j)c(e_l)$$

$$- 2R_{kiil}c(e_k)c(e_l) + 2R_{kikl}c(e_i)c(e_l) + 2R_{ijil}c(e_j)c(e_l), \tag{4.25}$$

从而

$$3R_{ijkl}c(e_i)c(e_j)c(e_k)c(e_l)$$

$$= 2R_{ikil}c(e_k)c(e_l) + 2R_{ijil}c(e_j)c(e_l) + 2R_{kikl}c(e_i)c(e_l)$$

$$= 6R_{ikil}c(e_k)c(e_l) = 3R_{ikil}(c(e_k)c(e_l) + c(e_l)c(e_k))$$

$$= -6R_{ijij} = -6k_M. \tag{4.26}$$

再由式 (4.23) 即得定理.   □

4.3 Poincaré-Hopf 指标公式和 Witten 形变

为方便起见, 我们在这里重新叙述 Poincaré-Hopf 指标公式如下.

令 $V \in \Gamma(TM)$ 是 M 上的一个光滑向量场. 我们仍用 zero(V) 表示 V 的零点集. 对于任意 $p \in$ zero(V) 及 p 的任意局部坐标邻域 $(U_p; \mathbf{y} = (y^1, \cdots, y^n))$, 向量场 V 在点 p 附近有局部表示

$$V(\mathbf{y}) = \sum_{i=1}^{n} v^i(\mathbf{y}) \frac{\partial}{\partial y^i}, \tag{4.27}$$

其中 v^i 是 U_p 上的光滑函数, 且 $v^i(p) = 0$, $i = 1, \cdots, n$.

此时易见 $\det(\frac{\partial v^i}{\partial y^j}(p))$ 不依赖于局部坐标邻域 $(U_p; \mathbf{y} = (y^1, \cdots, y^n))$ 的选取. 若有 $\det(\frac{\partial v^i}{\partial y^j}(p)) \neq 0$, 则称零点 p 是非退化的. 易见, V 的非退化零点一定是孤立的. 对于 V 的非退化零点 p, 我们可以定义其指标为

$$\text{ind}(V; p) = \text{sign}\left(\det\left(\frac{\partial v^i}{\partial y^j}(p)\right)\right). \tag{4.28}$$

切丛 TM 的一个横截截面只有非退化的零点. 若 V 是 TM 的一个横截截面, 那么 V 的零点集 zero(V) 是一离散点集. 由与式 (3.30) 相同的理由, 我们假定对于任意的 $p \in$ zero(V), 存在 p 的一个局部坐标邻域 $(U_p; \mathbf{y} = (y^1, \cdots, y^n))$, 使得在 U_p 上有

$$V(\mathbf{y}) = \mathbf{y} A_p = \mathbf{y}\left(\frac{\partial v^i}{\partial y^j}(p)\right). \tag{4.29}$$

我们还可要求对所有 $p \in$ zero(V), $\overline{U_p}$ 互不相交.

现在 **Poincaré-Hopf 指标公式** (参见 [BoT] 定理 11.25 及式 (3.35)) 可叙述如下:

定理 4.4 下述等式成立:

$$\chi(M) = \sum_{p \in \text{zero}(V)} \text{ind}(V; p). \tag{4.30}$$

为给出上述 Poincaré-Hopf 指标公式一个解析的证明, 我们依照 Witten [Wi1] 的想法, 对于 $V \in \Gamma(TM)$ 及任意的 $T \in \mathbf{R}$, 构造如下的形变微分算子:

$$D_T = d + d^* + T\widehat{c}(V) : \Omega^*(M) \to \Omega^*(M). \tag{4.31}$$

易见 D_T 是一 (形式) 自伴的一阶椭圆微分算子, 且 D_T 将 $\Omega^{\text{even/odd}}(M)$ 映为 $\Omega^{\text{odd/even}}(M)$.

令 $D_{T,\text{even/odd}}$ 为 D_T 分别在 $\Omega^{\text{even/odd}}(M)$ 上的限制, 则 $D_{T,\text{odd}}$ 为 $D_{T,\text{even}}$ 的形式伴随.

由椭圆算子的一个标准结果及式 (4.9), 可知对于任意的 $T \in \mathbf{R}$,

$$\text{ind}\,(D_{T,\text{even}}) = \text{ind}\,(D_{\text{even}}) = \chi(M). \tag{4.32}$$

以下是极其重要的关于 D_T^2 的 Bochner 型公式.

性质 4.1   对任意的 $T \in \mathbf{R}$, 有下面的等式:

$$D_T^2 = D^2 + T \sum_{i=1}^{n} c(e_i) \widehat{c} \left(\nabla_{e_i}^{TM} V \right) + T^2 |V|^2. \tag{4.33}$$

证明   根据式 (3.49), (4.12) 和 (4.31), 可得

$$
\begin{aligned}
D_T^2 &= D^2 + T \sum_{i=1}^{n} \left(c(e_i) \nabla_{e_i}^{\Lambda^*(T^*M)} \widehat{c}(V) + \widehat{c}(V) c(e_i) \nabla_{e_i}^{\Lambda^*(T^*M)} \right) + T^2 |V|^2 \\
&= D^2 + T \sum_{i=1}^{n} \left(c(e_i) \widehat{c}(V) \nabla_{e_i}^{\Lambda^*(T^*M)} + c(e_i) \widehat{c} \left(\nabla_{e_i}^{TM} V \right) \right. \\
&\qquad \left. + \widehat{c}(V) c(e_i) \nabla_{e_i}^{\Lambda^*(T^*M)} \right) + T^2 |V|^2 \\
&= D^2 + T \sum_{i=1}^{n} c(e_i) \widehat{c} \left(\nabla_{e_i}^{TM} V \right) + T^2 |V|^2. \qquad \square
\end{aligned}
$$

4.4   在 $\cup_{p \in \text{zero}(V)} U_p$ 外部的一个估计

令 $\| \cdot \|_0$ 表示 $\Omega^*(M)$ 上由内积式 (4.2) 诱导的 0 阶 **Sobolev 范数**. 令 $\mathbf{H}^0(M)$ 表示相应的 **Sobolev 空间**. 令 $V \in \Gamma(TM)$ 同 4.3 节. 本节的主要结果叙述如下.

性质 4.2   存在常数 $C > 0$, $T_0 > 0$, 使得对于满足 $\text{Supp}(s) \subset M \setminus \cup_{p \in \text{zero}(V)} U_p$ 的任意截面 $s \in \Omega^*(M)$ 和 $T \geqslant T_0$, 有

$$\|D_T s\|_0 \geqslant C \sqrt{T} \|s\|_0. \tag{4.34}$$

证明   因 V 在 $M \setminus \cup_{p \in \text{zero}(V)} U_p$ 上处处非零, 故存在常数 $C_1 > 0$ 使得在 $M \setminus \cup_{p \in \text{zero}(V)} U_p$ 上,

$$|V|^2 \geqslant C_1. \tag{4.35}$$

从式 (4.33) 和 (4.35), 可知存在常数 $C_2 > 0$ 使得

$$\|D_T s\|_0^2 = \langle D_T^2 s, s \rangle \geqslant (C_1 T^2 - C_2 T)\|s\|_0^2 \tag{4.36}$$

对任意满足 $\mathrm{Supp}(s) \subset M \setminus \cup_{p \in \mathrm{zero}(V)} U_p$ 的 $s \in \Omega^*(M)$ 成立.

从而易得式 (4.34). □

4.5　Euclid 空间上的调和振子

性质 4.2 指出 Poincaré-Hopf 指标公式的证明可以在某种意义上 **"局部化"** 到 $\mathrm{zero}(V)$ 的小邻域上. 不失一般性, 在每个 U_p 上, 我们假设 g^{TM} 的形式为

$$g^{TM} = (dy^1)^2 + \cdots + (dy^n)^2.$$

那么每个 U_p 可以看成 n 维 Euclid 空间 E_n 的一个开邻域. 在本节我们研究 Euclid 空间上满足 $\det A_p \neq 0$ 的向量场 $V = \mathbf{y}A_p$ 的 **Witten 形变**. 为简明 起见, 除特别需要, 以下我们将省略下标 p.

令 $e_i = \frac{\partial}{\partial y^i}$ $(1 \leqslant i \leqslant n)$ 为 E_n 的一个定向标准正交基.

方程 (4.33) 在此可显式地写为

$$\begin{aligned}
D_T^2 &= -\sum_{i=1}^n \left(\frac{\partial}{\partial y^i}\right)^2 + T\sum_{i=1}^n c(e_i)\widehat{c}(e_i A) + T^2\langle \mathbf{y}AA^*, \mathbf{y}\rangle \\
&= -\sum_{i=1}^n \left(\frac{\partial}{\partial y^i}\right)^2 - T\mathrm{Tr}\left[\sqrt{AA^*}\right] + T^2\langle \mathbf{y}AA^*, \mathbf{y}\rangle \\
&\quad + T\left(\mathrm{Tr}\left[\sqrt{AA^*}\right] + \sum_{i=1}^n c(e_i)\widehat{c}(e_i A)\right).
\end{aligned} \tag{4.37}$$

算子

$$K_T = -\sum_{i=1}^n \left(\frac{\partial}{\partial y^i}\right)^2 - T\mathrm{Tr}\left[\sqrt{AA^*}\right] + T^2\langle \mathbf{y}AA^*, \mathbf{y}\rangle \tag{4.38}$$

是一个变尺度**调和振子**. 由关于调和振子的标准结果 (可参考 [GJ] 定理 1.5.1), 可知当 $T > 0$ 时, K_T 是一非负算子, 具有由

$$\exp\left(\frac{-T\langle \mathbf{y}\sqrt{AA^*}, \mathbf{y}\rangle}{2}\right) \tag{4.39}$$

生成的一维核空间 $\ker(K_T)$. 进一步, 对某一固定的常数 $C > 0$, K_T 的所有非零特征值均大于 CT.

另一方面, 有下述属于 S. P. Novikov (参考 [Sh]) 的代数结果.

引理 4.1　作用在 $\Lambda^*(\mathrm{E}_n^*)$ 上的线性算子

$$L = \mathrm{Tr}\left[\sqrt{AA^*}\right] + \sum_{i=1}^{n} c(e_i)\widehat{c}(e_i A) \tag{4.40}$$

非负且 $\dim(\ker(L)) = 1$. 并当 $\det A > 0$ 时, 有 $\ker(L) \subset \Lambda^{\mathrm{even}}(\mathrm{E}_n^*)$; 当 $\det A < 0$ 时, 有 $\ker(L) \subset \Lambda^{\mathrm{odd}}(\mathrm{E}_n^*)$.

证明　我们将 A 写为

$$A = U\sqrt{A^*A},$$

其中 $U \in O(n)$. 另外存在 $W \in SO(n)$ 使得

$$\sqrt{A^*A} = W\mathrm{diag}\{s_1, \cdots, s_n\}W^*,$$

这里 $\mathrm{diag}\{s_1, \cdots, s_n\}$ 表示一个对角矩阵, 并满足 $s_i > 0, 1 \leqslant i \leqslant n$. 从而

$$\mathrm{Tr}\left[\sqrt{A^*A}\right] = \sum_{i=1}^{n} s_i, \tag{4.41}$$

且

$$\sum_{i=1}^{n} c(e_i)\widehat{c}(e_i A) = \sum_{i=1}^{n} c(e_i)\widehat{c}(e_i UW\mathrm{diag}\{s_1, \cdots, s_n\}W^*). \tag{4.42}$$

现记

$$UW = (\lambda_{ij})_{n \times n}.$$

由式 (4.42), 有

$$\sum_{i=1}^{n} c(e_i)\widehat{c}(e_i A) = \sum_{i,j=1}^{n} c(e_i)\widehat{c}(e_j \lambda_{ij} s_j W^*)$$

$$= \sum_{j=1}^{n} s_j c(e_j W^* U^*)\widehat{c}(e_j W^*). \tag{4.43}$$

令 $f_j = e_j W^*$, $1 \leqslant j \leqslant n$. 它们构成 E_n 的另一定向标准正交基. 由式 (4.40), (4.41) 和 (4.43), 可知

$$L = \sum_{i=1}^{n} s_i (1 + c(f_i U^*) \widehat{c}(f_i)). \tag{4.44}$$

现在对于满足 $1 \leqslant j \leqslant n$ 的任意整数 j, 令

$$\eta_j = c(f_i U^*) \widehat{c}(f_i).$$

此时利用式 (3.49) 容易证明 η_j 为自伴算子, 且 $\eta_j^2 = 1$, $1 \leqslant j \leqslant n$. 因此对于 $1 \leqslant j \leqslant n$, η_j 的最小特征值为 -1. 这证明了式 (4.44) 中的算子 L 是非负算子.

另一方面, 由式 (3.49) 可知 $\eta_i \eta_j = \eta_j \eta_i$, $1 \leqslant i, j \leqslant n$. 进而可证, 当 $i \neq j$ 时, $\widehat{c}(f_i) \eta_j = -\eta_j \widehat{c}(f_i)$ 而 $\widehat{c}(f_j) \eta_i = \eta_i \widehat{c}(f_j)$.

根据这两个事实, 由数学归纳法可证

$$\dim\{x \in \Lambda^*(\mathrm{E}_n^*) : (1 + \eta_j) x = 0, 1 \leqslant j \leqslant n\} = \frac{\dim(\Lambda^*(\mathrm{E}_n^*))}{2^n} = 1.$$

进一步, 用 $\rho \in \Lambda^*(\mathrm{E}_n^*)$ 表示 $\ker(L)$ 的一个单位长截面, 则有

$$\begin{aligned}
\rho &= (-1)^n \left(\prod_{i=1}^{n} \eta_i \right) \rho \\
&= (-1)^n (\det U) \left(\prod_{i=1}^{n} c(f_i) \widehat{c}(f_i) \right) \rho.
\end{aligned} \tag{4.45}$$

易见

$$(-1)^n \left(\prod_{i=1}^{n} c(f_i) \widehat{c}(f_i) \right) \bigg|_{\Lambda^{\mathrm{even/odd}}(\mathrm{E}_n^*)} = \pm \mathrm{Id}|_{\Lambda^{\mathrm{even/odd}}(\mathrm{E}_n^*)}. \tag{4.46}$$

现由式 (4.45) 和 (4.46), 可知 $\rho \in \Lambda^{\mathrm{even/odd}}(\mathrm{E}_n^*)$ 当且仅当 $\det(U) = \pm 1$, 从而引理 4.1 得证.   □

结合引理 4.1 和 (变尺度) 调和振子 K_T 的性质, 我们有 (对照 [Sh] 推论 2.22)

性质 4.3 对于任意的 $T > 0$, 算子

$$-\sum_{i=1}^{n} \left(\frac{\partial}{\partial y^i} \right)^2 + T \sum_{i=1}^{n} c(e_i) \widehat{c}(e_i A) + T^2 \langle \mathbf{y} A A^*, \mathbf{y} \rangle$$

作用在 $\Gamma(\Lambda^*(E_n^*))$ 上非负. 其核空间是由

$$\exp\left(\frac{-T\langle \mathbf{y}\sqrt{AA^*}, \mathbf{y}\rangle}{2}\right) \cdot \rho \tag{4.47}$$

生成的一维线性空间. 进一步, 存在某固定常数 $C > 0$, 该算子的所有非零特征值均大于 CT.

4.6　Poincaré-Hopf 指标公式的证明

本节我们将利用 Bismut 和 Lebeau (参考 [BiL] 第 9 章) 发展的**解析局部化技术**去证明式 (4.30).

不失一般性, 我们假设对每一 $p \in \mathrm{zero}(V)$, U_p 是以 p 为中心、$4a$ 为半径的开球.

令 $\gamma : \mathbf{R} \to [0,1]$ 为一光滑函数, 使得当 $|z| \leqslant a$ 时有 $\gamma(z) = 1$, 而当 $|z| \geqslant 2a$ 时有 $\gamma(z) = 0$.

对任意 $p \in \mathrm{zero}(V)$, $T > 0$, 令

$$\alpha_{p,T} = \int_{U_p} \gamma(|\mathbf{y}|)^2 \exp\left(-T\left\langle \mathbf{y}\sqrt{A_p A_p^*}, \mathbf{y}\right\rangle\right) dv_{U_p}, \tag{4.48}$$

$$\rho_{p,T} = \frac{\gamma(|\mathbf{y}|)}{\sqrt{\alpha_{p,T}}} \exp\left(\frac{-T\langle \mathbf{y}\sqrt{A_p A_p^*}, \mathbf{y}\rangle}{2}\right) \cdot \rho_p, \tag{4.49}$$

则 $\rho_{p,T} \in \Omega^*(M)$ 是一紧支集含于 U_p 中、范数为 1 的截面.

令 E_T 表示由每个 $\rho_{p,T}$ 生成的向量空间的直和, 其有如下的 $\mathbf{Z}_2$-分次分解

$$E_T = E_{T,\mathrm{even}} \oplus E_{T,\mathrm{odd}},$$

这里 $E_{T,\mathrm{even}}$ (相应地 $E_{T,\mathrm{odd}}$) 是由满足 $\det(A_p) > 0$ (相应地 $\det(A_p) < 0$) 的 $\rho_{p,T}$ 所生成的向量空间的直和.

令 $E_T^\perp$ 是 E_T 在 $\mathbf{H}^0(M)$ 中的正交补, 则 $\mathbf{H}^0(M)$ 有直和分解

$$\mathbf{H}^0(M) = E_T \oplus E_T^\perp. \tag{4.50}$$

令 p_T 和 $p_T^\perp$ 分别表示 $\mathbf{H}^0(M)$ 向 E_T 和 $E_T^\perp$ 的正交投射.

依照 Bismut 和 Lebeau [BiL] 第 9 章, 我们现在关于直和分解式 (4.50) 将 Witten 形变算子 D_T 作如下分解:

$$\begin{cases} D_{T,1} = p_T D_T p_T, & D_{T,2} = p_T D_T p_T^\perp, \\ D_{T,3} = p_T^\perp D_T p_T, & D_{T,4} = p_T^\perp D_T p_T^\perp. \end{cases} \tag{4.51}$$

令 $\mathbf{H}^1(M)$ 表示 $\Omega^*(M)$ 关于其上某个 (固定的) Sobolev 1-范数的完备化空间.

我们现在陈述一个极为重要的结果, 其证明将在下节给出.

性质 4.4 *存在常数 $T_0 > 0$, 使得*

(i) *对任意的 $T \geqslant T_0$ 和 $0 \leqslant u \leqslant 1$,*

$$D_T(u) = D_{T,1} + D_{T,4} + u(D_{T,2} + D_{T,3}) : \mathbf{H}^1(M) \longrightarrow \mathbf{H}^0(M) \qquad (4.52)$$

是一 Fredholm 算子;

(ii) *算子 $D_{T,4} : E_T^\perp \cap \mathbf{H}^1(M) \to E_T^\perp$ 是可逆的.*

Poincaré-Hopf 公式 (4.30) 的证明 根据式 (4.32)、性质 4.4 以及 **Fredholm 算子指标的同伦不变性**, 可知对任意的 $T \geqslant T_0$ 有

$$
\begin{aligned}
\chi(M) &= \operatorname{ind}(D_T : \Omega^{\mathrm{even}}(M) \to \Omega^{\mathrm{odd}}(M)) \\
&= \operatorname{ind}(D_T(0) : \Omega^{\mathrm{even}}(M) \to \Omega^{\mathrm{odd}}(M)) \\
&= \operatorname{ind}(D_{T,1} : E_{T,\mathrm{even}} \to E_{T,\mathrm{odd}}) \\
&= \sum_{p \in \mathrm{zero}(V)} \operatorname{sign}(\det(A_p)) = \sum_{p \in \mathrm{zero}(V)} \operatorname{ind}(V; p). \qquad \square
\end{aligned}
$$

4.7 $D_{T,i}$ 的一些估计, $2 \leqslant i \leqslant 4$

本节我们基于算子 $D_{T,i}$ $(2 \leqslant i \leqslant 4)$ 的某些估计来证明性质 4.4. 由于我们处理的问题相对简单, 这些估计要比 [BiL] 第 9 章中相应的估计简单得多.

我们首先叙述关于 $D_{T,2}$ 和 $D_{T,3}$ 的如下估计.

性质 4.5 *存在常数 $T_0 > 0$, 使得对于任意 $s \in E_T^\perp \cap \mathbf{H}^1(M)$, $s' \in E_T$ 和 $T \geqslant T_0$, 有*

$$
\begin{cases}
\|D_{T,2}s\|_0 \leqslant \dfrac{\|s\|_0}{T}, \\
\|D_{T,3}s'\|_0 \leqslant \dfrac{\|s'\|_0}{T}.
\end{cases} \qquad (4.53)
$$

证明 容易看出 $D_{T,3}$ 是 $D_{T,2}$ 的形式伴随, 因此我们仅需证明式 (4.53) 中的第一个估计式.

对于每一 $p \in \mathrm{zero}(V)$, 由于 $\rho_{p,T}$ 的支集包含于 U_p, 故由式 (4.49) 以及性

质 4.3, 可知对任意 $s \in E_T^\perp \cap \mathbf{H}^1(M)$, 有

$$
\begin{aligned}
D_{T,2}s &= \sum_{p \in \mathrm{zero}(V)} \rho_{p,T} \int_{U_p} \langle \rho_{p,T}, D_T s \rangle dv_{U_p} \\
&= \sum_{p \in \mathrm{zero}(V)} \rho_{p,T} \int_{U_p} \left\langle D_T \left(\frac{\gamma(|\mathbf{y}|)}{\sqrt{\alpha_{p,T}}} e^{-T\langle \mathbf{y}\sqrt{A_p A_p^*}, \mathbf{y}\rangle/2} \rho_p \right), s \right\rangle dv_{U_p} \\
&= \sum_{p \in \mathrm{zero}(V)} \rho_{p,T} \int_{U_p} \left\langle \frac{c(d\gamma(|\mathbf{y}|))}{\sqrt{\alpha_{p,T}}} e^{-T\langle \mathbf{y}\sqrt{A_p A_p^*}, \mathbf{y}\rangle/2} \rho_p, s \right\rangle dv_{U_p}. \quad (4.54)
\end{aligned}
$$

现因 γ 在 $\mathrm{zero}(V)$ 的一个开邻域中恒等于 1, 故 $d\gamma$ 在此开邻域恒为 0. 从而由式 (4.54), 易知存在常数 $T_0 > 0, C_1 > 0, C_2 > 0$ 使得当 $T \geqslant T_0$ 时, 对任意的 $s \in E_T^\perp \cap \mathbf{H}^1(M)$, 有

$$
\|D_{T,2}s\|_0 \leqslant C_1 T^{n/2} \exp(-C_2 T)\|s\|_0, \quad (4.55)
$$

由此易得式 (4.53) 中的第一个不等式.　　　　　　　　　　　　　　　　□

根据性质 4.5, 可知 $D_{T,2}$ 和 $D_{T,3}$ 均为从 $\mathbf{H}^1(M)$ 到 $\mathbf{H}^0(M)$ 的**紧算子**[①]. 因此我们就得到了性质 4.4 的第一部分.

为证性质 4.4 的第二部分, 只需证明存在常数 $T_0 > 0, C_3 > 0$, 使得对任意 $T \geqslant T_0$ 以及 $s \in E_T^\perp \cap \mathbf{H}^1(M)$, 有

$$
\|D_{T,4}s\|_0 \geqslant C_3 \|s\|_0.
$$

由于对 $s \in E_T^\perp \cap \mathbf{H}^1(M)$, 有

$$
D_T s = D_{T,2}s + D_{T,4}s,
$$

根据性质 4.5, 故现仅需证明存在某常数 $C_4 > 0$, 使得当 $T > 0$ 充分大时, 有

$$
\|D_T s\|_0 \geqslant C_4 \|s\|_0.
$$

性质 4.6　*存在常数 $T_0 > 0$ 和 $C > 0$, 使得对于任意 $s \in E_T^\perp \cap \mathbf{H}^1(M)$ 和 $T \geqslant T_0$, 有*

$$
\|D_T s\|_0 \geqslant C\sqrt{T}\|s\|_0. \quad (4.56)
$$

---

① 事实上, 它们为具有有限秩的有界线性算子.

证明 对任意 $b \in (0, 4a]$, 令 $U_p(b)$ 表示以 p 为中心、b 为半径的开球, 这里 $p \in \text{zero}(V)$.

依照 Bismut 和 Lebeau [BiL] 第 9 章, 我们下面分三步证明性质 4.6:

(i) 我们假设 $\text{Supp}(s) \subset \cup_{p \in \text{zero}(V)} U_p(4a)$;

(ii) 我们假设 $\text{Supp}(s) \subset M \setminus \cup_{p \in \text{zero}(V)} U_p(2a)$;

(iii) 我们对一般情形证明.

现在我们分别就上述三种情形逐一证明性质 4.6.

第一步. 设 $\text{Supp}(s) \subset \cup_{p \in \text{zero}(V)} U_p(4a)$. 在此情形, 问题本质上是在包含 U_p 的 Euclid 空间 E_p 的并集上讨论, 这里 $p \in \text{zero}(V)$, 因而可以直接应用 4.5 节的结论.

因此, 对于任意的 $T > 0$, $p \in \text{zero}(V)$, 令

$$\rho'_{p,T} = \left(\frac{T}{\pi}\right)^{n/4} \sqrt{|\det(A_p)|} \exp\left(\frac{-T\langle \mathbf{y}\sqrt{A_p A_p^*}, \mathbf{y}\rangle}{2}\right) \cdot \rho_p. \tag{4.57}$$

并且对于满足 $\text{Supp}(s) \subset \cup_{p \in \text{zero}(V)} U_p(4a)$ 的任意截面 s, 令

$$p'_T s = \sum_{p \in \text{zero}(V)} \rho'_{p,T} \int_{\mathrm{E}_p} \langle \rho'_{p,T}, s\rangle dv_{\mathrm{E}_p}. \tag{4.58}$$

从而 p'_T 是一从 $\bigoplus_{p \in \text{zero}(V)} \mathbf{H}^0(\mathrm{E}_p)$ 到由 $\rho'_{p,T}$, $p \in \text{zero}(V)$, 生成的有限维向量空间的正交投射.

因为 $p_T s = 0$, 所以我们可将 $p'_T s$ 写成

$$p'_T s = (p'_T - p_T)s = \sum_{p \in \text{zero}(V)} \rho'_{p,T}$$

$$\cdot \int_{\mathrm{E}_p} \left\langle (1 - \gamma(|\mathbf{y}|)) \left(\frac{T}{\pi}\right)^{n/4} \sqrt{|\det(A_p)|} \exp\left(\frac{-T\langle \mathbf{y}\sqrt{A_p A_p^*}, \mathbf{y}\rangle}{2}\right) \cdot \rho_p, s \right\rangle dv_{\mathrm{E}_p}. \tag{4.59}$$

因为 γ 在 p 点附近等于 1, 由式 (4.59) 可知存在 $C_5 > 0$, 使得当 $T \geqslant 1$ 时, 有

$$\|p'_T s\|_0^2 \leqslant \frac{C_5}{\sqrt{T}} \|s\|_0^2. \tag{4.60}$$

由性质 4.3 和式 (4.58), 知

$$D_T p'_T s = 0.$$

进一步由式 (4.60) 和性质 4.3, 存在常数 $C_6 > 0$, $C_7 > 0$ 使得

$$\|D_T s\|_0^2 = \|D_T(s - p_T' s)\|_0^2 \geqslant C_6 T \|s - p_T' s\|_0^2$$
$$\geqslant \frac{C_6 T}{2} \|s\|_0^2 - C_7 \sqrt{T} \|s\|_0^2.$$

由此可直接看出, 存在 $T_1 > 0$, 使得对于任意的 $T \geqslant T_1$, 有

$$\|D_T s\|_0 \geqslant \frac{\sqrt{C_6 T}}{2} \|s\|_0. \tag{4.61}$$

第二步. 此时因为 $\mathrm{Supp}(s) \subset M \setminus \cup_{p \in \mathrm{zero}(V)} U_p(2a)$, 故可由性质 4.2 的证明过程得到常数 $T_2 > 0$ 和 $C_8 > 0$, 使得对于任意的 $T \geqslant T_2$, 有

$$\|D_T s\|_0 \geqslant C_8 \sqrt{T} \|s\|_0. \tag{4.62}$$

第三步. 定义 $\tilde{\gamma} \in C^\infty(M)$, 使其满足对于每一 $p \in \mathrm{zero}(V)$, 在 U_p 上有 $\tilde{\gamma}(\mathbf{y}) = \gamma(|\mathbf{y}|/2)$, 并且 $\tilde{\gamma}|_{M \setminus \cup_{p \in \mathrm{zero}(V)} U_p(4a)} = 0$.

现在对于任意 $s \in E_T^\perp \cap \mathbf{H}^1(M)$, 容易验证

$$\tilde{\gamma} s \in E_T^\perp \cap \mathbf{H}^1(M).$$

因此, 由第一步和第二步的结果, 可知存在 $C_9 > 0$, 使得对于任意 $T \geqslant T_1 + T_2$, 有

$$\|D_T s\|_0 \geqslant \frac{1}{2}(\|(1 - \tilde{\gamma}) D_T s\|_0 + \|\tilde{\gamma} D_T s\|_0)$$
$$= \frac{1}{2}(\|D_T((1 - \tilde{\gamma}) s) + [D, \tilde{\gamma}] s\|_0 + \|D_T(\tilde{\gamma} s) + [\tilde{\gamma}, D] s\|_0)$$
$$\geqslant \frac{\sqrt{T}}{2} \left(C_8 \|(1 - \tilde{\gamma}) s\|_0 + \sqrt{C_6} \|\tilde{\gamma} s\|_0 \right) - C_9 \|s\|_0$$
$$\geqslant C_{10} \sqrt{T} \|s\|_0 - C_9 \|s\|_0,$$

其中 $C_{10} = \min\{\sqrt{C_6}/2, C_8/2\}$, 这就完成了性质 4.6 的证明. □

从而也就完成了性质 4.4 的证明. □

4.8　特殊情形的另一个解析证明

对于 V 在 M 上处处非零这种特殊情形, 由性质 4.2 可见 Poincaré-Hopf 公式是 Witten 形变的直接推论.

另一方面, Atiyah 的文章 [At1] 包含了这个简单结论的另一解析证明. 我们将其介绍如下.

令 V 是 M 上处处非零的向量场. 不失一般性, 我们假设在 M 上 $|V| \equiv 1$. 根据式 (3.49) 和 (4.12), 可直接得到

$$\widehat{c}(V)(d + d^*)\widehat{c}(V) = -(d + d^*) + \widehat{c}(V) \sum_{i=1}^{n} c(e_i)\widehat{c}\left(\nabla_{e_i}^{TM}V\right). \qquad (4.63)$$

根据式 (4.9), (4.63) 和椭圆微分算子指标的**同伦不变性**, 可得

$$\begin{aligned}
&\chi(M) \\
&= \mathrm{ind}(d + d^* : \Omega^{\mathrm{even}}(M) \to \Omega^{\mathrm{odd}}(M)) \\
&= \mathrm{ind}(\widehat{c}(V)(d + d^*)\widehat{c}(V) : \Omega^{\mathrm{odd}}(M) \to \Omega^{\mathrm{even}}(M)) \\
&= \mathrm{ind}\left(-(d + d^*) + \widehat{c}(V) \sum_{i=1}^{n} c(e_i)\widehat{c}\left(\nabla_{e_i}^{TM}V\right) : \Omega^{\mathrm{odd}}(M) \to \Omega^{\mathrm{even}}(M)\right) \\
&= \mathrm{ind}(d + d^* : \Omega^{\mathrm{odd}}(M) \to \Omega^{\mathrm{even}}(M)) \\
&= -\chi(M),
\end{aligned}$$

由此我们就得到了欲证的等式 $\chi(M) = 0$.

通过将 Atiyah 的上述想法推广到带边流形的情形, [Z2] 给出了 Poincaré-Hopf 公式的另外一个解析证明. [Z2] 中给出的证明对于向量场的 (孤立) 零点可能退化的情形 (即问题中涉及的向量场可能不是 TM 的横截截面) 也是有效的. 这个证明与本节中给出的 Witten 的证明是不同的.

第五章 Morse 不等式: 解析证明

本章我们将通过改进第四章中的一些论述, 给出 Witten 对 Morse 不等式的一个解析证明. Witten 的原始文章 [Wi1] 在几何、拓扑和数学物理的许多方面产生了很大的影响. 在 5.7 节, 我们将提及其中一些影响. 对 Morse 理论经典层面的出色阐释, 我们推荐 Milnor 的著作 [Mi].

5.1 Morse 不等式回顾

设 M 为 n 维定向闭流形. 令 $f \in C^\infty(M)$ 为 M 上的一个光滑函数. 若

$$df(x) = 0,$$

则点 $x \in M$ 称为 f 的**临界点**. 如果 $x \in M$ 是 f 的一个临界点, 且 f 在 x 处的 Hessian 非奇异, 即

$$\det(\mathrm{Hess}_f(x)) \neq 0,$$

则 x 称为是非退化的. 容易验证 f 的任意**非退化临界点** $x \in M$ 是孤立的, 即在 $x \in M$ 的充分小开邻域内不含 f 的其他临界点.

M 上的一个光滑函数称为 **Morse 函数**, 如果该函数的所有临界点均非退化. 众所周知 M 上总存在 Morse 函数 (参考 [Mi]). 显然, 闭流形上的 Morse 函数仅有有限多个临界点.

从现在起, 我们假设 f 为 M 上的一个 Morse 函数.

下面的 **Morse 引理** (参考 [Mi]) 在 Morse 函数理论的许多方面都很重要.

引理 5.1　对 Morse 函数 f 的任意临界点 $x \in M$, 存在 x 的开邻域 U_x 以及 U_x 上的一个定向坐标系 $\mathbf{y} = (y^1, \cdots, y^n)$, 使得在 U_x 上有

$$f(\mathbf{y}) = f(x) - \frac{1}{2}\left(y^1\right)^2 - \cdots - \frac{1}{2}\left(y^{n_f(x)}\right)^2$$
$$+ \frac{1}{2}\left(y^{n_f(x)+1}\right)^2 + \cdots + \frac{1}{2}\left(y^n\right)^2. \tag{5.1}$$

我们称整数 $n_f(x)$ 为 f 在点 x 的 **Morse 指标**. 为了后续讨论, 我们假设对于 f 的任意两个不同的临界点 $x, y \in M$, 有 $\overline{U}_x \cap \overline{U}_y = \emptyset$.

现在对于满足 $0 \leqslant i \leqslant n$ 的任意整数 i, 令 β_i 表示 M 的第 i 个 **Betti 数** $\dim\left(H^i_{\mathrm{dR}}(M; \mathbf{R})\right)$. 令 m_i 为 f 的满足 $n_f(x) = i$ 的临界点 x 的个数.

现叙述 **Morse 不等式**如下.

定理 5.1　(i) 弱 Morse 不等式: 对满足 $0 \leqslant i \leqslant n$ 的任意整数 i, 有

$$\beta_i \leqslant m_i. \tag{5.2}$$

(ii) 强 Morse 不等式: 对满足 $0 \leqslant i \leqslant n$ 的任意整数 i, 有

$$\beta_i - \beta_{i-1} + \cdots + (-1)^i\beta_0 \leqslant m_i - m_{i-1} + \cdots + (-1)^i m_0; \tag{5.3}$$

进而还有

$$\beta_n - \beta_{n-1} + \cdots + (-1)^n\beta_0 = m_n - m_{n-1} + \cdots + (-1)^n m_0. \tag{5.4}$$

显然, 式 (5.2) 是式 (5.3) 的推论[1].

关于该结果的拓扑证明可参考 [Mi]. 在本章的余下部分我们将按照 Witten [Wi1] 的想法, 给出该结果的一个解析证明.

5.2　Witten 形变

现回忆 1.1 节定义的 de Rham 复形

$$(\Omega^*(M), d) : 0 \longrightarrow \Omega^0(M) \xrightarrow{d} \Omega^1(M) \xrightarrow{d} \cdots \xrightarrow{d} \Omega^{\dim M}(M) \longrightarrow 0.$$

给定 M 上一个 Morse 函数 f, 受物理方面考虑的启发, Witten [Wi1] 对外微分算子 d 提出了如下的形变: 对任意 $T \in \mathbf{R}$, 令

$$d_{Tf} = e^{-Tf} d e^{Tf}. \tag{5.5}$$

---

[1] 事实上, 可对于 i 和 $i-1$ 两次使用式 (5.3), 然后做和便得式 (5.2).

因为 $d^2 = 0$, 由式 (5.5) 可知

$$d_{Tf}^2 = 0. \tag{5.6}$$

因此我们可将 de Rham 复形 $(\Omega^*(M), d)$ 形变到如下定义的复形 $(\Omega^*(M), d_{Tf})$:

$$(\Omega^*(M), d_{Tf}) : 0 \longrightarrow \Omega^0(M) \xrightarrow{d_{Tf}} \Omega^1(M) \xrightarrow{d_{Tf}} \cdots$$
$$\xrightarrow{d_{Tf}} \Omega^{\dim M}(M) \longrightarrow 0.$$

令

$$H_{Tf,\mathrm{dR}}^*(M, \mathbf{R}) = \frac{\ker(d_{Tf})}{\mathrm{Im}(d_{Tf})}$$

为相应的上同调, 其 $\mathbf{Z}$-分次结构为

$$H_{Tf,\mathrm{dR}}^*(M, \mathbf{R}) = \bigoplus_{i=0}^n H_{Tf,\mathrm{dR}}^i(M, \mathbf{R}),$$

其中对满足 $0 \leqslant i \leqslant n$ 的任意整数 i,

$$H_{Tf,\mathrm{dR}}^i(M, \mathbf{R}) = \frac{\ker\left(d_{Tf}|_{\Omega^i(M)}\right)}{\mathrm{Im}\left(d_{Tf}|_{\Omega^{i-1}(M)}\right)}.$$

关于 **Witten 形变** 的第一个重要结果如下.

性质 5.1　对满足 $0 \leqslant i \leqslant n$ 的任意整数 i, 有

$$\dim\left(H_{Tf,\mathrm{dR}}^i(M, \mathbf{R})\right) = \dim\left(H_{\mathrm{dR}}^i(M, \mathbf{R})\right).$$

证明　对满足 $d\alpha = 0$ 的任意形式 $\alpha \in \Omega^i(M)$, 可知

$$d_{Tf}(e^{-Tf}\alpha) = 0,$$

而对于任意 $\beta \in \Omega^{i-1}(M)$, 有

$$e^{-Tf}d\beta = d_{Tf}(e^{-Tf}\beta).$$

因此, 映射

$$\alpha \in \Omega^i(M) \mapsto e^{-Tf}\alpha \in \Omega^i(M)$$

诱导了从 $H_{\mathrm{dR}}^i(M, \mathbf{R})$ 到 $H_{Tf,\mathrm{dR}}^i(M, \mathbf{R})$ 定义的同态.

　　类似地, 容易看出映射

$$\alpha \in \Omega^i(M) \mapsto e^{Tf}\alpha \in \Omega^i(M)$$

诱导了从 $H_{Tf,\mathrm{dR}}^i(M, \mathbf{R})$ 到 $H_{\mathrm{dR}}^i(M, \mathbf{R})$ 良好定义的同态.

　　现在易知这两个在上同调上的诱导同态事实上为彼此互逆的同构.　　□

5.3　$(\Omega^*(M), d_{Tf})$ 的 Hodge 定理

令 g^{TM} 为 M 上的一个 Riemann 度量. 我们在 4.1 节已经介绍了 de Rham 复形 $(\Omega^*(M), d)$ 的 Hodge 定理.

对于 $T \in \mathbf{R}$, 由式 (4.4) 可知, 对任意的 $\alpha, \beta \in \Omega^*(M)$, 有

$$\langle d_{Tf}\alpha, \beta \rangle = \langle e^{-Tf}de^{Tf}\alpha, \beta \rangle = \langle \alpha, e^{Tf}d^*e^{-Tf}\beta \rangle.$$

因此

$$d_{Tf}^* := e^{Tf}d^*e^{-Tf} \tag{5.7}$$

是 d_{Tf} 的形式伴随.

对照 $D = d + d^*$. 对任意 $T \in \mathbf{R}$, 令

$$D_{Tf} = d_{Tf} + d_{Tf}^*, \tag{5.8}$$

$$\Box_{Tf} = D_{Tf}^2 = d_{Tf}d_{Tf}^* + d_{Tf}^*d_{Tf}. \tag{5.9}$$

由式 (5.5) 和 (5.7), 可知对于任意的 $0 \leqslant i \leqslant n$, $\Box_{Tf}$ 保持 $\Omega^i(M)$. 进而还可建立复形 $(\Omega^*(M), d_{Tf})$ 的 Hodge 定理. 作为其推论之一, 对任意满足 $0 \leqslant i \leqslant n$ 的整数 i, 有

$$\dim\left(\ker(\Box_{Tf}|_{\Omega^i(M)})\right) = \dim\left(H_{Tf,\mathrm{dR}}^i(M, \mathbf{R})\right)$$
$$= \dim\left(H_{\mathrm{dR}}^i(M, \mathbf{R})\right), \tag{5.10}$$

其中最后一个等式成立的原因是性质 5.1.

从式 (5.10) 可以看出, 为了获得 β_i 的信息, 可以令 $T \to +\infty$, 然后研究 $\Box_{Tf}$ 在该极限过程中的行为.

5.4　$\Box_{Tf}$ 在 f 的临界点附近的行为

不失一般性, 我们假设在 f 的临界点 $x \in M$ 的开邻域 U_x 上有在 5.1 节定义的坐标系 $\mathbf{y} = (y^1, \cdots, y^n)$, 且有

$$g^{TM} = (dy^1)^2 + \cdots + (dy^n)^2. \tag{5.11}$$

根据式 (4.10)—(4.12), 式 (5.5), (5.7) 和 (5.8), 可直接验证

$$d_{Tf} = d + Tdf\wedge, \qquad d_{Tf}^* = d^* + Ti_{(df)^*}$$

以及

$$D_{Tf} = D + T\widehat{c}(df), \tag{5.12}$$

这里我们将 df 与其通过 g^{TM} 在 $\Gamma(TM)$ 中的对偶元素视为等同.

显然, 式 (5.12) 是 4.3 节中的形变 (4.31) 的特殊情形. 然而, 式 (5.12) 的特殊性在于其平方保持 $\Omega^*(M)$ 的 $\mathbf{Z}$-分次, 而式 (4.31) 中的形变算子的平方一般只保持 $\Omega^*(M)$ 的 $\mathbf{Z}_2$-分次.

现在由 Morse 引理 5.1, 可知在每个 U_x 上, 有

$$\begin{aligned} df(x) = &- y^1 dy^1 - \cdots - y^{n_f(x)} dy^{n_f(x)} \\ &+ y^{n_f(x)+1} dy^{n_f(x)+1} + \cdots + y^n dy^n. \end{aligned} \tag{5.13}$$

令 $e_i = \frac{\partial}{\partial y^i}$ $(1 \leqslant i \leqslant n)$ 为 TU_x 的定向标准正交基. 根据式 (5.11)—(5.13) 和 Bochner 型公式 (4.33), 可知在每个 U_x 上, 有

$$\begin{aligned} \square_{Tf} = &- \sum_{i=1}^n \left(\frac{\partial}{\partial y^i}\right)^2 - nT + T^2|\mathbf{y}|^2 \\ &+ T\sum_{i=1}^{n_f(x)} (1 - c(e_i)\widehat{c}(e_i)) + T\sum_{i=n_f(x)+1}^n (1 + c(e_i)\widehat{c}(e_i)) \\ = &- \sum_{i=1}^n \left(\frac{\partial}{\partial y^i}\right)^2 - nT + T^2|\mathbf{y}|^2 \\ &+ 2T\left(\sum_{i=1}^{n_f(x)} i_{e_i} e_i^* \wedge + \sum_{i=n_f(x)+1}^n e_i^* \wedge i_{e_i}\right). \end{aligned} \tag{5.14}$$

容易验证线性算子

$$\sum_{i=1}^{n_f(x)} i_{e_i} e_i^* \wedge + \sum_{i=n_f(x)+1}^n e_i^* \wedge i_{e_i}$$

非负, 且具有由

$$dy^1 \wedge \cdots \wedge dy^{n_f(x)}$$

生成的一维核空间.

在目前的情形, 我们可得到性质 4.3 的一个 $\mathbf{Z}$-分次精细化形式.

性质 5.2　对于任意的 $T > 0$, 算子

$$-\sum_{i=1}^{n}\left(\frac{\partial}{\partial y^i}\right)^2 - nT + T^2|\mathbf{y}|^2 + 2T\left(\sum_{i=1}^{n_f(x)} i_{e_i}e_i^* \wedge + \sum_{i=n_f(x)+1}^{n} e_i^* \wedge i_{e_i}\right)$$

作用在 $\Gamma(\Lambda^*(\mathrm{E}_n^*))$ 上非负. 其核空间是由

$$\exp\left(\frac{-T|\mathbf{y}|^2}{2}\right) \cdot dy^1 \wedge \cdots \wedge dy^{n_f(x)}$$

生成的一维向量空间. 进而, 对于某固定常数 $C > 0$, 该算子的所有非零特征值均大于 CT.

5.5　Morse 不等式的证明

回忆在 4.6 节关于 Poincaré-Hopf 指标公式的证明中, 我们应用式 (4.52) 的形变将证明约化到有限维情形. 然而, 如果现在我们将此形变应用到算子 D_{Tf}, 那么我们将看到被形变算子的 Laplace 算子仅保持 $\Omega^*(M)$ 的 $\mathbf{Z}_2$-分次, 而不是所需要的 $\mathbf{Z}$-分次性质. 因此, 我们需要做更加精细的论证.

按照 Witten [Wi1], 我们改为证明下面的结果, 从该结果可证明 Morse 不等式.

性质 5.3　对于任意的 $c > 0$, 存在 $T_0 > 0$, 使得当 $T \geqslant T_0$ 时, $\square_{Tf}|_{\Omega^i(M)}$ 的落在区间 $[0, c]$ 的特征值的个数 (计重数) 等于 m_i, $0 \leqslant i \leqslant n$.

我们现在用性质 5.3 证明 Morse 不等式, 而将其本身的证明留待下一节.

对满足 $0 \leqslant i \leqslant n$ 的任意整数 i, 记

$$F_{Tf,i}^{[0,c]} \subset \Omega^i(M)$$

为 $\square_{Tf}|_{\Omega^i(M)}$ 在 $[0, c]$ 中的特征值对应的特征向量生成的 m_i 维向量空间.

因为

$$d_{Tf}\square_{Tf} = \square_{Tf}d_{Tf} = d_{Tf}d_{Tf}^*d_{Tf}$$

以及

$$d_{Tf}^*\square_{Tf} = \square_{Tf}d_{Tf}^* = d_{Tf}^*d_{Tf}d_{Tf}^*,$$

故可看出 d_{Tf} (或 d_{Tf}^*) 将每个 $F_{Tf,i}^{[0,c]}$ 映射到 $F_{Tf,i+1}^{[0,c]}$ (或 $F_{Tf,i-1}^{[0,c]}$).

从而我们有 $(\Omega^*(M), d_{Tf})$ 的如下有限维子复形:

$$\left(F_{Tf}^{[0,c]}, d_{Tf}\right): 0 \longrightarrow F_{Tf,0}^{[0,c]} \xrightarrow{d_{Tf}} F_{Tf,1}^{[0,c]} \xrightarrow{d_{Tf}} \cdots \xrightarrow{d_{Tf}} F_{Tf,n}^{[0,c]} \longrightarrow 0. \quad (5.15)$$

此外, 我们还可证明关于此有限维复形的一个 Hodge 分解定理 (或将 $(\Omega^*(M),$ $d_{Tf})$ 的 Hodge 分解定理直接限制在该有限维复形上即可). 特别地, 对满足 $0 \leqslant i \leqslant n$ 的任意整数 i, 我们有

$$\beta_{Tf,i}^{[0,c]} := \dim \left(\frac{\ker \left(d_{Tf}|_{F_{Tf,i}^{[0,c]}}\right)}{\operatorname{Im} \left(d_{Tf}|_{F_{Tf,i-1}^{[0,c]}}\right)} \right)$$

等于 $\dim \left(\ker \left(\square_{Tf}|_{\Omega^i(M)}\right)\right)$, 而其由式 (5.10) 进而等于 β_i. 现由性质 5.3, 便得弱 Morse 不等式.

为证明强 Morse 不等式, 我们考察下面由复形 (5.15) 得到的分解式: 对于满足 $0 \leqslant i \leqslant n$ 的任意整数 i,

$$\begin{aligned}
\dim \left(F_{Tf,i}^{[0,c]}\right) &= \dim \left(\ker \left(d_{Tf}|_{F_{Tf,i}^{[0,c]}}\right)\right) + \dim \left(\operatorname{Im} \left(d_{Tf}|_{F_{Tf,i}^{[0,c]}}\right)\right) \\
&= \dim \left(\frac{\ker \left(d_{Tf}|_{F_{Tf,i}^{[0,c]}}\right)}{\operatorname{Im} \left(d_{Tf}|_{F_{Tf,i-1}^{[0,c]}}\right)} \right) \\
&\quad + \dim \left(\operatorname{Im} \left(d_{Tf}|_{F_{Tf,i-1}^{[0,c]}}\right)\right) + \dim \left(\operatorname{Im} \left(d_{Tf}|_{F_{Tf,i}^{[0,c]}}\right)\right). \quad (5.16)
\end{aligned}$$

根据性质 5.3 和式 (5.16), 对满足 $0 \leqslant i \leqslant n$ 的任意整数 i 易得

$$\begin{aligned}
&\sum_{j=0}^{i}(-1)^j m_{i-j} \\
&= \sum_{j=0}^{i}(-1)^j \left(\beta_{i-j} + \dim \left(\operatorname{Im} \left(d_{Tf}|_{F_{Tf,i-j-1}^{[0,c]}}\right)\right) + \dim \left(\operatorname{Im} \left(d_{Tf}|_{F_{Tf,i-j}^{[0,c]}}\right)\right)\right) \\
&= \sum_{j=0}^{i}(-1)^j \beta_{i-j} + \dim \left(\operatorname{Im} \left(d_{Tf}|_{F_{Tf,i}^{[0,c]}}\right)\right),
\end{aligned}$$

由此便得到强 Morse 不等式. 特别地, 当 $i = n$ 时, 等式 (5.4) 成立. $\qquad\square$

显然, 等式 (5.4) 是第四章证明的 Poincaré-Hopf 指标公式的一种特殊情形.

5.6 性质 5.3 的证明

我们将延续 4.6 和 4.7 节的方式证明性质 5.3, 这反过来又依赖于在 [BiL] 第 9 章中发展的技巧.

基于性质 5.2, 与式 (4.48) 和 (4.49) 类似, 对任意 $T > 0$ 和 f 的临界点 $x \in M$, 定义

$$\begin{cases} \alpha_{x,T} = \int_{U_x} \gamma(|\mathbf{y}|)^2 \exp(-T|\mathbf{y}|^2) dy^1 \wedge \cdots \wedge dy^n, \\ \rho_{x,T} = \dfrac{\gamma(|\mathbf{y}|)}{\sqrt{\alpha_{x,T}}} \exp\left(\dfrac{-T|\mathbf{y}|^2}{2}\right) dy^1 \wedge \cdots \wedge dy^{n_f(x)}. \end{cases} \tag{5.17}$$

那么 $\rho_{x,T} \in \Omega^{n_f(x)}(M)$ 具有单位长度且有包含在 U_x 中的紧支集.

令 E_T 表示由这些 $\rho_{x,T}$ 生成的有限维向量空间, 其中 x 取遍 f 的所有临界点. 令 $E_T^\perp$ 表示 E_T 在 $\mathbf{H}^0(M)$ 中的正交补. 则 $\mathbf{H}^0(M)$ 有正交分解

$$\mathbf{H}^0(M) = E_T \oplus E_T^\perp. \tag{5.18}$$

令 p_T 和 $p_T^\perp$ 分别表示 $\mathbf{H}^0(M)$ 向 E_T 和 $E_T^\perp$ 的正交投影.

与式 (4.51) 类似, 我们定义 Witten 形变算子 D_{Tf} 的如下分解:

$$\begin{cases} D_{T,1} = p_T D_{Tf} p_T, \quad D_{T,2} = p_T D_{Tf} p_T^\perp, \\ D_{T,3} = p_T^\perp D_{Tf} p_T, \quad D_{T,4} = p_T^\perp D_{Tf} p_T^\perp. \end{cases} \tag{5.19}$$

与 4.7 节类似, 我们有如下性质中的非常重要的估计式.

性质 5.4 (i) 对任意的 $T > 0$,

$$D_{T,1} = 0; \tag{5.20}$$

(ii) 存在常数 $T_1 > 0$, 使得对于任意 $s \in E_T^\perp \cap \mathbf{H}^1(M)$, $s' \in E_T$ 和 $T \geqslant T_1$, 有

$$\begin{cases} \|D_{T,2}s\|_0 \leqslant \dfrac{\|s\|_0}{T}, \\ \|D_{T,3}s'\|_0 \leqslant \dfrac{\|s'\|_0}{T}; \end{cases} \tag{5.21}$$

(iii) 存在常数 $T_2 > 0$ 和 $C_2 > 0$, 使得对于任意 $s \in E_T^\perp \cap \mathbf{H}^1(M)$ 和 $T \geqslant T_2$, 有

$$\|D_{Tf}s\|_0 \geqslant C_2\sqrt{T}\|s\|_0. \tag{5.22}$$

证明 (i) 记 f 的临界点集为 zero(df). 那么对任意的 $s \in \mathbf{H}^0(M)$, 可直接验证

$$p_T s = \sum_{x \in \text{zero}(df)} \langle \rho_{x,T}, s \rangle_{\mathbf{H}^0(M)} \rho_{x,T}. \tag{5.23}$$

根据式 (5.17), 显然对任意的 $x \in \text{zero}(df)$,

$$D_{T,f}\left(\langle \rho_{x,T}, s \rangle_{\mathbf{H}^0(M)} \rho_{x,T}\right) \in \Omega^{n_f(x)-1}(M) \oplus \Omega^{n_f(x)+1}(M) \tag{5.24}$$

具有包含在 U_x 内的紧支集. 因此式 (5.20) 成立.

(ii) 这是性质 4.5 的特殊情形.

(iii) 这是性质 4.6 的特殊情形.

从而性质 5.4 得证. $\qquad\square$

注记 5.1 可类似证明在 4.6 节中的算子 $D_{T,1}$ 也是零算子. 因为那时不需要利用这个事实, 故我们没有讲明.

现在对于任意的正常数 $c > 0$, 令 $E_T(c)$ 表示 D_{Tf} 在 $[-c, c]$ 中的特征值所对应的特征空间的直和. $E_T(c)$ 显然是 $\mathbf{H}^0(M)$ 的一个有限维子空间.

令 $P_T(c)$ 为 $\mathbf{H}^0(M)$ 到 $E_T(c)$ 的正交投影算子.

引理 5.2 存在常数 $C > 0$, $T_0 > 0$ 使得对于任意的 $T \geqslant T_0$ 和任意的 $\sigma \in E_T$, 有

$$\|P_T(c)\sigma - \sigma\|_0 \leqslant \frac{C}{T}\|\sigma\|_0. \tag{5.25}$$

证明 令 $\delta = \{\lambda \in \mathbf{C} : |\lambda| = c\}$ 为以逆时针方向为定向的圆周. 根据性质 5.4, 对任意的 $\lambda \in \delta$, $T \geqslant T_1 + T_2$ 和 $s \in \mathbf{H}^1(M)$, 有

$$\|(\lambda - D_{Tf})s\|_0$$
$$\geqslant \frac{1}{2}\|\lambda p_T s - D_{T,2}p_T^{\perp}s\|_0 + \frac{1}{2}\|\lambda p_T^{\perp}s - D_{T,3}p_T s - D_{T,4}p_T^{\perp}s\|_0$$
$$\geqslant \frac{1}{2}\left(\left(c - \frac{1}{T}\right)\|p_T s\|_0 + \left(C_2\sqrt{T} - c - \frac{1}{T}\right)\|p_T^{\perp}s\|_0\right). \tag{5.26}$$

根据式 (5.26) 可知, 存在 $T_3 \geqslant T_1 + T_2$ 和 $C > 0$, 使得对于任意的 $T \geqslant T_3$ 以及 $s \in \mathbf{H}^1(M)$, 有

$$\|(\lambda - D_{Tf})s\|_0 \geqslant C\|s\|_0. \tag{5.27}$$

因此, 对于任意的 $T > T_3$ 和 $\lambda \in \delta$,

$$\lambda - D_{Tf} : \mathbf{H}^1(M) \to \mathbf{H}^0(M)$$

可逆.

从而预解式 $(\lambda - D_{Tf})^{-1}$ 良好定义.

根据算子理论中基本的**谱定理** (参考 [D]), 可知

$$P_T(c)\sigma - \sigma = \frac{1}{2\pi\sqrt{-1}} \int_\delta \left((\lambda - D_{Tf})^{-1} - \lambda^{-1}\right)\sigma d\lambda. \tag{5.28}$$

现在由性质 5.4(i) 立即知

$$\left((\lambda - D_{Tf})^{-1} - \lambda^{-1}\right)\sigma = \lambda^{-1}(\lambda - D_{Tf})^{-1}D_{T,3}\sigma. \tag{5.29}$$

由性质 5.4(ii) 和式 (5.27), 可知对于任意的 $T \geqslant T_3$ 和 $\sigma \in E_T$, 有

$$\left\|(\lambda - D_{Tf})^{-1}D_{T,3}\sigma\right\|_0 \leqslant C^{-1}\|D_{T,3}\sigma\|_0 \leqslant \frac{1}{CT}\|\sigma\|_0. \tag{5.30}$$

根据式 (5.28)—(5.30), 便得式 (5.25). □

注记 5.2　注意在上面的证明中, 我们用到了算子理论中的谱定理, 这涉及了复数的使用. 以下我们给出引理 5.2 的一个实数范畴内的证明. 为此, 我们先来介绍如下由 D. Burghelea, L. Friedlander 和 T. Kappeler 证明的一个引理 (参见 [BFK] 定理 1.2).

引理 5.3　设 A 是定义在一个 Hilbert 空间 H 中的自伴算子, 设 H_1, H_2 是 H 的两个相互正交的子空间, 且满足 $H = H_1 \oplus H_2$. 若有正常数 $0 < a < b$ 使得对于任意的 $x \in H_1, y \in H_2$, 有

$$(Ax, x) \leqslant a\|x\|^2, \quad (Ay, y) \geqslant b\|y\|^2, \tag{5.31}$$

则有

$$(a, b) \cap \operatorname{Spec}(A) = \emptyset. \tag{5.32}$$

这里, $\operatorname{Spec}(A)$ 表示算子 A 的谱集.

证明　利用反证法, 若有 $\lambda \in (a, b) \cap \operatorname{Spec}(A)$, 则存在序列 $\{x_n\} \subset H$, 使得

$$\|x_n\| = 1, \quad w_n := (A - \lambda)x_n \to 0, \tag{5.33}$$

我们将 x_n 关于 $H = H_1 \oplus H_2$ 做正交分解:

$$x_n = y_n + z_n, \quad y_n \in H_1, z_n \in H_2, \tag{5.34}$$

对于任意复数 μ, 我们用 $\mathrm{Re}(\mu)$ 表示 μ 的实部. 此时有如下的不等式:

$$\begin{aligned}
\mathrm{Re}\left((w_n, y_n)\right) &= \left((A-\lambda)y_n, y_n\right) + \mathrm{Re}\left((A-\lambda)z_n, y_n\right) \\
&\leqslant (a-\lambda)\|y_n\|^2 + \mathrm{Re}\left((A-\lambda)z_n, y_n\right),
\end{aligned} \tag{5.35}$$

$$\begin{aligned}
\mathrm{Re}\left((w_n, z_n)\right) &= \left((A-\lambda)z_n, z_n\right) + \mathrm{Re}\left((A-\lambda)y_n, z_n\right) \\
&\geqslant (b-\lambda)\|z_n\|^2 + \mathrm{Re}\left((A-\lambda)y_n, z_n\right).
\end{aligned} \tag{5.36}$$

由式 (5.35) 和 (5.36) 我们得到

$$\begin{aligned}
\mathrm{Re}\left((w_n, y_n - z_n)\right) &\leqslant (a-\lambda)\|y_n\|^2 + (\lambda-b)\|z_n\|^2 \\
&\leqslant -C\left(\|y_n\|^2 + \|z_n\|^2\right) \leqslant 0,
\end{aligned} \tag{5.37}$$

这里, $C = \min\{\lambda - a, b - \lambda\} > 0$. 由 H_1, H_2 相互正交和式 (5.34), 易见 $\|y_n\|$ 与 $\|z_n\|$ 一致有界. 再由 $w_n \to 0$ 及式 (5.37), 当 $n \to +\infty$ 时, 有

$$\mathrm{Re}\left((w_n, y_n - z_n)\right) \to 0. \tag{5.38}$$

此时由式 (5.37) 和 (5.38) 即得: 当 $n \to +\infty$ 时,

$$y_n \to 0, \quad z_n \to 0, \tag{5.39}$$

而这显然与 $\|y_n + z_n\| = \|x_n\| \equiv 1$ 矛盾. □

现在根据性质 5.4, 我们知存在常数 $T_1 > 0$, 使得对任意 $s' \in E_T, T \geqslant T_1$,

$$\|D_{Tf}s'\|_0 \leqslant \frac{\|s'\|_0}{T};$$

又存在 $T_2 > 0$ 及 $C_2 > 0$, 使得对任意 $s \in E_T^{\perp} \cap \mathbf{H}^1(M), T \geqslant T_2$,

$$\|D_{Tf}s\|_0 \geqslant C_2\sqrt{T}\|s\|_0. \tag{5.40}$$

故由引理 5.3 知, 存在 $C > 0$, 当 T 足够大时,

$$\mathrm{Spec}(D_{Tf}^2) \cap \left(\frac{1}{T^2}, C^2 T\right) = \emptyset. \tag{5.41}$$

对于固定的 $c > 0$, 当 T 足够大时, 我们有 $\frac{1}{T} < c < C\sqrt{T}$. 从而由式 (5.41) 知 $E_T(c)$ 是 D_{Tf} 在 $[-\frac{1}{T}, \frac{1}{T}]$ 中的特征值所对应的特征子空间的直和. 进而由式 (5.41) 还有

$$\|D_{Tf}(\sigma - P_T(c)\sigma)\|_0 \geqslant C\sqrt{T}\|\sigma - P_T(c)\sigma\|_0. \tag{5.42}$$

故对 $\sigma \in E_T$ 及足够大的 T, 我们有

$$
\begin{aligned}
\|\sigma - P_T(c)\sigma\|_0 &\leqslant \frac{1}{C\sqrt{T}}\|D_{Tf}(\sigma - P_T(c)\sigma)\|_0 \\
&\leqslant \frac{1}{C\sqrt{T}}(\|D_{Tf}\sigma\|_0 + \|D_{Tf}P_T(c)\sigma\|_0) \\
&\leqslant \frac{1}{C\sqrt{T}}\frac{1}{T}(\|\sigma\|_0 + \|P_T(c)\sigma\|_0) \\
&\leqslant \frac{2}{CT^{3/2}}\|\sigma\|_0.
\end{aligned}
\tag{5.43}
$$

这样, 我们就得到了引理 5.2 在实数域内的一个证明.

性质 5.3 的证明　现将引理 5.2 应用于每个 $\rho_{x,T}$, $x \in \mathrm{zero}(df)$. 容易看出当 T 充分大时, 诸 $P_T(c)\rho_{x,T}$ 线性无关, 从而有

$$\dim E_T(c) \geqslant \dim E_T. \tag{5.44}$$

现若 $\dim E_T(c) > \dim E_T$, 则存在非零元 $s \in E_T(c)$, 使得 s 垂直于 $P_T(c)E_T$. 即

$$\langle s, P_T(c)\rho_{x,T}\rangle_{\mathbf{H}^0(M)} = 0 \tag{5.45}$$

对于任意的 $x \in \mathrm{zero}(df)$ 成立.

根据式 (5.23) 和 (5.45), 可得

$$
\begin{aligned}
p_T s &= \sum_{x \in \mathrm{zero}(df)} \langle s, \rho_{x,T}\rangle_{\mathbf{H}^0(M)}\rho_{x,T} \\
&\quad - \sum_{x \in \mathrm{zero}(df)} \langle s, P_T(c)\rho_{x,T}\rangle_{\mathbf{H}^0(M)}P_T(c)\rho_{x,T} \\
&= \sum_{x \in \mathrm{zero}(df)} \langle s, \rho_{x,T}\rangle_{\mathbf{H}^0(M)}\left(\rho_{x,T} - P_T(c)\rho_{x,T}\right) \\
&\quad + \sum_{x \in \mathrm{zero}(df)} \langle s, \rho_{x,T} - P_T(c)\rho_{x,T}\rangle_{\mathbf{H}^0(M)}P_T(c)\rho_{x,T}. \tag{5.46}
\end{aligned}
$$

根据式 (5.46) 和引理 5.2, 存在 $C_3 > 0$, 使得当 $T > 0$ 充分大时, 有

$$\|p_T s\|_0 \leqslant \frac{C_3}{T} \|s\|_0. \tag{5.47}$$

因此存在常数 $C_4 > 0$, 使得当 $T > 0$ 充分大时, 有

$$\|p_T^\perp s\|_0 \geqslant \|s\|_0 - \|p_T s\|_0 \geqslant C_4 \|s\|_0. \tag{5.48}$$

根据式 (5.48) 和性质 5.4, 可知当 $T > 0$ 充分大时, 有

$$
\begin{aligned}
CC_4\sqrt{T}\|s\|_0 &\leqslant \left\|D_{Tf} p_T^\perp s\right\|_0 = \left\|D_{Tf}s - D_{Tf}p_T s\right\|_0 \\
&= \left\|D_{Tf}s - D_{T,3}s\right\|_0 \leqslant \left\|D_{Tf}s\right\|_0 + \left\|D_{T,3}s\right\|_0 \\
&\leqslant \left\|D_{Tf}s\right\|_0 + \frac{1}{T}\|s\|_0,
\end{aligned}
$$

由此得到

$$\left\|D_{Tf}s\right\|_0 \geqslant CC_4\sqrt{T}\|s\|_0 - \frac{1}{T}\|s\|_0.$$

显然, 当 $T > 0$ 充分大时, 这与 s 是 $E_T(c)$ 中的非零元的假设矛盾.

因此可知

$$\dim E_T(c) = \dim E_T = \sum_{i=0}^{n} m_i, \tag{5.49}$$

并且 $E_T(c)$ 由 $P_T(c)\rho_{x,T}$ 生成, 这里 $x \in \mathrm{zero}(df)$.

现在为了证明性质 5.3, 对于满足 $0 \leqslant i \leqslant n$ 的任意整数 i, 记 Q_i 为从 $\mathbf{H}^0(M)$ 到 $\Omega^i(M)$ 的 L^2-完备化空间的正交投射算子. 因为 $\square_{Tf}$ 保持 $\Omega^*(M)$ 中的 $\mathbf{Z}$-分次结构, 所以对 D_{Tf} 的相应于特征值 $\mu \in [-c, c]$ 的任意特征向量 s, 有

$$\square_{Tf} Q_i s = Q_i \square_{Tf} s = \mu^2 Q_i s.$$

即, $Q_i s \in \Omega^i(M)$ 是 $\square_{Tf}$ 的相应于特征值 μ^2 的特征向量.

因此, 为证明性质 5.3, 仅需证明当 $T > 0$ 充分大时,

$$\dim\left(Q_i E_T(c)\right) = m_i. \tag{5.50}$$

为证明式 (5.50), 利用引理 5.2 可知, 对于任意的 $x \in \mathrm{zero}(df)$, 有

$$\left\|Q_{n_f(x)} P_T(c)\rho_{x,T} - \rho_{x,T}\right\|_0 \leqslant \frac{C_1}{T}. \tag{5.51}$$

由式 (5.51) 可知, 当 $T > 0$ 充分大时, 形式 $Q_{n_f(x)} P_T(c) \rho_{x,T}$, $x \in \mathrm{zero}(df)$, 线性无关. 因此对于 0 和 n 之间的整数 i,

$$\dim\left(Q_i E_T(c)\right) \geqslant m_i. \tag{5.52}$$

另一方面, 由式 (5.49) 可知

$$\sum_{i=0}^{n} \dim\left(Q_i E_T(c)\right) \leqslant \dim\left(E_T(c)\right) = \sum_{i=0}^{n} m_i. \tag{5.53}$$

根据式 (5.52) 和 (5.53), 便得式 (5.50). 从而性质 5.3 得证. □

注记 5.3　因为性质 5.3 中的常数 $c > 0$ 可以取得任意小, 故可看出当 $T \to +\infty$ 时, $\square_{Tf}$ 在 $[0,c]$ 中的特征值趋近于零. 这个与注记 5.2 中的叙述吻合.

5.7　一些注记与评论

1) Witten 的原始文章 [Wi1] 在 20 世纪 80 年代非常有影响. 在 [Wi1] 之后, 紧接着出现了许多关于 Morse 不等式解析证明的严格解释. 在此我们仅提及 Helffer 和 Sjöstrand 的基于**半经典分析**的文章 [HeS] 以及 Bismut 的使用热方程方法证明的文章 [Bi2]. 后者还包含了 **Bott-Morse 不等式**的解析处理, 该不等式对于临界点在 Bott [Bo1] 意义下非退化的情形成立.

2) Witten 在 [Wi1] 中进一步指出, 在某种 "**一般性条件**" 下, 由式 (6.11) 定义的复形 $\left(F_{Tf}^{[0,c]}, d_{Tf}\right)$ 甚至可重新发现与 Morse 函数 f 相应的 **Thom-Smale 复形** (参考 [Lau]). Witten 的思想在 [HeS] 中被严格证明 (也可对照 [BiZ2] 第 6 节), 该思想对于后续发展产生了巨大的影响. 例如, 其成为 Floer [Fl] 的 **Floer 同调**观念的来源之一 (可参考 [Bo3] 对此给出的精彩的通俗化描述). 另一方面, Bismut 和张伟平 [BiZ1] 应用这种思想给出了 Cheeger [Che] 和 Müller ([Mü1], [Mü2]) 的一个定理的热方程证明, 并将其推广到了一般**平坦向量丛**的情形, 该定理与 **Ray-Singer 解析挠率** [RS] 以及 **Reidemeister 挠率**相关. 之后, [BiZ1] 和 [BiZ2] 中主要结论在一簇流形情形的推广由 Bismut 和 Goette 得到, 更多的细节参考 [BiG1], [BiG2].

3) 在随后的一篇文章 [Wi2] 中, Witten 还提出了关于 **Kähler 流形**上的圆周作用的某种**全纯 Morse 不等式**. 在圆周作用的不动点集仅包含孤立点的情形, 全纯 Morse 不等式首先由 Mathai 和 Wu [MaW] 用热方程方法严格证明. 文章 [WZ] 给出的证明中所使用的解析论证与本章相似. 此证明还包括了圆周作用的不动点集可能含有非孤立点的情形.

4) 第四和第五章中描述的**解析局部化技术** (在需要时做必要的精致化), 对于指标理论中的很多问题都非常有用 (参见 [BiL]). 通过这两章我们希望大家看到其中包含的基本思想其实非常简单.

第六章　Thom-Smale 与 Witten 复形

在前一章, 我们应用 de Rham 复形的 Witten 形变给出了 Morse 不等式的一个解析证明. 我们在 5.7 节中曾指出, Witten 在其影响深远的文章 [Wi1] 中提出的一个想法, 即联系于流形上满足某种 **"一般性条件"** 的 Morse 函数的 Thom-Smale 复形可由其构造的形变重新发现. Witten 的这个想法首先由 Helffer 和 Sjöstrand [HeS] 通过**半经典分析**的方法严格实现. 本章我们将利用首先出现在 Bismut 和张伟平的文章 [BiZ2] 中的一种较简单的方法来实现 Witten 的这个想法.

本章内容与前一章密切相关, 我们将采用与前一章相同的假设并使用相同的符号.

6.1　Thom-Smale 复形

令 $f \in C^\infty(M)$ 为 n 维定向闭流形 M 上的一个 Morse 函数.

令 g^{TM} 为 M 上的一个 Riemann 度量, 并令

$$\nabla f = (df)^* \in \Gamma(TM)$$

为 f 相应的**梯度向量场**. 下面的微分方程定义了 M 上一个微分同胚群 $(\psi_t)_{t \in \mathbf{R}}$:

$$\frac{dy}{dt} = -\nabla f(y). \tag{6.1}$$

如果 $x \in \text{zero}(\nabla f)$, 定义

$$
\begin{cases}
W^u(x) = \left\{ y \in M : \lim\limits_{t \to -\infty} \psi_t(y) = x \right\}, \\
W^s(x) = \left\{ y \in M : \lim\limits_{t \to +\infty} \psi_t(y) = x \right\}.
\end{cases}
\tag{6.2}
$$

胞腔 $W^u(x)$ 和 $W^s(x)$ 分别称为 x 处的**不稳定胞腔**与**稳定胞腔**.

我们假设向量场 ∇f 满足 **Smale 横截性条件** [Sm]. 即, 对于任意 $x, y \in \text{zero}(\nabla f)$ 且 $x \neq y$, 胞腔 $W^u(x)$ 与 $W^s(y)$ **横截相交**. 特别地, 若 $n_f(y) = n_f(x) - 1$, 则 $W^u(x) \cap W^s(y)$ 是由向量场 $-\nabla f$ 的有限条积分曲线 γ 构成的有限集 $\Gamma(x, y)$, 这里 $\gamma_{-\infty} = x$ 以及 $\gamma_{+\infty} = y$, 并且胞腔 $W^u(x)$ 与 $W^s(y)$ 沿着这些曲线横截相交.

根据 [Sh] 定理 A (也参见 Smale 的原始文章 [Sm]), 给定一个 Morse 函数, 总存在 M 上的一个 Riemann 度量 g^{TM}, 使得 ∇f 满足横截性条件.

对每个 $x \in \text{zero}(\nabla f)$, 我们在 $W^u(x)$ 上指定一个定向.

令 $x, y \in \text{zero}(\nabla f)$ 满足 $n_f(y) = n_f(x) - 1$.

取 $\gamma \in \Gamma(x, y)$, 那么切空间 $T_y W^u(y)$ 与切空间 $T_y W^s(y)$ 正交并且是定向的.

对任意 $t \in (-\infty, +\infty)$, $T_{\gamma_t} W^s(y)$ 在 $T_{\gamma_t} M$ 中的正交补空间 $T^\perp_{\gamma_t} W^s(y)$ 具有一个自然的定向, 该定向由 $T_y W^u(y)$ 的定向诱导.

另一方面, 同样对于任意的 $t \in (-\infty, +\infty)$, $-\nabla f(\gamma_t)$ 在 $T_{\gamma_t} W^u(x)$ 中的正交补空间 $T'_{\gamma_t} W^u(x)$ 也可由这种方法定向, 即, 若 $(-\nabla f(\gamma_t), s)$ 为 $T_{\gamma_t} W^u(x)$ 的定向基, 则 s 为 $T'_{\gamma_t} W^u(x)$ 的定向基.

因为 $W^u(x)$ 与 $W^s(y)$ 沿 γ 横截相交, 所以对于任意的 $t \in (-\infty, +\infty)$, $T^\perp_{\gamma_t} W^s(y)$ 与 $T'_{\gamma_t} W^u(x)$ 可自然等同, 从而可以比较它们的诱导定向.

令

$$
n_\gamma(x, y) = \begin{cases}
1, & \text{如果定向相同,} \\
-1, & \text{如果定向不同.}
\end{cases}
\tag{6.3}
$$

对于 $x \in \text{zero}(\nabla f)$, 令 $[W^u(x)]$ 表示由胞腔 $W^u(x)$ 生成的实一维线性空间, 并定义

$$
\begin{cases}
C_*(W^u) = \sum\limits_{x \in \text{zero}(\nabla f)} [W^u(x)], \\
C_i(W^u) = \sum\limits_{\substack{x \in \text{zero}(\nabla f) \\ n_f(x) = i}} [W^u(x)],
\end{cases}
\tag{6.4}
$$

同时, 对于 $x \in \text{zero}(\nabla f)$ 我们还定义如下的**边缘算子**

$$\partial W^u(x) = \sum_{\substack{y \in \text{zero}(\nabla f) \\ n_f(y) = n_f(x) - 1}} \sum_{\gamma \in \Gamma(x,y)} n_\gamma(x,y) W^u(y). \tag{6.5}$$

从而 ∂ 将 $C_i(W^u)$ 映到 $C_{i-1}(W^u)$.

下述的简单结论源于 Thom [Th] 和 Smale [Sm].

定理 6.1 $(C_*(W^u), \partial)$ 是一个链复形. 并且 **Z**-分次同调群 $H_*(C_*(W^u), \partial)$ 与 **Z**-分次奇异同调群 $H_*(M)$ 典则同构.

若 $x \in \text{zero}(\nabla f)$, 则令 $[W^u(x)]^*$ 是与 $[W^u(x)]$ 对偶的线性空间. 令 $(C^*(W^u), \widetilde{\partial})$ 为 $(C_*(W^u), \partial)$ 的对偶复形. 对于满足 $0 \leqslant i \leqslant n$ 的任意整数 i, 有如下等同

$$C^i(W^u) = \sum_{\substack{x \in \text{zero}(\nabla f) \\ n_f(x) = i}} [W^u(x)]^*. \tag{6.6}$$

由定理 6.1, 就有如下的 **Z**-分次上同调空间的同构

$$H^* \left(C^*(W^u), \widetilde{\partial} \right) \simeq H_{\text{Sing}}^*(M). \tag{6.7}$$

6.2 Thom-Smale 复形的 de Rham 映射

我们现在假设对于任意的 $x \in \text{zero}(\nabla f)$, 存在 x 的充分小邻域 U_x 以及坐标系 $\mathbf{y} = (y^1, \cdots, y^n)$, 使得在 U_x 上, 有

$$\begin{cases} f(\mathbf{y}) = f(x) - \dfrac{1}{2} \left(y^1 \right)^2 - \cdots - \dfrac{1}{2} \left(y^{n_f(x)} \right)^2 \\ \qquad + \dfrac{1}{2} \left(y^{n_f(x)+1} \right)^2 + \cdots + \dfrac{1}{2} \left(y^n \right)^2, \\ g^{TM} = \left(dy^1 \right)^2 + \cdots + \left(dy^n \right)^2. \end{cases} \tag{6.8}$$

我们可假设对于任意的 $x, y \in \text{zero}(\nabla f)$ 且 $x \neq y$, 有 $\overline{U}_x \cap \overline{U}_y = \emptyset$.

梯度向量场 ∇f 仍将假设满足 Smale 横截性条件.

根据 Morse 引理以及 [Sm], 对于给定的 Morse 函数 f, TM 上总存在度量 g^{TM} 满足上述条件.

我们现在陈述 Laudenbach 的一个结果 ([Lau] 性质 2), 它是 Rosenberg 先前一个结果 [Ro] 的改进.

性质 6.1 (i) 对于 $x \in \text{zero}(\nabla f)$, 闭包 $\overline{W^u(x)}$ 是 M 的一个带有锥形奇点的 $n_f(x)$ 维子流形;

(ii) $\overline{W^u(x)} \setminus W^u(x)$ 可表示为指标严格小于 $n_f(x)$ 的临界点的不稳定流形的并集.

关于性质 6.1 的证明, 我们推荐参考原始文章 [Lau].

由性质 6.1 的第 (i) 部分, 知光滑微分形式可在 $\overline{W^u(x)}$ 上积分, $x \in \text{zero}(\nabla f)$.

对于 $x \in \text{zero}(\nabla f)$, 实直线 $[W^u(x)]$ 有典则的非零截面 $W^u(x)$. 令 $W^u(x)^* \in [W^u(x)]^*$ 表示 $W^u(x)$ 的对偶, 它满足

$$(W^u(x), W^u(x)^*) = 1.$$

对于任意的 $\alpha \in \Omega^*(M)$, 我们有积分

$$W^u(x)^* \int_{\overline{W^u(x)}} \alpha \in [W^u(x)]^*.$$

显然, 对任意 $\alpha \in \Omega^i(M)$, 仅当 $n_f(x) = i$ 时, 积分 $\displaystyle\int_{\overline{W^u(x)}} \alpha$ 不恒为零.

定义 6.1 令 P_∞ 表示如下的映射

$$\alpha \in \Omega^*(M) \longrightarrow \sum_{x \in \text{zero}(\nabla f)} W^u(x)^* \int_{\overline{W^u(x)}} \alpha \in C^*(W^u). \tag{6.9}$$

定理 6.2 (Laudenbach, 参见 [BiZ1] 定理 2.9) 映射 P_∞ 是 de Rham 复形 $(\Omega^*(M), d)$ 到对偶 Thom-Smale 复形 $(C^*(W^u), \widetilde{\partial})$ 的一个 **Z**-分次同态, 且诱导了这两个复形的上同调群之间的一个典则同构.

由式 (6.5), 性质 6.1 和 Stokes 公式容易得到如下等式[①]:

$$P_\infty d = \widetilde{\partial} P_\infty. \tag{6.10}$$

该等式表明 P_∞ 事实上是一个链同态.

在 [Wi1] 中 Witten 指出, 定理 6.2 可以通过令 $T \to +\infty$, 从形变式 (5.5) 和 (5.7) 重新得到. 该想法首先由 Helffer 和 Sjöstrand [HeS] 通过半经典分析的方法实现. 下一节我们将给出一个来自 [BiZ2] §6 的处理方式.

---

① 对照 [Lau] 命题 6.

6.3　Witten 瞬子复形与映射 e_T

取 $T_0 > 0$ 使得性质 5.3 对于 $c = 1$ 以及任意 $T \geqslant T_0$ 成立. 从现在开始我们总假设 $T \geqslant T_0$.

由 5.5 节知, 对满足 $0 \leqslant i \leqslant n$ 的任意整数 i,

$$F_{Tf,i}^{[0,1]} \subset \Omega^i(M)$$

是一个 m_i 维向量空间, 其由对应于算子 $\square_{Tf}|_{\Omega^i(M)}$ 在 $[0,1]$ 区间中的特征值的特征向量生成, 且构成如下的 $(\Omega^*(M), d_{Tf})$ 的有限维子复形:

$$\left(F_{Tf}^{[0,1]}, d_{Tf}\right) : 0 \longrightarrow F_{Tf,0}^{[0,1]} \xrightarrow{d_{Tf}} F_{Tf,1}^{[0,1]} \xrightarrow{d_{Tf}} \cdots \xrightarrow{d_{Tf}} F_{Tf,n}^{[0,1]} \longrightarrow 0. \quad (6.11)$$

我们称 $(F_{Tf}^{[0,1]}, d_{Tf})$ 是联系于 Tf 的 **Witten 瞬子复形**.

现在我们在 $C^*(W^u)$ 上给定一个 Euclid 度量, 使得

$$\{W^u(x)^* | x \in \text{zero}(\nabla f)\}$$

是 $C^*(W^u)$ 的一组标准正交基.

注意对任意 $x \in \text{zero}(\nabla f)$ 以及 $T \geqslant T_0$, 我们已用上一章中的式 (5.17) 定义了截面 $\rho_{x,T} \in \Omega^*(M)$.

定义 6.2　令 J_T 为 $C^*(W^u)$ 到 $\Omega^*(M)$ 内的线性映射, 使得对于任意 $x \in \text{zero}(\nabla f)$ 和 $T \geqslant T_0$,

$$J_T W^u(x)^* = \rho_{x,T}. \quad (6.12)$$

显然, J_T 是一从 $C^*(W^u)$ 到 $\Omega^*(M)$ 内的保持 **Z**-分次的等距映射.

令 $P_T^{[0,1]}$ 是 $\Omega^*(M)$ 到 $F_{Tf}^{[0,1]}$ 的正交投影. 易见当 $c = 1$ 时, 5.6 节中定义的 $E_T(c)$ 即为此处的空间 $F_{Tf}^{[0,1]}$, 而正交投射算子 $P_T(c)$ 就是现在的 $P_T^{[0,1]}$.

定义 6.3　令映射 $e_T : C^*(W^u) \longrightarrow F_{Tf}^{[0,1]}$ 由下式定义:

$$e_T = P_T^{[0,1]} J_T. \quad (6.13)$$

如下源自 [BiZ1] 定理 8.8 和 [BiZ2] 定理 6.7 的结果是对引理 5.2 的重要改进.

定理 6.3　存在 $c > 0$, 使得当 $T \to +\infty$ 时, 对于任意的 $s \in C^*(W^u)$, 下述估计式

$$(e_T - J_T)s = O\left(e^{-cT}\right) \|s\|_0 \quad (6.14)$$

在 M 上一致成立. 特别地, e_T 为同构.

证明　令 $\delta = \{\lambda \in \mathbf{C} : |\lambda| = 1\}$ 为以逆时针方向为定向的圆周[①]. 那么类似式 (5.28), 对于任意 $x \in \mathrm{zero}(\nabla f)$ 以及充分大的 $T > 0$, 我们有

$$
\begin{aligned}
(e_T - J_T)W^u(x)^* &= P_T^{[0,1]}\rho_{x,T} - \rho_{x,T} \\
&= \frac{1}{2\pi\sqrt{-1}} \int_\delta \left((\lambda - D_{Tf})^{-1} - \lambda^{-1} \right) \rho_{x,T}\, d\lambda \\
&= \frac{1}{2\pi\sqrt{-1}} \int_\delta (\lambda - D_{Tf})^{-1} \frac{D_{Tf}\rho_{x,T}}{\lambda}\, d\lambda.
\end{aligned}
\tag{6.15}
$$

对任意 $p \geqslant 0$, 记 $\|\cdot\|_p$ 为 $\Omega^*(M)$ 上的 Sobolev p-范数.

根据性质 5.4 及 $\rho_{x,T}$ 的定义, 可见在 x 的某个 (固定的) 充分小开邻域上, 有

$$
D_{Tf}\rho_{x,T} = 0.
\tag{6.16}
$$

根据式 (5.17) 和 (6.16), 对任意正整数 p, 存在 $c_p > 0$, 使得当 $T \to +\infty$ 时,

$$
\|D_{Tf}\rho_{x,T}\|_p = O\left(e^{-c_p T}\right).
\tag{6.17}
$$

取 $q \geqslant 1$. 由于 D 是一阶椭圆算子, 故存在 $C > 0$, $C_1 > 0$ 和 $C_2 > 0$, 使得若 $s \in \Omega^*(M)$, 则

$$
\begin{aligned}
\|s\|_q &\leqslant C_1 \left(\|Ds\|_{q-1} + \|s\|_0\right) \\
&\leqslant C_1 \left(\|(\lambda - D_{Tf})s\|_{q-1} + C_2 T\|s\|_{q-1} + \|s\|_0\right) \\
&\leqslant CT^q \left(\|(\lambda - D_{Tf})s\|_{q-1} + \|s\|_0\right),
\end{aligned}
\tag{6.18}
$$

其中最后一个不等式由归纳法得到.

另一方面, 由式 (5.27) 易知存在 $C' > 0$, 使得对于 $\lambda \in \delta$, $s \in \Omega^*(M)$ 和充分大的 $T > 0$, 有

$$
\|(\lambda - D_{Tf})^{-1}s\|_0 \leqslant C'\|s\|_0.
\tag{6.19}
$$

根据式 (6.18) 和 (6.19), 存在 $C'' > 0$, 使得当 $T > 0$ 充分大时,

$$
\|(\lambda - D_{Tf})^{-1}s\|_q \leqslant CT^q \left(\|s\|_{q-1} + C'\|s\|_0\right) \leqslant C''T^q\|s\|_{q-1}.
\tag{6.20}
$$

[①] 类似注记 5.2 的方法, 我们可以避免如下复系数的使用.

根据式 (6.17) 和 (6.20), 存在 $c_q > 0$, 使得当 $T > 0$ 充分大时,

$$\|(\lambda - D_{Tf})^{-1} D_{Tf}\rho_{x,T}\|_q = O\left(e^{-c_q T}\right), \quad \text{对 } \lambda \in \delta \text{ 一致成立.} \tag{6.21}$$

利用式 (6.21) 和 Sobolev 不等式 (参考 [War] 推论 6.22(b)), 我们知道存在 $c > 0$, 使得

$$|(\lambda - D_{Tf})^{-1} D_{Tf}\rho_{x,T}| \leqslant O\left(e^{-cT}\right), \quad \text{在 } M \text{ 上一致成立.} \tag{6.22}$$

由式 (6.15) 及 (6.22) 可见式 (6.14) 对任意的 $s = W^u(x)^*$ 成立, 这里 $x \in \text{zero}(\nabla f)$, 从而显然也对任意的 $s \in C^*(W^u)$ 成立.

因为 J_T 是 $C^*(W^u)$ 到 $\Omega^*(M)$ 内的等距, 所以根据式 (6.14) 易知, 当 $T > 0$ 充分大时 e_T 为同构. □

6.4 映射 $P_{\infty,T}e_T$

根据式 (6.10), 我们已知 **de Rham 映射**

$$P_\infty : \alpha \in \Omega^*(M) \longrightarrow \sum_{x \in \text{zero}(\nabla f)} W^u(x)^* \int_{\overline{W^u(x)}} \alpha \in C^*(W^u) \tag{6.23}$$

为链复形之间的链同态.

根据式 (5.5), (5.15) 和 (6.23), 容易验证当 $T > 0$ 充分大时, 映射

$$P_{\infty,T} : F_{Tf}^{[0,1]} \longrightarrow C^*(W^u), \quad P_{\infty,T}(\alpha) := P_\infty e^{Tf}\alpha, \quad \forall \alpha \in F_{Tf}^{[0,1]} \tag{6.24}$$

也是链复形之间的一个链同态. 即, 当作用在 $F_{Tf}^{[0,1]}$ 上时, 有

$$P_{\infty,T} d_{Tf} = \tilde{\partial} P_{\infty,T}. \tag{6.25}$$

定义 6.4 元素 $\mathcal{F} \in \text{End}(C^*(W^u))$ 的含义为: 对于任意的 $x \in \text{zero}(\nabla f)$, 其在 $[W^u(x)]^*$ 上的作用为乘以数 $f(x)$; 元素 $N \in \text{End}(C^*(W^u))$ 的含义为: 对于满足 $0 \leqslant i \leqslant n$ 的任意整数 i, 其作用在 $C^i(W^u)$ 上为乘以整数 i.

下面的结果来自 [BiZ2] 定理 6.11.

定理 6.4 存在 $c > 0$, 使得当 $T \to +\infty$ 时,

$$P_{\infty,T}e_T = e^{T\mathcal{F}} \left(\frac{\pi}{T}\right)^{N/2 - n/4} (1 + O(e^{-cT})). \tag{6.26}$$

特别地, 当 $T > 0$ 充分大时 $P_{\infty,T}$ 为同构.

证明   取 $x \in \text{zero}(\nabla f), s = W^u(x)^*$.

由式 (6.23) 和 (6.24), 得

$$P_{\infty,T} e_T s = \sum_{\substack{y \in \text{zero}(\nabla f) \\ n_f(y) = n_f(x)}} e^{Tf(y)} W^u(y)^* \int_{\overline{W^u(y)}} e^{T(f-f(y))} e_T s. \tag{6.27}$$

显然, 对于任意 $y \in \text{zero}(\nabla f)$, 在 $\overline{W^u(y)}$ 上有

$$f - f(y) \leqslant 0. \tag{6.28}$$

由性质 6.1(i) 知 $\overline{W^u(y)}$ 是具有**锥形奇点**的紧流形, 从而由定理 6.3 和式 (6.28) 可知, 若 $y \in \text{zero}(\nabla f)$ 满足 $n_f(y) = n_f(x)$, 则对某个 $c > 0$, 有

$$\int_{\overline{W^u(y)}} e^{T(f-f(y))} e_T s = \int_{\overline{W^u(y)}} e^{T(f-f(y))} J_T s + O\left(e^{-cT}\right). \tag{6.29}$$

因为 $J_T s$ 的支集包含在 U_x 内, 利用式 (5.17), (6.8), (6.12) 和 (6.29), 我们就有

$$\int_{\overline{W^u(x)}} e^{T(f-f(x))} e_T s = \left(\frac{\pi}{T}\right)^{n_f(x)/2-n/4} \left(1 + O\left(e^{-cT}\right)\right). \tag{6.30}$$

现在取 $y \in \text{zero}(\nabla f)$.

根据性质 6.1(ii) 我们知 $\overline{W^u(y)} \setminus W^u(y)$ 是满足 $n_f(y') < n_f(y)$ 的某些 $\overline{W^u(y')}$ 的并集. 因此对于 $y \in \text{zero}(\nabla f)$ 且 $y \neq x$, $n_f(y) = n_f(x)$, 我们有

$$x \notin \overline{W^u(y)}. \tag{6.31}$$

根据式 (5.17), (6.12) 和 (6.31), 我们得知存在 $c' > 0$, 使得若 $y \in \text{zero}(\nabla f)$ 满足 $y \neq x$ 且 $n_f(y) = n_f(x)$, 则在 $\overline{W^u(y)}$ 上有

$$J_T s = O\left(e^{-c'T}\right). \tag{6.32}$$

利用式 (6.28) 和 (6.32), 可知若 $y \in \text{zero}(\nabla f)$ 满足 $y \neq x$ 且 $n_f(y) = n_f(x)$, 则

$$\int_{\overline{W^u(y)}} e^{T(f-f(y))} J_T s = O\left(e^{-c'T}\right). \tag{6.33}$$

最后根据式 (6.27), (6.29), (6.30) 和 (6.33), 易得式 (6.26).

定理 6.4 的证明完成.   □

注记 6.1   前面所述结果的簇情形的推广见 Bismut 和 Goette 的文章 [BiG2].

6.5 定理 6.2 的一个解析证明

从上节中的式 (6.25) 我们已看到, 当 $T > 0$ 充分大时,

$$P_{\infty,T} : \left(F_{Tf}^{[0,1]}, d_{Tf} \right) \longrightarrow \left(C^*(W^u), \widetilde{\partial} \right)$$

为链同态. 从而其诱导了相应上同调群之间的一个同态:

$$P_{\infty,T}^H : H^* \left(F_{Tf}^{[0,1]}, d_{Tf} \right) \longrightarrow H^* \left(C^*(W^u), \widetilde{\partial} \right).$$

另一方面, 由定理 6.4, 当 $T > 0$ 充分大时, $P_{\infty,T}$ 为一同构. 再由式 (6.25) 还可以知道

$$P_{\infty,T}^{-1} : \left(C^*(W^u), \widetilde{\partial} \right) \longrightarrow \left(F_{Tf}^{[0,1]}, d_{Tf} \right)$$

也是一个链同态, 并诱导了上同调群之间的一个同态:

$$\left(P_{\infty,T}^{-1} \right)^H : H^* \left(C^*(W^u), \widetilde{\partial} \right) \longrightarrow H^* \left(F_{Tf}^{[0,1]}, d_{Tf} \right).$$

显然, $P_{\infty,T}^H$ 与 $\left(P_{\infty,T}^{-1} \right)^H$ 互为逆映射. 因此 $P_{\infty,T}$ 诱导了 $H^*(C^*(W^u), \widetilde{\partial})$ 与 $H^*(F_{Tf}^{[0,1]}, d_{Tf})$ 之间的一个保持 $\mathbf{Z}$-分次的典则同构.

最后由性质 5.3 和式 (6.24) 即得定理 6.2. $\qquad\qquad\square$

第七章 关于 Kervaire 半示性数的 Atiyah 定理

回忆在第四章, 我们利用 Witten 引进的形变 [Wi1] 证明了 Poincaré-Hopf 指标公式 (4.30). 现若将式 (4.30) 中的 V 变为 $-V$, 易知左边保持不变, 而右边将改变一个因子 $(-1)^{\dim M}$. 作为推论, 若 $\dim M$ 为奇数, 则 Euler 示性数 $\chi(M)$ 消失. 另一方面, Hopf 的一个定理 (参考 [St]) 表明若闭流形 M 的 Euler 示性数消失, 则在 M 上存在处处非零的向量场. 因此, 在奇数维闭流形上总存在一个处处非零的向量场.

在本章我们将讨论下述 Atiyah [At1] 关于在 $4q+1$ 维流形上存在两个处处线性无关向量场的可能性方面的一个结果.[1]

Atiyah 消灭定理　如果在 $4q+1$ 维定向闭流形上存在两个线性无关的向量场, 那么该流形的 Kervaire 半示性数为 0.

本章我们将说明 Atiyah 的上述结果同样可以采用类似于第四章介绍的 Witten 型形变方法来证明.

---

[1] Dupont [Du] 证明了在 $4q+3$ 维定向闭流形上总存在三个线性无关的向量场. 这是 Stiefel 在三维情形的经典结果的推广.

7.1　Kervaire 半示性数

令 M 为一 $4q+1$ 维定向光滑闭流形. M 的 **Kervaire 半示性数** $k(M)$ 是 $\mathbf{Z}_2$ 中的一个元素, 其定义为

$$k(M) \equiv \sum_{i=0}^{2q} \dim\left(H_{\mathrm{dR}}^{2i}(M;\mathbf{R})\right) \quad \mathrm{mod}\ 2\mathbf{Z}. \tag{7.1}$$

$k(M)$ 可视为 Euler 示性数在奇数维情形的一个 mod 2 类似. 特别地, 它有一个通过 Hodge 分解定理给出的解析解释.

首先我们描述由 Atiyah 和 Singer [AtS5] 给出的这个解析解释.

取 M 上的一个 Riemann 度量 g^{TM}. 令 $e_1, \cdots, e_{4q+1}$ 为 TM 的一个 (局部) 定向标准正交基.

我们将使用与第三、四章中介绍的关于 Clifford 作用等相关的记号.

定义 7.1　令 D_{Sig} 记**符号差算子**, 其定义为

$$D_{\mathrm{Sig}} = \widehat{c}(e_1)\cdots\widehat{c}(e_{4q+1})(d+d^*) : \Omega^{\mathrm{even}}(M) \to \Omega^{\mathrm{even}}(M). \tag{7.2}$$

显然, D_{Sig} 是确切定义的一个一阶椭圆微分算子. 进一步, 利用式 (3.49) 和 (4.12) 可直接证明 D_{Sig} 是反自伴的. 即, 对任意的 $s, s' \in \Omega^{\mathrm{even}}(M)$,

$$\langle D_{\mathrm{Sig}}s, s' \rangle = -\langle s, D_{\mathrm{Sig}}s' \rangle. \tag{7.3}$$

另一方面, 由作为 Hodge 分解定理的推论 4.1 以及式 (4.8), 有

$$\dim\left(\ker\left(D_{\mathrm{Sig}}\right)\right) = \sum_{i=0}^{2q} \dim\left(H_{\mathrm{dR}}^{2i}(M;\mathbf{R})\right). \tag{7.4}$$

对于任意反自伴椭圆微分算子 D, 依照 Atiyah 和 Singer [AtS5], 可定义 D 的一个 **mod 2 指标**, 其为 $\mathbf{Z}_2$ 中如下定义的元素:

$$\mathrm{ind}_2(D) \equiv \dim(\ker(D)) \quad \mathrm{mod}\ 2\mathbf{Z}. \tag{7.5}$$

进一步, Atiyah 和 Singer 还证明了 mod 2 指标是一同伦不变量. 即, 若 $D(u)$, $0 \leqslant u \leqslant 1$, 是闭流形上的反自伴椭圆微分算子光滑簇, 则在 $\mathbf{Z}_2$ 中有[①]

$$\mathrm{ind}_2\left(D(1)\right) = \mathrm{ind}_2\left(D(0)\right). \tag{7.6}$$

[①] 这可由一个简单事实得到, 即, 若有限维 Euclid 空间允许一个反自伴自同构, 则其维数为偶数.

根据式 (7.1), (7.4) 和 (7.5), 可得如下 Atiyah 和 Singer 关于 M 的 Kervaire 半示性数的解析解释:

$$k(M) = \mathrm{ind}_2(D_{\mathrm{Sig}}). \tag{7.7}$$

7.2 Atiyah 的原始证明

令 $V_1, V_2 \in \Gamma(TM)$ 是 M 上的两个光滑向量场. 我们假设它们在 M 上线性无关. 即, 对任意 $x \in M$, $V_1(x)$ 和 $V_2(x)$ 在 $T_x M$ 中线性无关. 在此条件下, 我们依照 Atiyah [At1] 证明在 $\mathbf{Z}_2$ 中有等式 $k(M) = 0$.

不失一般性, 我们选取 M 上的一个 Riemann 度量 g^{TM} 使得对任意 $x \in M$, $V_1(x)$ 和 $V_2(x)$ 相互正交, 并且 $V_1(x)$ 和 $V_2(x)$ 具有单位长度.

按照 [At1], 我们构造下面的微分算子

$$D' = \frac{1}{2}(D_{\mathrm{Sig}} + \widehat{c}(V_1)\widehat{c}(V_2)D_{\mathrm{Sig}}\widehat{c}(V_2)\widehat{c}(V_1)). \tag{7.8}$$

由式 (4.12) 和 (7.2), 有

$$D_{\mathrm{Sig}} = \widehat{c}(e_1)\cdots\widehat{c}(e_{4q+1})\sum_{i=1}^{4q+1} c(e_i)\nabla_{e_i}^{\Lambda^*(T^*M)}. \tag{7.9}$$

根据式 (3.49), (7.8) 和 (7.9), 直接得到

$$D' = D_{\mathrm{Sig}} + \frac{1}{2}\widehat{c}(e_1)\cdots\widehat{c}(e_{4q+1})\sum_{i=1}^{4q+1} c(e_i)\widehat{c}(V_1)\widehat{c}(\nabla_{e_i}^{TM}V_1)$$

$$+ \frac{1}{2}\widehat{c}(e_1)\cdots\widehat{c}(e_{4q+1})\sum_{i=1}^{4q+1} c(e_i)\widehat{c}(V_1)\widehat{c}(V_2)\widehat{c}(\nabla_{e_i}^{TM}V_2)\widehat{c}(V_1). \tag{7.10}$$

现由式 (7.10) 知 D' 是一个一阶椭圆微分算子. 另一方面, 由式 (3.49) 和 (7.8), 可直接验证 D' 是反自伴的. 因此, 再次利用式 (7.10), 可知对于任意 $u \in [0, 1]$,

$$D(u) = (1-u)D_{\mathrm{Sig}} + uD' \tag{7.11}$$

是椭圆的并且反自伴.

由式 (7.11) 和 **mod 2 指标**的同伦不变性, 得到

$$\mathrm{ind}_2(D_{\mathrm{Sig}}) = \mathrm{ind}_2(D'). \tag{7.12}$$

现在由我们关于 g^{TM} 的假设及式 (7.8), 直接可验证保持 $\Omega^{\mathrm{even}}(M)$ 的 Clifford 作用 $\widehat{c}(V_1)\widehat{c}(V_2)$ 与 D' 可交换. 因此 $\widehat{c}(V_1)\widehat{c}(V_2)$ 保持 D' 的核空间. 另一方面, 容易验证

$$(\widehat{c}(V_1)\widehat{c}(V_2))^2 = -1. \tag{7.13}$$

根据式 (7.13), $\widehat{c}(V_1)\widehat{c}(V_2)$ 决定了 $\ker(D')$ 上的一个复结构, 这意味着

$$\dim(\ker(D')) \equiv 0 \mod 2\mathbf{Z}. \tag{7.14}$$

根据式 (7.7), (7.12) 和 (7.14), 便得 $k(M)$ 的消灭性质.　　　□

注记 7.1　　另一方面, Atiyah [At1] 以及 Atiyah 和 Dupont [AtD] 证明了对于 $4q+1$ 维定向闭流形 M, 若 $k(M)$ 与 TM 的第 $4q$ 个 **Stiefel-Whitney** 类均消失[①], 则 M 上存在两个线性无关的向量场. 唐梓洲和张伟平 [TZ] 研究了相应结果到向量丛上的推广.

7.3　由 Witten 形变给出的证明

在本节, 我们利用 Witten 形变思想给出 Atiyah 消灭定理的另一证明.

我们首先给出 **Kervaire 半示性数** $k(M)$ 的另一解析解释.

令 g^{TM} 的选取同前一节.

本节我们记 $V = V_1$ 与 $X = V_2$.

定义 7.2 ([Z1])　　令算子 $D_V : \Omega^{\mathrm{even}}(M) \to \Omega^{\mathrm{even}}(M)$ 定义如下:

$$D_V = \frac{1}{2}(\widehat{c}(V)(d+d^*) - (d+d^*)\widehat{c}(V)). \tag{7.15}$$

D_V 显然是反自伴的.

另一方面, 利用式 (3.49) 和 (4.12), 可直接验证

$$D_V = \widehat{c}(V)(d+d^*) - \frac{1}{2}\sum_{i=1}^{4q+1} c(e_i)\widehat{c}(\nabla_{e_i}^{TM}V), \tag{7.16}$$

由此得知 D_V 也是一个一阶椭圆微分算子.

下面源自 [Z1] 的结果表明 D_V 的 mod 2 指标给出了 $k(M)$ 的另一解析解释.

[①] 向量丛的 Stiefel-Whitney 类的定义见 [MiS].

定理 7.1 下述 $\mathbf{Z}_2$ 中的等式成立:

$$\operatorname{ind}_2(D_V) = k(M). \tag{7.17}$$

证明 令椭圆微分算子 $D'' : \Omega^{\mathrm{even}}(M) \to \Omega^{\mathrm{even}}(M)$ 定义为

$$D'' = D_{\mathrm{Sig}} - \frac{1}{2}\widehat{c}(e_1)\cdots\widehat{c}(e_{4q+1})\widehat{c}(V)\sum_{i=1}^{4q+1} c(e_i)\widehat{c}(\nabla^{TM}_{e_i}V). \tag{7.18}$$

因 $V \in \Gamma(TM)$ 在 M 上具有单位长度, 故知对满足 $1 \leqslant i \leqslant 4q+1$ 的任意整数 i, 有

$$\langle V, \nabla^{TM}_{e_i}V \rangle = 0.$$

因此由式 (3.49) 得

$$\widehat{c}(V)\widehat{c}(\nabla^{TM}_{e_i}V) + \widehat{c}(\nabla^{TM}_{e_i}V)\widehat{c}(V) = 0. \tag{7.19}$$

根据式 (3.49), (7.3) 和 (7.19), 易证 D'' 亦是反自伴的. 因此, 由 mod 2 指标的同伦不变性, 有

$$\operatorname{ind}_2\left(D''\right) = \operatorname{ind}_2\left(D_{\mathrm{Sig}}\right). \tag{7.20}$$

另一方面, 由式 (3.49), (7.2), (7.16) 和 (7.18), 有

$$\begin{aligned}
&\ker(D'') \\
&= \ker\left(\widehat{c}(e_1)\cdots\widehat{c}(e_{4q+1})\left(d + d^* - \frac{1}{2}\widehat{c}(V)\sum_{i=1}^{4q+1} c(e_i)\widehat{c}(\nabla^{TM}_{e_i}V)\right)\right) \\
&= \ker\left(\widehat{c}(V)\left(d + d^* - \frac{1}{2}\widehat{c}(V)\sum_{i=1}^{4q+1} c(e_i)\widehat{c}(\nabla^{TM}_{e_i}V)\right)\right) \\
&= \ker(D_V). \tag{7.21}
\end{aligned}$$

从而由式 (7.5) 和 (7.21), 得

$$\operatorname{ind}_2(D'') = \operatorname{ind}_2(D_V). \tag{7.22}$$

现由式 (7.7), (7.20) 和 (7.22) 即得式 (7.17). $\qquad\square$

下面, 我们利用第二个向量场 X 给出 D_V 的一个形变.

定义 7.3 ([Z3])　　对任意 $T \in \mathbf{R}$, 令算子 $D_{V,T} : \Omega^{\text{even}}(M) \to \Omega^{\text{even}}(M)$ 定义为

$$D_{V,T} = D_V + T\widehat{c}(V)\widehat{c}(X). \tag{7.23}$$

注记 7.2　　因为 V 与 X 彼此正交, 由式 (3.49), (7.15) 和 (7.23), 也可将 $D_{V,T}$ 写成

$$D_{V,T} = \frac{1}{2}(\widehat{c}(V)(d + d^* + T\widehat{c}(X)) - (d + d^* + T\widehat{c}(X))\widehat{c}(V)). \tag{7.24}$$

从式 (4.17) 的角度, $D_{V,T}$ 可视为 D_V 的 Witten 型形变.

显然, $D_{V,T}$ 是椭圆且反自伴的.

根据定理 7.1 以及 mod 2 指标的同伦不变性, 得知对于任意 $T \in \mathbf{R}$,

$$\text{ind}_2(D_{V,T}) = \text{ind}_2(D_V) = k(M). \tag{7.25}$$

以下我们将通过研究当 $T \to \infty$ 时 $D_{V,T}$ 的行为来证明 $k(M)$ 的消灭性质.

为此我们首先建立算子 $-D_{V,T}^2$ 的一个 Bochner 型公式.

性质 7.1　　下述等式成立:

$$-D_{V,T}^2 = -D_V^2 + T \sum_{i=1}^{4q+1} (c(e_i)\widehat{c}(\nabla_{e_i}^{TM}X)$$
$$- \langle \nabla_{e_i}^{TM}X, V \rangle c(e_i)\widehat{c}(V)) + T^2|X|^2. \tag{7.26}$$

证明　　由式 (3.49), (7.16) 和 (7.23), 可将 $D_{V,T}$ 写成

$$D_{V,T} = \widehat{c}(V)\left(d + d^* - \frac{1}{2}\widehat{c}(V)\sum_{i=1}^{4q+1} c(e_i)\widehat{c}(\nabla_{e_i}^{TM}V) + T\widehat{c}(X)\right). \tag{7.27}$$

根据式 (3.49), (7.15) 和 (7.27), 得

$$-D_{V,T}^2 = \left(d + d^* - \frac{1}{2}\widehat{c}(V)\sum_{i=1}^{4q+1} c(e_i)\widehat{c}(\nabla_{e_i}^{TM}V) + T\widehat{c}(X)\right)^2$$
$$= -D_V^2 + T((d + d^*)\widehat{c}(X) + \widehat{c}(X)(d + d^*))$$
$$- T\sum_{i=1}^{4q+1} \langle \nabla_{e_i}^{TM}X, V \rangle c(e_i)\widehat{c}(V) + T^2|X|^2. \tag{7.28}$$

根据式 (7.28) 以及类似于式 (4.33) 的证明即得式 (7.26). 　　　　□

我们现在可以证明 Atiyah 消灭定理如下.

由假设在 M 上 $|X|=1$ 可容易看出存在 $T_0 > 0$, 使得当 $T \geqslant T_0$ 时,

$$T \sum_{i=1}^{4q+1} \left(c(e_i)\widehat{c}(\nabla_{e_i}^{TM}X) - \langle \nabla_{e_i}^{TM}X, V \rangle c(e_i)\widehat{c}(V) \right) + T^2|X|^2 > 0. \qquad (7.29)$$

另一方面, 由于 D_V 反自伴, 故 $-D_V^2$ 是一非负算子. 将此结果与式 (7.26) 和 (7.29) 结合起来, 可知当 $T \geqslant T_0$ 时, $-D_{V,T}^2$ 是一正算子, 这意味着

$$\ker(D_{V,T}) = \{0\}. \qquad (7.30)$$

根据式 (7.25), (7.30) 及 mod 2 指标的定义, 便可得到 $k(M)$ 的消灭性质.
□

7.4 $k(M)$ 的一个泛计数公式

前一节的证明有一个优点, 即, 从它出发可得到关于 $k(M)$ 的一个**泛计数公式**, 这与 Euler 示性数的 Poincaré-Hopf 公式类似.

下面我们就来叙述该计数公式. 为此, 我们需要先介绍该公式涉及的一些记号与概念. 首先, 由本章开始提到的 Hopf 的结果, 我们知道在 $4q+1$ 维定向光滑闭流形 M 上总存在 M 的处处非零的向量场 V.

记 $[V]$ 为 V 生成的一维向量丛.

我们考虑商丛 $TM/[V]$, 它是 M 上的一个秩为 $4q$ 的向量丛.

现取 $TM/[V]$ 的一个横截截面 X, 由微分拓扑的基本结果可知这样的截面总是存在的.

由于 $TM/[V]$ 的秩是 $4q$, 而 M 的维数为 $4q+1$, 可知 X 的零点集, 记为 $\mathrm{zero}(X)$, 由 M 的互不相交的一维闭子流形 (即圆周) 构成.

给定 $TM/[V]$ 上一个 Euclid 度量.

设 F 是 $\mathrm{zero}(X)$ 中的一个圆周. 则在 F 中的任意一点 $y \in F$ 处, 横截截面 X 自然诱导了 $TM/[V]$ 在 y 点的限制 $T_yM/[V_y]$ 上的一个自同态.

根据引理 4.1, 这个线性代数的结果可确定 $\Lambda^*((T_yM/[V_y])^*)$ 的一个一维子空间. 并且, 这些线性子空间构成了 F 上的一个实线丛, 记作 $o_F(X)$.

很显然, 作为 F 上的一个拓扑线丛, $o_F(X)$ 不依赖于 $TM/[V]$ 上的 Euclid 度量的选取.

我们定义 F 上的 mod 2 指标, 记作 $\mathrm{ind}_2(X,F)$, 为

$$\mathrm{ind}_2(X,F) = 1, \quad \text{若 } o_F(X) \text{ 在 } F \text{ 上可定向}, \qquad (7.31)$$

以及

$$\mathrm{ind}_2(X, F) = 0, \quad 若 \ o_F(X) \ 在 \ F \ 上不可定向. \tag{7.32}$$

我们现在可以陈述源自 [Z3] 的 $k(M)$ 的泛计数公式如下.

定理 7.2　下面 $\mathbf{Z}_2$ 中的恒等式成立:

$$k(\widetilde{M}) = \sum_{F \in \mathrm{zero}(X)} \mathrm{ind}_2(X, F). \tag{7.33}$$

定理 7.2 的证明的基本思路与第四章中关于 Poincaré-Hopf 公式的证明相同: 首先利用 Bochner 型公式 (7.26) 将所有一切局部化到 zero(X) 的充分小开邻域上, 然后通过在该小邻域上使用调和振子的性质来完成证明. 一个值得注意的区别是, 因 zero(X) 由圆周而不是孤立点构成, 调和振子的分析将处于 zero(X) 在 TM 中的法丛中, 而非整个切丛. 更多的细节可参考文章 [Z3].

注记 7.3　有趣的是 Euler 示性数可通过对向量场的孤立零点计数来计算 (参考式 (4.11)), 而这里的 Kervaire 半示性数则需要计数圆周.

注记 7.4　基于 Atiyah 的消灭定理, 唐梓洲 [T] 给出了定理 7.2 的一个更拓扑的证明.

7.5　$k(M)$ 的不可乘性

作为本章的结束, 我们应用定理 7.2 给出 Atiyah 和 Singer [AtS5] 关于 Kervaire 半示性数不可乘性结果的一个解析证明.

我们采用与前一节相同的假定和记号. 进一步在本节我们假设 M 的第一 $\mathbf{Z}_2$ 系数奇异上同调 $H^1(M, \mathbf{Z}_2)$ 非零.

取一个非零元 $\alpha \in \mathbf{Z}_2$. 令

$$\pi_\alpha : \widetilde{M}_\alpha \to M$$

为 α 确定的二重复叠.

令 $w_{4q}(TM) \in H^{4q}(M, \mathbf{Z}_2)$ 是 M 的切丛的第 $4q$ 个 Stiefel-Whitney 类. Atiyah 和 Singer 的**不可乘性定理**可叙述如下.

定理 7.3　下面 $\mathbf{Z}_2$ 中的恒等式成立:

$$k\left(\widetilde{M}_\alpha\right) = \langle \alpha \cdot w_{4q}(TM), [M] \rangle. \tag{7.34}$$

证明   注意到 V 是 M 上无处为零的向量场, 而 X 是 $TM/[V]$ 的一个横截截面, 令 $\widetilde{V} = \pi_\alpha^* V$ 与 $\widetilde{X} = \pi_\alpha^* X$ 分别是 V 和 X 在 $\widetilde{M}_\alpha$ 上的拉回向量场, 则 $\widetilde{X}$ 是 $T\widetilde{M}_\alpha/[\widetilde{V}]$ 的一个横截截面.

显然, $\widetilde{X}$ 的零点集 $\mathrm{zero}(\widetilde{X})$ 正是 $\pi_\alpha^{-1}(\mathrm{zero}(X))$.

令 L_α 是由 α 决定的 M 上的实线丛. 即, L_α 是 M 上满足 L_α 的第一 Stiefel-Whitney 类 $w_1(L_\alpha) \in H^1(M, \mathbf{Z}_2)$ 等于 α 的 (唯一) 线丛.

对于 $\mathrm{zero}(X)$ 中的任意连通分支 F, 即一个圆周, 关于 $\pi_\alpha^{-1}(F)$ 会出现两种可能性:

(i) 若 $L_\alpha|_F$ 可定向, 则 $\pi_\alpha^{-1}(F)$ 由两个不相交的圆周 $\widetilde{F}_1$ 和 $\widetilde{F}_2$ 构成. 并且拉回线丛 $\pi_\alpha^*(o_F(X))$ 在 $\widetilde{F}_1$ 和 $\widetilde{F}_2$ 上的限制具有相同的可定向性. 总之, 在这种情形有

$$\mathrm{ind}_2\left(\widetilde{X}, \pi_\alpha^{-1}(F)\right) = \mathrm{ind}_2\left(\widetilde{X}, \widetilde{F}_1\right) + \mathrm{ind}_2\left(\widetilde{X}, \widetilde{F}_2\right) = 0. \tag{7.35}$$

(ii) 若 $L_\alpha|_F$ 不可定向, 则 $\pi_\alpha^{-1}(F)$ 连通且

$$\pi_\alpha : \pi_\alpha^{-1}(F) \to F$$

是圆周之间的二重复叠映射. 在这种情形, $\pi_\alpha^*(o_F(X))$ 在 $\pi_\alpha^{-1}(F)$ 上可定向, 并且我们有

$$\mathrm{ind}_2\left(\widetilde{X}, \pi_\alpha^{-1}(F)\right) = 1. \tag{7.36}$$

根据式 (7.35), (7.36) 以及定理 7.2, 立即得到 $k(\widetilde{M}_\alpha)$ 等于 $\mathrm{zero}(X)$ 中那些满足 L_α 限制在其上不可定向的连通分支个数的模 2 值.

现由基本的**阻碍理论** (参考 [MiS]), $[\mathrm{zero}(X)] \in H_{4q}(M, \mathbf{Z}_2)$ 与 $w_{4q}(TM)$ 对偶, 最终得到

$$k\left(\widetilde{M}_\alpha\right) = \sum_{F \in \mathrm{zero}(X)} \langle w_1(L_\alpha|_F), [F]\rangle = \langle \alpha \cdot w_{4q}(TM), [M]\rangle.$$

这正是式 (7.34).

定理 7.3 的证明结束. □

如同 Atiyah 和 Singer 在 [AtS5] 中所指出的那样, 定理 7.3 表明 Kervaire 半示性数是一个精细的不变量. 与 Euler 示性数不同, 它没有直接的微分几何解释.

第八章 Hodge 定理的热方程证明

在第四章中对于闭、定向 Riemann 流形 (M, g^{TM}), 我们定义了作用在其外微分形式空间 $\Omega^*(M)$ 上的 Laplace 算子, 并叙述了相应的 Hodge 定理.

Hodge 定理是流形上整体分析的基本定理. 该定理在 1935 年由 Hodge 得到. 其完整证明是 H. Weyl 在 1940 年给出的. Hodge 定理的一个基本而重要的应用是, 在 M 的每个 de Rham 上同调类中, 决定了 (唯一) 一个调和形式的代表元. 关于 Hodge 定理在 Riemann 几何等方面的应用, 可参见伍鸿熙的文章 [Wu]. 另外, 伍鸿熙等人的著作 [WuC], [WuCL] 还对 Hodge 定理做了非常精彩的评述, 很值得一读. Hodge 定理有多种不同的证明 (参见 [MR], [WuC], [BGV], [Y2] 及 [Y3] 等).

本章我们将介绍 Hodge 定理的一个基于热核方法的证明. 这里我们主要参考虞言林的著作 [Y2], [Y3]. 首先, 我们对流形上一类广义 Laplace 型算子给出其热核的定义; 并在承认热核存在性的前提下, 讨论其基本性质, 并给出 Hodge 定理的热核方法的证明. 作为一个附产品, 我们还将给出 Riemann 流形上热方程的 Cauchy 问题的解的存在、唯一、正则性定理. 最后, 在本章的第二节, 我们给出热核存在性的证明及热核的渐近展开定理. 本章我们采用与第四章相同的记号与约定.

8.1 Laplace 算子的热核及其基本性质

我们首先回顾 n 维标准 Euclid 空间 $(\mathbf{R}^n, x = (x^1, \cdots, x^n))$ 上的 (函数) Laplace 算子及其热核的定义. 在此情形容易看出, 当其作用在光滑函数空

间 $C^\infty(\mathbf{R}^n)$ 上时, 第四章式 (4.5) 定义的算子即为大家熟知的 Laplace 算子:

$$\Box = -\sum_{i=1}^{n} \left(\frac{\partial}{\partial x^i} \right)^2. \tag{8.1}$$

此时 $\mathbf{R}^n$ 上相应的**热方程**为

$$\left(\frac{\partial}{\partial t} + \Box \right) u(t, x) = 0. \tag{8.2}$$

令

$$p_t(x, y) = \frac{1}{(4\pi t)^{n/2}} e^{-\frac{|x-y|^2}{4t}}. \tag{8.3}$$

显然, 函数 $p_t(x, y)$ 关于 $t > 0$ 及 $x, y \in \mathbf{R}^n$ 光滑. 容易验证 $p_t(x, y)$ 满足热方程 (8.2), 且当 $t \to 0^+$ 时, $p_t(x, y)$ 收敛到 $\mathbf{R}^n \times \mathbf{R}^n$ 上的 $\delta_{(x,y)}$-分布, 即对于 $\mathbf{R}^n$ 上任意有界光滑函数 φ, 有

$$\lim_{t \to 0^+} \int_{\mathbf{R}^n} p_t(x, y)\varphi(y)dy = \varphi(x), \tag{8.4}$$

其中 dy 表示 $\mathbf{R}^n$ 的标准体积元. 事实上还可证明这样的函数 $p_t(x, y)$ 是唯一的. 函数 $p_t(x, y)$ 称为 $\mathbf{R}^n$ 上的 Laplace 算子 (8.1) 的**热核** (或热方程 (8.2) 的**基本解**).

令 $L^2(\mathbf{R}^n)$ 表示 $\mathbf{R}^n$ 上 Lebesgue 平方可积的函数空间. 对任意的 $t > 0$, 以 $p_t(x, y)$ 为积分核, 可定义 (一簇) 积分算子 $e^{-t\Box} : L^2(\mathbf{R}^n) \to L^2(\mathbf{R}^n)$ 如下:

$$(e^{-t\Box}\phi)(x) = \int_{\mathbf{R}^n} p_t(x, y)\phi(y)dy, \forall \phi \in L^2(\mathbf{R}^n). \tag{8.5}$$

由热方程的基本知识, 我们知道关于 $t > 0$, $x \in \mathbf{R}^n$ 的任意有界连续函数 $\phi(x)$ 及 $f(t, x)$, 如下关于热方程的 **Cauchy 问题**

$$\begin{cases} \left(\dfrac{\partial}{\partial t} + \Box \right) u(t, x) = f(t, x), \\ \lim\limits_{t \to 0^+} u(t, x) = \varphi(x) \end{cases} \tag{8.6}$$

有唯一 (经典) 解:

$$u(t, x) = (e^{-t\Box}\varphi)(x) + \int_0^t \left(e^{-(t-\tau)\Box} f(\tau, \cdot) \right)(x)d\tau. \tag{8.7}$$

现在我们考虑流形上一般的 Laplace 算子的情形. 设 (M, g^{TM}) 是一 n 维闭、定向 Riemann 流形. 设 $E \to M$ 是 M 上一个 **Hermite 向量丛**, h^E 是其

上的一个 Hermite 度量. 从而在 E 的光滑截面空间 $\Gamma(E)$ 上有一自然的 L^2-内积: 对任意的 $s_1, s_2 \in \Gamma(E)$,

$$\langle s_1, s_2 \rangle := \int_M (s_1(x), s_2(x)) dv_M(x), \tag{8.8}$$

这里 $(s_1(x), s_2(x)) := h^E(s_1(x), s_2(x))$, $dv_M(x)$ 表示 (M, g^{TM}) 的 Riemann 体积元. 我们用 $\overline{\Gamma(E)}$ 表示 $\Gamma(E)$ 关于上述内积的 L^2-完备化空间. 此时, $(\overline{\Gamma(E)}, \langle \cdot, \cdot \rangle)$ 成为**一可分 Hilbert 空间**[①].

设 ∇^E 是 E 上的一个 **Hermite 联络**, 即联络 ∇^E 保持 Hermite 度量 h^E. 则在 E 的光滑截面空间 $\Gamma(E)$ 上可定义如下的 **Laplace-Beltrami 算子** (也称为 Bochner Laplacian):

$$\Delta_0^E = \sum_{i=1}^n \left(\nabla_{e_i}^E \nabla_{e_i}^E - \nabla_{\nabla_{e_i}^{TM} e_i}^E \right) : \Gamma(E) \to \Gamma(E), \tag{8.9}$$

其中, ∇^{TM} 是 M 上的 Levi-Civita 联络, $\{e_1, e_2, \cdots, e_n\}$ 是 TM 的任一局部标准正交基. 易证算子 Δ_0^E 的定义与局部标准正交基 $\{e_1, e_2, \cdots, e_n\}$ 的选取无关. 由于 ∇^E 是一 Hermite 联络, 容易验证算子 Δ_0^E 关于 $\Gamma(E)$ 上的 L^2-内积 (8.8) **形式自伴** (证明参见附录 A 中的性质 A.1).

任给 $F \in \Gamma(\mathrm{End}(E))$, 我们就有 $\Gamma(E)$ 上的一个二阶椭圆算子:

$$H = -\Delta_0^E + F : \Gamma(E) \to \Gamma(E). \tag{8.10}$$

我们称 H 为流形 M 上的一个**广义 Laplace 型算子**. 若 F 关于 h^E 还是自伴的, 则二阶椭圆算子 $H = -\Delta_0^E + F$ 形式自伴. 此时我们称 H 为一个 **Laplace 型算子**. 由第四章证明的 Weitzenböck 公式 (4.14) 及算子 $-\Delta_0^{\Lambda^*(T^*M)}$ 形式自伴知, 作用在外微分形式空间 $\Omega^*(M)$ 上的 Laplace 算子 $\square = (d + d^*)^2$ 是一个 Laplace 型算子. 另外, 由于 M 是紧的, 作为 $\Gamma(E)$ 上的零阶算子, F 是一有界算子. 注意到 $-\Delta_0^E$ 还是一个非负的椭圆算子, 我们得知广义 Laplace 型算子 $H = -\Delta_0^E + F$ 是下有界的.

类似于 $\mathbf{R}^n$ 的情形, 我们可以定义联系于广义 Laplace 型算子 H 的热方程:

$$\left(\frac{\partial}{\partial t} + H \right) u(t, x) = 0. \tag{8.11}$$

我们期望在此情形也有一个起同样作用的热核概念.

[①] 这里可分的意思是指该 Hilbert 空间有一可数截面基.

定义 8.1　设有连续线性映射簇

$$p_t(x,y) : E_y \to E_x, (t,x,y) \in (0,\infty) \times M \times M,$$

关于 $t \in (0,\infty), x \in M$ 分别为一次及二次连续可微, 且满足

(i) 对于任意 $y \in M$ 及任意的 $v \in E_y$, 截面 (簇) $p_t(\cdot,y)v$ 满足

$$\left(\frac{\partial}{\partial t} + H \right)(p_t(x,y)v) = 0;$$

(ii) 对于任意的 $\phi \in \Gamma(E)$, 极限

$$\lim_{t \to 0^+} \int_M p_t(x,y)\phi(y)dv_M(y) = \phi(x)$$

依 E 上的范数 $|\cdot|$ 一致收敛.

我们称连续线性映射簇 $p_t(x,y)$ 为广义 Laplace 型算子 H 的一个**热核**.

流形上广义 Laplace 型算子 H 的热核存在性及其正则性的证明较复杂. 为保持本节的简洁性, 在此我们先叙述热核的存在与正则性定理, 而将其证明留待本章下一节.

定理 8.1 (热核的存在与正则性)　设 M 为一闭、定向 Riemann 流形, H 是 M 上的一个广义 Laplace 型算子. 则 H 的热核 $p_t(x,y)$ 存在, 且 $p_t(x,y)$ 关于 $t > 0$ 及 $x,y \in M$ 还是 C^∞ 的.

下面我们给出热核的唯一性定理及其证明.

定理 8.2 (热核的唯一性)　令 H^* 记广义 Laplace 型算子 H 的形式伴随. 若 H^* 存在一个热核 $p_t^*(x,y)$, 则 H 的热核 $p_t(x,y)$ 是唯一的.

证明　设 $\widetilde{p}_t(x,y)$ 是定义 8.1 意义下的另一热核. 记 $q_t(x,y) = p_t(x,y) - \widetilde{p}_t(x,y)$. 对于任意光滑截面 $\phi \in \Gamma(E)$ 及 $t > 0$, 令

$$s(t,x) := \int_M q_t(x,y)\phi(y)dv_M(y).$$

由定义 8.1 中的 (ii) 知, 极限

$$\lim_{t \to 0^+} s(t,x) = 0 \tag{8.12}$$

关于 $x \in M$ 一致收敛.

现在我们只需证明: 对于任意光滑截面 $\varphi \in \Gamma(E)$ 及 $t > 0$, 有

$$\langle s(t,\cdot),\varphi\rangle = \left\langle \int_M q_t(\cdot,y)\phi(y)dv_M(y),\varphi\right\rangle = 0.$$

对于任意给定的 $\varphi \in \Gamma(E)$ 及 $t > \tau > 0$, 令

$$u(\tau,x) := \int_M p_\tau^*(x,y)\varphi(y)dv_M(y), f(\tau) = \langle s(t-\tau,x),u(\tau,x)\rangle. \tag{8.13}$$

由定义 8.1 易见, $s(t-\tau,x),u(\tau,x)$ 关于 $\tau \in (0,t)$ 及 $x \in M$ 分别为一次及二次连续可微. 故有

$$\frac{df}{d\tau} = \left\langle \frac{\partial}{\partial \tau}s(t-\tau,x),u(\tau,x)\right\rangle + \left\langle s(t-\tau,x),\frac{\partial}{\partial \tau}u(\tau,x)\right\rangle$$

$$= \langle Hs(t-\tau,x),u(\tau,x)\rangle - \langle s(t-\tau,x),H^*u(\tau,x)\rangle$$

$$= \langle Hs(t-\tau,x),u(\tau,x)\rangle - \langle Hs(t-\tau,x),u(\tau,x)\rangle$$

$$= 0.$$

从而, 函数 $f(\tau)$ 在区间 $(0,t)$ 上是一常值函数. 由此及定义 8.1 之 (ii) 和式 (8.12), 我们有

$$\langle s(t,\cdot),\varphi\rangle = \lim_{\tau \to 0^+} \langle s(t-\tau,\cdot),u(\tau,\cdot)\rangle$$

$$= \lim_{\tau \to t^-} \langle s(t-\tau,\cdot),u(\tau,\cdot)\rangle$$

$$= 0.$$

定理得证. □

由热核的存在与正则性定理, 以及热核唯一性的证明过程, 不难有如下推论:

推论 8.1 对于任意 $t > 0$ 及 $\varphi,\phi \in \Gamma(E)$, 热方程 (8.11) 的下述特殊 Cauchy 问题

$$\begin{cases} \left(\dfrac{\partial}{\partial t} + H\right)u(t,x) = \varphi(x), t > 0, \\ \lim_{t \to 0^+} u(t,x) = \phi(x) \end{cases} \tag{8.14}$$

存在唯一光滑解:

$$u(t,x) = \int_M p_t(x,y)\phi(y)dv_M(y) + \int_0^t d\tau \int_M p_{t-\tau}(x,y)\varphi(y)dv_M(y). \tag{8.15}$$

证明　解的唯一性证明完全类似于上面关于热核的唯一性证明. 另外通过仔细检查求导与积分的交换性, 易证由式 (8.15) 定义的 $u(t,x)$ 是特殊 Cauchy 问题 (8.14) 的一个光滑解. □

注记 8.1　容易验证, 当推论 8.1 的初值 $\phi \in \overline{\Gamma(E)}$ 时, 由式 (8.15) 定义的 $u_t(x,y)$ 仍是满足方程的一个光滑解, 且当 $t \to 0^+$ 时, $u_t(x,y)$ 在 $\overline{\Gamma(E)}$ 中依 L^2-范数收敛到 ϕ. 特别地, 这样的解是唯一的.

由上述推论 8.1 及注记 8.1, 立即得到如下著名的 **Weyl 引理**:

推论 8.2 (Weyl 引理)　设 H 是一 Laplace 型算子. 对于任意 $\lambda \in \mathbf{R}$, 若 $\phi \in \overline{\Gamma(E)}$ 是下列方程

$$H\phi = \lambda\phi \tag{8.16}$$

的一个解, 则 ϕ 光滑, 即 $\phi \in \Gamma(E)$.

证明　易见 $H - \lambda$ 是一 Laplace 型算子. 若 $\phi \in \overline{\Gamma(E)}$ 是方程 (8.16) 的解, 则 ϕ 也是下列特殊 Cauchy 问题

$$\begin{cases} \left(\dfrac{\partial}{\partial t} + (H-\lambda)\right) u(t,x) = 0, \ t > 0, \\ \lim_{t\to 0^+} u(t,x) = \phi(x) \end{cases} \tag{8.17}$$

的一个解. 由推论 8.1 及注记 8.1 即得 $\phi \in \Gamma(E)$. □

类似于式 (8.5) 并由注记 8.1, 我们可定义一簇积分算子 (有时也称为广义 Laplace 型算子 H 的**热算子**)

$$\begin{cases} e^{-tH} : \overline{\Gamma(E)} \to \Gamma(E) \subset \overline{\Gamma(E)}, t > 0, \\ \left(e^{-tH}\phi\right)(x) := \int_M p_t(x,y)\phi(y)dv_M(y), \forall \phi \in \overline{\Gamma(E)}. \end{cases} \tag{8.18}$$

我们约定当 $t = 0$ 时, $e^{-tH} = \mathrm{id}_{\overline{\Gamma(E)}}$.

定理 8.3　对于任意 $t > 0$, 算子 e^{-tH} 是 $\overline{\Gamma(E)}$ 上一紧算子, 即算子 e^{-tH} 将 $\overline{\Gamma(E)}$ 中的有界集映为列紧集. 进一步, 算子簇 $\{e^{-tH} \,|\, t \geqslant 0\}$ 在复合运算下构成一交换半群, 即对于任意的 $t_1, t_2 \in [0,\infty)$, 有

$$e^{-t_1 H} e^{-t_2 H} = e^{-(t_1+t_2)H}. \tag{8.19}$$

特别地, 若 H 形式自伴, 即 H 是一 Laplace 型算子, 则对于任意 $t > 0$, 算子 e^{-tH} 是自伴的.

证明   对于任意的 $t > 0$, 由于算子 e^{-tH} 有一光滑的积分核 (热核) $p_t(x, y)$, 从而由著名的 Arzela-Ascoli 定理 (见 [X] 第四章定理 6) 易证 e^{-tH} 是一紧算子. 再由 Cauchy 问题 (8.14) 解的唯一性, 可知当限制在 $\Gamma(E)$ 上时, 算子簇 $\{e^{-tH} | t \geq 0\}$ 有半群性质. 再由 $\Gamma(E)$ 在 $\overline{\Gamma(E)}$ 中稠密即知在 $\overline{\Gamma(E)}$ 上, $\{e^{-tH} | t \geq 0\}$ 是一**紧算子半群**.

现对每个 $t > 0$ 及任意固定的 $\phi, \varphi \in \Gamma(E)$, 定义函数

$$f(\tau) = \left\langle e^{-(t-\tau)H}\phi, e^{-\tau H^*}\varphi \right\rangle, \tau \in (0, t).$$

显然, $f(\tau)$ 关于 τ 连续可微. 我们有

$$\begin{aligned}
\frac{\partial f}{\partial \tau} &= \frac{\partial}{\partial \tau} \left\langle e^{-(t-\tau)H}\phi, e^{-\tau H^*}\varphi \right\rangle \\
&= \left\langle \frac{\partial}{\partial \tau} e^{-(t-\tau)H}\phi, e^{-\tau H^*}\varphi \right\rangle + \left\langle e^{-(t-\tau)H}\phi, \frac{\partial}{\partial \tau} e^{-\tau H^*}\varphi \right\rangle \\
&= \left\langle H(e^{-(t-\tau)H}\phi), e^{-\tau H^*}\varphi \right\rangle - \left\langle e^{-(t-\tau)H}\phi, H^*(e^{-\tau H^*}\varphi) \right\rangle \\
&= 0,
\end{aligned}$$

从而在区间 $(0, t)$ 上, $f(\tau)$ 是一常值函数. 注意到

$$\lim_{\tau \to 0^+} f(\tau) = \left\langle e^{-tH}\phi, \varphi \right\rangle, \quad \lim_{\tau \to t^-} f(\tau) = \left\langle \phi, e^{-tH^*}\varphi \right\rangle,$$

我们有

$$\left\langle e^{-tH}\phi, \varphi \right\rangle = \left\langle \phi, e^{-tH^*}\varphi \right\rangle. \tag{8.20}$$

由上式易得

$$(p_t(x, y)\phi(y), \varphi(x)) = (\phi(y), p_t^*(y, x)\varphi(x)), \tag{8.21}$$

即有

$$(p_t(x, y))^* = p_t^*(y, x). \tag{8.22}$$

特别, 当 H 形式自伴时, 式 (8.20) 与 (8.22) 分别变为

$$\left\langle e^{-tH}\phi, \varphi \right\rangle = \left\langle \phi, e^{-tH}\varphi \right\rangle, \tag{8.23}$$

$$(p_t(x, y))^* = p_t(y, x). \tag{8.24}$$

再由算子 e^{-tH} 有界, 得知上述等式在 $\overline{\Gamma(E)}$ 上亦成立, 从而在此情形, 算子 e^{-tH} 自伴. $\square$

在本节下述部分我们假设 H 是一 Laplace 型算子.

根据 Hilbert 空间上自伴紧算子**谱的结构定理** (参见 [X] 第六章定理 8) 知, 对于每个 $t > 0$, 算子 e^{-tH} 的**谱集** $\sigma(t) = \sigma_p(t) \bigcup \{0\} \subset \mathbb{R}$, 其中 $\sigma_p(t)$ 记 e^{-tH} 的点谱集. 特别地, 0 是点集 $\sigma_p(t)$ 仅有的聚点. 对任意固定的 $t_0 > 0$, 设 $\lambda(t_0) \in \mathbb{R}$ 是 $e^{-t_0 H}$ 的任一非零特征值, 则其对应的特征子空间 $V_{\lambda(t_0)}$ 是有限维的. 由注记 8.1, 我们还有 $V_{\lambda(t_0)} \subset \Gamma(E)$.

注意到

$$e^{-tH} e^{-t_0 H} = e^{-t_0 H} e^{-tH},$$

从而 $V_{\lambda(t_0)}$ 是算子簇 e^{-tH} 的 (有限维) 公共不变子空间. 由此即知存在幺模向量 $\phi \in V_{\lambda(t_0)}$, 使得

$$e^{-tH} \phi = \lambda(t) \phi, \tag{8.25}$$

这里 $\lambda(t)$ 记相应的特征值. 特别地, 函数 $\lambda(t) = \langle e^{-tH} \phi, \phi \rangle$ 在开区间 $(0, +\infty)$ 上连续, 且对于任意的 $s, t > 0$, 有

$$\lambda(t + s) = \lambda(t) \lambda(s).$$

从而

$$\lambda(t) = e^{-t\lambda}, \quad \lambda = -\frac{1}{t_0} \log\left(\lambda(t_0)\right) = -\frac{1}{t_0} \log\left(\lambda\left(\frac{t_0}{2}\right)^2\right),$$

即 e^{-tH} 的非零特征值具有形式 $e^{-t\lambda}$.

注意到

$$0 = \left(\frac{\partial}{\partial t} + H\right)\left(e^{-tH} \phi\right) = \left(\frac{\partial}{\partial t} + H\right)\left(e^{-t\lambda} \phi\right) = \left(-\lambda \phi + H \phi\right) e^{-t\lambda},$$

我们还有

$$H\phi = \lambda \phi, \tag{8.26}$$

即 λ 是 Laplace 型算子 H 的一个特征值, 而 $\phi \in \Gamma(E)$ 是属于特征值 λ 的一个特征向量.

由上述讨论可知, 存在下有界的可数实数序列 $\lambda_1 \leqslant \lambda_2 \leqslant \cdots$, 及相互正交的一维特征子空间序列 $V_1, V_2, \cdots \subset \Gamma(E)$, 使得

$$e^{-tH}|_{V_i} = e^{-t\lambda_i}, \quad H|_{V_i} = \lambda_i. \tag{8.27}$$

现对每个 $i \geqslant 1$, 取定一个单位长特征向量 $\phi_i \in V_i \subset \Gamma(E)$, 则 $\phi_1, \phi_2, \cdots$ 是 Hilbert 空间 $\overline{\Gamma(E)}$ 中的一个单位正交向量组. 从而 (参见 [X] 第六章定理 8) 得知 $\phi_1, \phi_2, \cdots$ 是 $\overline{\Gamma(E)}$ 中的一组标准正交基, 且有

$$H\phi_i = \lambda_i \phi_i, \quad e^{-tH}\phi_i = e^{-t\lambda_i}\phi_i, \forall t > 0, \tag{8.28}$$

$$\phi = \sum_i \langle \phi, \phi_i \rangle \phi_i, \quad e^{-tH}\phi = \sum_i \langle \phi, \phi_i \rangle e^{-t\lambda_i}\phi_i, \quad \forall \phi \in \overline{\Gamma(E)}. \tag{8.29}$$

对于任意 $x \in M$, 我们用 $\{e_1(x), \cdots, e_{\mathrm{rk}(E)}(x)\}$ 表示纤维 E_x 的一组单位西正基. 易证对于任意 $t > 0$, 函数

$$|p_t(x,y)|^2 := \sum_{\alpha,\beta=1}^{\mathrm{rk}(E)} |\left(p_t(x,y)e_\alpha(y), e_\beta(x)\right)|^2 = \sum_{\alpha=1}^{\mathrm{rk}(E)} |p_t(x,y)e_\alpha(y)|^2 \tag{8.30}$$

与 E_x 及 E_y 上的单位西正基的选取无关, 且是 $M \times M$ 上的一个光滑函数.

我们有如下定理:

定理 8.4 对于任意 $t > 0$, e^{-tH} 是一迹算子, 即[①]

$$\mathrm{Tr}\left[e^{-tH}\right] = \sum_{i=1}^{\infty} e^{-t\lambda_i} < \infty. \tag{8.31}$$

进而还有,

$$\mathrm{Tr}\left[e^{-tH}\right] = \int_M \mathrm{tr}\left[p_t(x,x)\right] dv_M(x). \tag{8.32}$$

证明 对于任意正整数 i, 令

$$f_i(t, y, v) := \langle p_t(\cdot, y)v, \phi_i \rangle = \int_M \left(p_t(x,y)v, \phi_i(x)\right) dv_M(x), \tag{8.33}$$

其中 ϕ_i 是由式 (8.28) 确定的 H 的单位长特征向量. 从而由式 (8.24), 有

$$\begin{aligned}
\lim_{t \to 0^+} f(t, y, v) &= \lim_{t \to 0^+} \int_M \left(p_t(x,y)v, \phi_i(x)\right) dv_M(x) \\
&= \lim_{t \to 0^+} \int_M \left(v, p_t(y,x)\phi_i(x)\right) dv_M(x) \\
&= \left(v, \phi_i(y)\right).
\end{aligned} \tag{8.34}$$

---

① 这里我们用 Tr 记一个算子的迹, 而用 tr 记一个丛线性映射逐纤维求迹.

又因为

$$
\begin{aligned}
\frac{\partial}{\partial t} f_i(t, y, v) &= \frac{\partial}{\partial t} \int_M (p_t(x, y)v, \phi_i(x)) dv_M(x) \\
&= \int_M \left(\frac{\partial}{\partial t} (p_t(x, y)v), \phi_i(x) \right) dv_M(x) \\
&= \int_M (-H_x(p_t(x, y)v), \phi_i(x)) dv_M(x) \\
&= - \int_M (p_t(x, y)v, H_x \phi_i(x)) dv_M(x) \\
&= -\lambda_i \int_M (p_t(x, y)v, \phi_i(x)) dv_M(x) \\
&= -\lambda_i f_i(t, y, v),
\end{aligned}
\tag{8.35}
$$

其中记号 H_x 表示算子 H 对其后截面中的相应变量求导 (下同). 现由式 (8.34) 及 (8.35) 即得

$$
e^{-\lambda_i t}(v, \phi_i(y)) = f_i(t, y, v) = \int_M (p_t(x, y)v, \phi_i(x)) dv_M(x).
\tag{8.36}
$$

现在, 对于任意 $t > 0$ 及 $v \in E_y$, 由 Hilbert 空间的 Parseval 等式得

$$
\int_M \left| p_{t/2}(x, y)v \right|^2 dv_M(x) = \sum_{i=1}^{\infty} \left| \int_M \left(p_{t/2}(x, y)v, \phi_i(x) \right) dv_M(x) \right|^2.
\tag{8.37}
$$

再由式 (8.36) 和 (8.37), 有

$$
\int_M \left| p_{t/2}(x, y)v \right|^2 dv_M(x) = \sum_{i=1}^{\infty} e^{-t\lambda_i} |(v, \phi_i(y))|^2.
\tag{8.38}
$$

在上式中取 $v = e_\alpha(y)$ 并对 α 求和得

$$
\begin{aligned}
\sum_{\alpha=1}^{\mathrm{rk}(E)} \int_M \left| p_{t/2}(x, y)e_\alpha(y) \right|^2 dv_M(x) &= \sum_{\alpha=1}^{\mathrm{rk}(E)} \sum_{i=1}^{\infty} e^{-t\lambda_i} |(e_\alpha(y), \phi_i(y))|^2 \\
&= \sum_{i=1}^{\infty} e^{-t\lambda_i} \sum_{\alpha=1}^{\mathrm{rk}(E)} |(e_\alpha(y), \phi_i(y))|^2 \\
&= \sum_{i=1}^{\infty} e^{-t\lambda_i} (\phi_i(y), \phi_i(y)).
\end{aligned}
$$

由上式及式 (8.30), 我们有

$$
\int_M \left| p_{t/2}(x, y) \right|^2 dv_M(x) = \sum_{i=1}^{\infty} e^{-t\lambda_i} (\phi_i(y), \phi_i(y)).
\tag{8.39}
$$

注意到式 (8.39) 对 $y \in M$ 点点成立, 从而由 Lebesgue 控制收敛定理就有

$$+\infty > \int_{M \times M} \left| p_{t/2}(x,y) \right|^2 dv_M(x) dv_M(y) = \sum_{i=1}^{\infty} e^{-t\lambda_i}. \tag{8.40}$$

由此式即得 (8.31).

进一步, 由如下引理中的式 (8.43) 及式 (8.40) 和 (8.31), 立得定理 8.4 中的式 (8.32) (参见如下引理证明中的最后一段). □

引理 8.1 对于任意 $t > 0$ 及 $x, y \in M$, 我们有

$$p_t(x,y) = \int_M p_{t/2}(x,z) p_{t/2}(z,y) dv_M(z). \tag{8.41}$$

特别地, 在 $M \times M$ 的对角线上下式成立:

$$p_t(x,x) = \int_M p_{t/2}(x,y) p_{t/2}(y,x) dv_M(y), \tag{8.42}$$

及

$$\mathrm{tr}\, [p_t(x,x)] = \int_{M \times M} \left| p_{t/2}(x,y) \right|^2 dv_M(x) dv_M(y). \tag{8.43}$$

证明 对于任意 $\phi \in \Gamma(E)$, 由紧算子 e^{-tH} 的半群性质 (8.19), 我们有

$$(e^{-tH}\phi)(x) = (e^{-\frac{t}{2}H} e^{-\frac{t}{2}H}\phi)(x), \tag{8.44}$$

或等价地,

$$\int_M p_t(x,y)\phi(y)dv_M(y)$$
$$= \int_{M \times M} p_{t/2}(x,z) p_{t/2}(z,y)\phi(y)dv_M(y)dv_M(z)$$
$$= \int_M \left(\int_M p_{t/2}(x,z) p_{t/2}(z,y) dv_M(z) \right) \phi(y)dv_M(y). \tag{8.45}$$

由此即得

$$p_t(x,y) = \int_M p_{t/2}(x,z) p_{t/2}(z,y) dv_M(z).$$

在上式中令 $x = y$ 即得

$$p_t(x,x) = \int_M p_{t/2}(x,z) p_{t/2}(z,x) dv_M(z)$$
$$= \int_M p_{t/2}(x,y) p_{t/2}(y,x) dv_M(y).$$

进而在上式两边取迹, 就有

$$\mathrm{tr}\,[p_t(x,x)] = \int_M \mathrm{tr}\,\left[p_{t/2}(x,y)p_{t/2}(y,x)\right] dv_M(y)$$

$$= \int_M \sum_{\alpha=1}^{\mathrm{rk}(E)} \left(p_{t/2}(x,y)p_{t/2}(y,x)e_\alpha(x), e_\alpha(x)\right) dv_M(y)$$

$$= \sum_{\alpha=1}^{\mathrm{rk}(E)} \int_M \left(p_{t/2}(y,x)e_\alpha(x), p_{t/2}(y,x)e_\alpha(x)\right) dv_M(y)$$

$$= \sum_{\alpha=1}^{\mathrm{rk}(E)} \int_M \left|p_{t/2}(y,x)e_\alpha(x)\right|^2 dv_M(y)$$

$$= \int_M \left|p_{t/2}(y,x)\right|^2 dv_M(y) = \int_M \left|p_{t/2}(x,y)\right|^2 dv_M(y),$$

其中最后一个等号用到了 Laplace 型算子 H 的热核的自伴性质 (8.24). 从而式 (8.43) 得证.

进一步, 再由式 (8.43), (8.40) 及 (8.31), 就有

$$\int_M \mathrm{tr}\,[p_t(x,x)]\,dv_M(x) = \int_{M\times M} \left|p_{t/2}(x,y)\right|^2 dv_M(x)dv_M(y)$$

$$= \sum_{i=1}^\infty e^{-t\lambda_i} = \mathrm{Tr}\,\left[e^{-tH}\right],$$

此即定理 8.4 中的式 (8.32). □

由定理 8.4 的证明过程中的式 (8.36), 我们有下列 $\overline{\Gamma(E)}$ 中在 L^2 意义下的等式:

$$p_t(x,y) = \sum_{i=1}^\infty e^{-t\lambda_i}(\cdot, \phi_i(y))\phi_i(x). \tag{8.46}$$

事实上, 对于任意的 $t > 0$ 及任意的 $y \in M$ 与 $v \in E_y$, 有 $p_t(\cdot, y)v \in \Gamma(E)$. 从而在 $\overline{\Gamma(E)}$ 中有如下的 L^2 意义下的等式:

$$p_t(\cdot, y)v = \sum_{i=1}^\infty \langle p_t(\cdot, y)v, \phi_i \rangle \phi_i. \tag{8.47}$$

此时由式 (8.36) 即得式 (8.46).

推论 8.3　对于任意 $t > 0$, 级数 $\sum_{i=1}^\infty e^{-t\lambda_i}(\cdot, \phi_i(y))\phi_i(x)$ 关于 $x, y \in M$ 的各阶导数一致收敛. 进而, 等式

$$p_t(x,y) = \sum_{i=1}^\infty e^{-t\lambda_i}(\cdot, \phi_i(y))\phi_i(x)$$

对于任意 $t > 0$ 在 $M \times M$ 上点点成立.

证明 首先, 对于任意 $t > 0$, $x, y \in M$ 及任意的正整数 k, l, 我们令

$$q_{k,l}(t, x, y) = \sum_{i=0}^{l} e^{-t\lambda_{k+i}} (\phi_{k+i}(y), \cdot) \phi_{k+i}(x).$$

由式 (8.28) 易见, 对于任意的非负整数 m_1, m_2, 存在正常数 C', C, 使得对于任意正整数 k 及 l, 我们有如下的 L^2-估计:

$$\left\| H_x^{m_1} H_y^{m_2} q_{k,l}(t, x, y) \right\| \leqslant C' \sum_{i=0}^{l} e^{-t\lambda_{k+i}} \lambda_{k+i}^{m_1+m_2}$$

$$\leqslant C' C t^{-m_1-m_2} e^{-t\lambda_k/2} \sum_{i=1}^{\infty} e^{-t\lambda_i/4}, \qquad ∎$$

上述计算最后一步用到了不等式: 对于任意 $\lambda > 0$, $e^{-t\lambda/4} \lambda^{m_1+m_2} \leqslant C t^{-m_1-m_2}$.

由上面关于导数的 L^2 估计及定理 8.4 中的式 (8.31) 易见, 对于任意取定的 $t > 0$ 及正整数 r, 在 $M \times M$ 上 $q_{k,l}(t, x, y)$ 的 r 阶导数的 L^2 范数一致有界, 且当 $k \to +\infty$ 时 (此时有 $\lambda_k \to +\infty$) 极限为零. 从而由 Sobolev 不等式 (参见 [WuC] 之第一章), 对于任意取定的 $t > 0$ 及正整数 r, 序列 $\{q_{1,l}(t, x, y)\}$ 及其各阶导数在 $M \times M$ 上的最大模范数一致有界. 由此容易推出 $q_{1,\infty}(t, x, y)$ 及其各阶导数一致收敛 (详细证明留给有兴趣的读者).

最后注意到 $q_{1,\infty}(t, x, y)$ 满足热核的定义 8.1, 从而由热核的唯一性知, 对于任意 $t > 0$, 等式 (8.46) 在 $M \times M$ 上点点成立. $\square$

最后, 作为一个应用, 我们给出如下 **Hodge 定理**的一个热方程的证明.

定理 8.5 设 M 为一闭、定向 Riemann 流形, H 是 M 上一 Laplace 型算子. 则有

(i) $\ker(H)$ 是 $\Gamma(E)$ 中的一有限维向量空间;

(ii) $\Gamma(E)$ 有如下的直和分解

$$\Gamma(E) = \ker(H) \oplus \mathrm{Im}(H); \tag{8.48}$$

(iii) 若 $E = \Lambda^*(T^*M)$, $H = \square = (d + d^*)^2$, 限制到每个 $\Omega^k(M)$, $0 \leqslant k \leqslant n$, 上时, 我们还有

$$\Omega^k(M) = \ker(\square_k) \oplus \mathrm{Im}(d_{k-1}) \oplus \mathrm{Im}(d_{k+1}^*), \tag{8.49}$$

这里的记号 $\square_k, d_{k-1}, d_{k+1}^*$ 参见第四章中式 (4.6).

证明　(i) 注意到 $\ker(H)$ 是对应于 Laplace 型算子 H 的零特征值或紧算子 e^{-H} 的特征值 1 的特征子空间, 从而是有限维的; 再由 Weyl 引理 (见推论 8.2) 知 $\ker(H) \subset \Gamma(E)$.

(ii) 对于任意的 $\phi \in \ker(H), \psi = H\varphi \in \operatorname{Im}(H)$, 由

$$\langle \phi, \psi \rangle = \langle \phi, H\varphi \rangle = \langle H\phi, \varphi \rangle = 0, \tag{8.50}$$

知 $\ker(H)$ 与 $\operatorname{Im}(H)$ 相互正交. 另一方面, 对于任意的 $\phi \in \Gamma(E)$, 令 $\psi \in \ker(H)$ 记 ϕ 在有限维 (闭) 子空间 $\ker(H)$ 中的投影. 显然 ψ 及 $\varphi = \phi - \psi$ 均为 $\Gamma(E)$ 中的元. 考虑 φ 关于特征向量的如下展开式

$$\varphi = \sum_\alpha \langle \varphi, \phi_\alpha \rangle \phi_\alpha, \tag{8.51}$$

其中, ϕ_α 是 H 的对应于特征值 λ_α 的一个单位特征向量 (见式 (8.28)), 特别地, 上述展开式中相应的特征值 λ_α 均非零. 令

$$\widetilde{\varphi} = \sum_\alpha \frac{\langle \varphi, \phi_\alpha \rangle}{\lambda_\alpha} \phi_\alpha \in \overline{\Gamma(E)}. \tag{8.52}$$

显然式 (8.52) 等号右边的级数在 $\overline{\Gamma(E)}$ 中收敛, 且 $\widetilde{\varphi}$ 是下述 Cauchy 问题的一个 (形式) 解:

$$\begin{cases} \left(\dfrac{\partial}{\partial t} + H \right) u(t, x) = \varphi, \\ \lim\limits_{t \to 0^+} u(t, \cdot) = \widetilde{\varphi}. \end{cases} \tag{8.53}$$

现由推论 8.1 及注记 8.1 即知 $\widetilde{\varphi} \in \Gamma(E)$, 且

$$\phi = \psi + \varphi = \psi + H\widetilde{\varphi}. \tag{8.54}$$

从而式 (8.48) 得证.

(iii) 对于 $E = \Lambda^*(T^*M), H = \square = (d + d^*)^2$ 的情形, 注意到 Laplace 型算子 $\square$ 保持 $\Omega^*(M)$ 中的 **Z**-分次, 故当 $\square$ 限制在每个 $\Omega^k(M)$ 上时, Hodge 分解式 (8.48) 推出

$$\Omega^k(M) = \ker(\square_k) \oplus \operatorname{Im}(\square_k). \tag{8.55}$$

由于

$$\square_k = d_{k-1} d_k^* + d_{k+1}^* d_k, \tag{8.56}$$

我们有

$$\operatorname{Im}(\square_k) = H\left(\Omega^k(M)\right) \subseteq d_{k-1}\left(\Omega^{k-1}(M)\right) + d_{k+1}^*\left(\Omega^{k+1}(M)\right) \subseteq \Omega^k(M).$$
$$(8.57)$$

从而由式 (8.55) 及 (8.57) 就有

$$\Omega^k(M) = \ker(\square_k) + \operatorname{Im}(d_{k-1}) + \operatorname{Im}\left(d_{k+1}^*\right).$$
$$(8.58)$$

由第四章中的式 (4.7) 看出: 对于任意的 $\omega \in \Omega^*(M)$, 有 $\square\omega = 0$ 当且仅当 $d\omega = d^*\omega = 0$. 故上式中三个子空间 $\ker(\square_k)$, $\operatorname{Im}(d_{k-1})$ 及 $\operatorname{Im}(d_{k+1}^*)$ 相互正交, 从而定理 8.5 中的分解式 (8.49) 得证. $\qquad\square$

8.2 热核存在性定理 8.1 的证明

本节我们利用 Minakshisundaram 和 Pleijel 在 1949 年提出的拟基本解 (参见 [MP]), 通过一个所谓的 Levi 迭代程式来证明关于流形上广义 Laplace 型算子 H 的热核 $p_t(x, y)$ 的存在性及光滑性的定理 8.1.

8.2.1 Levi 迭代程式

在很多种情形下, 人们常常通过某种迭代方式来解方程, 这在实际应用中极有价值. 下面我们就来介绍一个求解热核 $p_t(x, y)$ 的迭代程式, 即所谓的 **Levi 迭代程式**.

设 M 是一 n 维定向、闭 Riemann 流形. 假设我们已有第 m 个线性映射簇

$$q_m(t, x, y) : E_y \to E_x, (t, x, y) \in (0, \infty) \times M \times M,$$

且满足

$$\lim_{t \to 0^+} \int_M q_m(t, x, y)\varphi(y)dv_M(y) = \varphi(x), \quad \forall \varphi \in \Gamma(E),$$
$$(8.59)$$

令

$$q_{m+1}(t, x, y) = q_m(t, x, y) + h(t, x, y).$$

我们要求近似解 $q_m(t, x, y) + h(t, x, y)$ 满足下列方程:

$$\begin{cases} \left(\dfrac{\partial}{\partial t} + H\right)(q_m + h) = 0, \\[2mm] \lim_{t \to 0^+} \displaystyle\int_M (q_m + h)(t, x, y)\varphi(y)dv_M(y) = \varphi(x), \end{cases} \qquad (8.60)$$

从而有

$$
\begin{cases}
\left(\dfrac{\partial}{\partial t} + H\right) h(t, x, y) = -\left(\dfrac{\partial}{\partial t} + H\right) q_m(t, x, y), \\[2mm]
\lim\limits_{t \to 0^+} \displaystyle\int_M h(t, x, y)\varphi(y)dv_M(y) = 0.
\end{cases}
\tag{8.61}
$$

为我们的需要可将上式中第二式直接理解为

$$
\lim_{t \to 0^+} h(t, x, y) = 0.
\tag{8.62}
$$

此时, 如果我们事先有一个"恰当选定的初始近似解" $q_0(t, x, y)$, 则利用本章 8.1 节中关于 Cauchy 问题的求解公式 (8.15), 我们有理由 (一致地) 选取

$$
h(t, x, y) = \int_0^t d\tau \int_M q_0(t - \tau, x, z)\left[-\left(\frac{\partial}{\partial \tau} + H_z\right) q_m(\tau, z, y)\right] dv_M(z).
\tag{8.63}
$$

由此就有

$$
\begin{aligned}
&q_{m+1}(t, x, y) \\
&= q_m(t, x, y) + \int_0^t d\tau \int_M q_0(t - \tau, x, z)\left[-\left(\frac{\partial}{\partial \tau} + H_z\right) q_m(\tau, z, y)\right] dv_M(z).
\end{aligned}
\tag{8.64}
$$

为方便起见, 我们对上述迭代程式做如下变形: 令

$$
k_m(t, x, y) = (-1)^m \left(\frac{\partial}{\partial t} + H\right) q_m(t, x, y).
\tag{8.65}
$$

则有形式计算

$$
\begin{aligned}
&k_{m+1}(t, x, y) \\
&= (-1)^{m+1}\left(\frac{\partial}{\partial t} + H\right) q_{m+1}(t, x, y) \\
&= (-1)^{m+1}\left(\frac{\partial}{\partial t} + H_x\right)\left\{ q_m(t, x, y) \right.\\
&\quad + \left. \int_0^t d\tau \int_M q_0(t - \tau, x, z)\left[-\left(\frac{\partial}{\partial \tau} + H_z\right) q_m(\tau, z, y)\right] dv_M(z) \right\} \\
&= -k_m(t, x, y) + \left(\frac{\partial}{\partial t} + H_x\right)\int_0^t d\tau \int_M q_0(t - \tau, x, z)k_m(\tau, z, y)dv_M(z)
\end{aligned}
$$

$$= -k_m(t,x,y) + \left[\int_M q_0(t-\tau,x,z)k_m(\tau,z,y)dv_M(z) \right]_{t=\tau}$$

$$+ \int_0^t d\tau \int_M \left(\frac{\partial}{\partial t} + H_x \right) q_0(t-\tau,x,z)k_m(\tau,z,y)dv_M(z)$$

$$= \int_0^t d\tau \int_M k_0(t-\tau,x,z)k_m(\tau,z,y)dv_M(z).$$

我们引进记号: 对于任意映射簇 $A(t,x,y), B(t,x,y) : \Lambda^*(T_y^*M) \to \Lambda^*(T_x^*M)$, 令

$$(A*B)(t,x,y) = \int_0^t d\tau \int_M A(t-\tau,x,z)B(\tau,z,y)dv_M(z). \tag{8.66}$$

$A*B$ 称为 A 与 B 的**卷积**. 我们有

$$k_{m+1}(t,x,y) = (k_0*k_m)(t,x,y). \tag{8.67}$$

利用式 (8.64), 形式上有

$$\lim_{m\to\infty} q_m(t,x,y)$$

$$= q_0(t,x,y) + \sum_{l=0}^{\infty}(q_{l+1}(t,x,y) - q_l(t,x,y))$$

$$= q_0(t,x,y) + \sum_{l=0}^{\infty} \int_0^t d\tau \int_M q_0(t-\tau,x,z)\left((-1)^{l+1}k_l(\tau,z,y)\right)dv_M(z)$$

$$= q_0(t,x,y) + \int_0^t d\tau \int_M q_0(t-\tau,x,z)\left(\sum_{l=0}^{\infty}(-1)^{l+1}k_l(\tau,z,y)\right)dv_M(z).$$

令

$$\begin{cases} k_0(t,x,y) = \left(\frac{\partial}{\partial t}+H\right)q_0(t,x,y), \\ k_{m+1}(t,x,y) = (k_0*k_m)(t,x,y), \\ k(t,x,y) = \sum_{m=0}^{\infty}(-1)^{m+1}k_m(t,x,y), \\ q(t,x,y) = q_0(t,x,y) + (q_0*k)(t,x,y). \end{cases} \tag{8.68}$$

由式 (8.68) 给出的求解热核的程式称为 **Levi** 迭代程式.

8.2.2　M-P 拟基本解及热核的存在性

由 Levi 迭代程式容易看出, 迭代序列 $q_m(t, x, y)$ 的收敛性及光滑性依赖于初始近似解 $q_0(t, x, y)$ 的一个好的选择. 为此我们先介绍 Minakshisundaram 和 Pleijel 的 M-P 拟基本解, 利用它来构造一个初始近似解, 并证明由此出发通过 Levi 迭代程式得到的近似解序列 $q_m(t, x, y)$ 收敛到广义 Laplace 型算子 H 的热核 $p_t(x, y)$.

对于任意 $y \in M$, 设 $\mathcal{O}_y$ 是以 y 为中心的一个**法坐标邻域** (参见本书附录 A, 更多相关内容参见 [Y2] 中的 1.7 节). 现对于任意的 $t > 0$ 及 $x = (x_1, \cdots, x_n) \in \mathcal{O}_y$, 考虑如下的形式幂级数

$$\Phi_\infty(t, x, y) = \frac{e^{-\rho(x,y)^2/4t}}{(4\pi t)^{n/2}} \sum_{i=0}^{\infty} t^i U^{(i)}(x, y), \tag{8.69}$$

其中, 对每个 $i \geqslant 0$, $U^{(i)}(x, y) : E_y \to E_x$ 是一簇光滑依赖于 x, y 的线性映射, $\rho(x, y)$ 表示 x 到中心 y 的**测地距离** (见附录 A 中的式 (A.16)).

定理 8.6　对于任意的 $v \in E_y$, 若形式幂级数 $\Phi_\infty(t, x, y)v$ 是热方程在 $\mathcal{O}_y$ 上的一个形式解, 即

$$\left(\frac{\partial}{\partial t} + H_x \right) \Phi_\infty(t, x, y)v = 0, \quad x \in \mathcal{O}_y,$$

则映射簇 $\{U^{(i)}(x, y), i = 0, 1, \cdots\}$ 满足下列方程组:

$$\begin{cases} \left(\nabla_{\hat{d}}^E + \dfrac{\widehat{dG}}{4G} \right) U^{(0)}(x, y)v = 0, \\ \left(\nabla_{\hat{d}}^E + i + \dfrac{\widehat{dG}}{4G} \right) U^{(i)}(x, y)v = -HU^{(i-1)}(x, y)v, \end{cases} \tag{8.70}$$

其中 $\hat{d} = \rho \frac{\partial}{\partial \rho}$, $G(x) = \det(g_{ij}(x))$ (详见附录 A).

证明　为简便计, 我们分别记

$$\Psi(t, \rho) = \frac{e^{-\frac{\rho(x,y)^2}{4t}}}{(4\pi t)^{n/2}}, \quad s = \sum_{i=0}^{\infty} t^i U^{(i)}(x, y)v. \tag{8.71}$$

这时我们有

$$\frac{\partial}{\partial t} \Phi_\infty(t, x, y)v = \Psi(t, \rho) \sum_{i=0}^{\infty} \left(\frac{\rho^2}{4t^2} - \frac{n}{2t} + \frac{i}{t} \right) t^i U^{(i)}(x, y)v. \tag{8.72}$$

现取 TM 在 $\mathcal{O}_y$ 上的一组标准正交基 $\{e_1,\cdots,e_n\}$，使得它沿 $\mathcal{O}_y$ 中从 y 出发的测地线平行. 由式 (8.9)，算子 Δ_0^E 可写为

$$\Delta_0^E = \sum_{k=1}^n \left(\left(\nabla_{e_k}^E\right)^2 - \nabla_{\nabla_{e_k}^{TM}e_k}^E \right).$$

此时我们有

$$H\Phi_\infty(t,x,y)v = -(\Delta_0\Psi)s - 2\sum_{k=1}^n (e_k\Psi)\nabla_{e_k}^E s + \Psi H s, \tag{8.73}$$

$$\Delta_0\Psi(t,\rho) = \Psi'(t,\rho)\Delta_0\rho + \Psi''(t,\rho)\sum_{k=1}^n (e_k\rho)^2, \tag{8.74}$$

其中 Δ_0 是本书附录 A 中式 (A.50) 定义的 Laplace-Beltrami 算子，$\Psi'(t,\rho)$，$\Psi''(t,\rho)$ 均表示对 t 求导. 由附录 A 中的定理 A.3 的证明及式 (A.54) 知

$$\Delta_0\rho = \frac{1}{\rho}\left(n-1+\widehat{d}\left(\log\sqrt{G}\right)\right), \quad e_k\rho = \frac{x_k}{\rho}, k=1,\cdots,n.$$

从而

$$\Delta_0\Psi(t,\rho) = \left(n-1+\widehat{d}\left(\log\sqrt{G}\right)\right)\frac{\Psi'(t,\rho)}{\rho} + \Psi''(t,\rho).$$

又因为

$$\Psi'(t,\rho) = \Psi(t,\rho)\cdot\left(-\frac{\rho}{2t}\right), \quad \Psi''(t,\rho) = \Psi(t,\rho)\cdot\left(\frac{\rho^2}{4t^2}-\frac{1}{2t}\right),$$

我们有

$$\Delta_0\Psi(t,\rho) = \left(\frac{\rho^2}{4t^2}-\frac{n+\widehat{d}\left(\log\sqrt{G}\right)}{2t}\right)\Psi(t,\rho). \tag{8.75}$$

另一方面，由引理 A.1 中的 (ii) 知 $\widehat{d}=\sum_{k=1}^n x_k e_k$，故有

$$-2\sum_{k=1}^n (e_k\Psi)\nabla_{e_k}^E = -2\Psi'(t,\rho)\sum_{k=1}^n \frac{x_k}{\rho}\nabla_{e_k}^E$$
$$= -2\frac{\Psi'(t,\rho)}{\rho}\nabla_{\widehat{d}}^E = \frac{\Psi(t,\rho)}{t}\nabla_{\widehat{d}}^E. \tag{8.76}$$

现由式 (8.73)，(8.75)，(8.76) 我们有

$$H\Phi_\infty(t,x,y)v$$
$$= \Psi(t,\rho)\sum_{i=0}^\infty \left(-\frac{\rho^2}{4t^2}+\frac{n+\widehat{d}\left(\log\sqrt{G}\right)}{2t}+\frac{1}{t}\nabla_{\widehat{d}}^E + H\right)t^i U^{(i)}(x,y)v. \tag{8.77}$$

再由式 (8.72), (8.77), 从而

$$
\left(\frac{\partial}{\partial t} + H\right)\Phi_\infty(t,y,x)v
$$

$$
= \frac{\partial}{\partial t}\Phi_\infty(t,y,x)v + H\Phi_\infty(t,x,y)v
$$

$$
= \Psi(t,\rho)\sum_{i=0}^{\infty}\left\{\left(\frac{\rho^2}{4t^2} - \frac{n}{2t} + \frac{i}{t}\right)\right.
$$

$$
+ \left(-\frac{\rho^2}{4t^2} + \frac{n + \widehat{d}\left(\log\sqrt{G}\right)}{2t}\right) + \frac{1}{t}\nabla^E_{\widehat{d}} + H\right\} t^i U^{(i)}(x,y)v
$$

$$
= \Psi(t,\rho)\sum_{i=0}^{\infty}\left\{\frac{i}{t} + \frac{\widehat{d}G}{4tG} + \frac{1}{t}\nabla^E_{\widehat{d}} + H\right\} t^i U^{(i)}(x,y)v
$$

$$
= \Psi(t,\rho)\left\{\frac{1}{t}\left(\nabla^E_{\widehat{d}} + \frac{\widehat{d}G}{4G}\right)U^{(0)}(x,y)\right.
$$

$$
\left. + \sum_{i=1}^{\infty} t^{i-1}\left[\left(\nabla^E_{\widehat{d}} + i + \frac{\widehat{d}G}{4G}\right)U^{(i)}(x,y) + HU^{(i-1)}(x,y)\right]\right\}v.
$$

由于 $\Phi_\infty(t,x,y)v$ 是热方程的形式解, 故定理得证. □

定理 8.7   对于任意的 $y \in M$ 及 $x \in \mathcal{O}_y$, $v \in E_y$, 下列方程组:

$$
\begin{cases}
\left(\nabla^E_{\widehat{d}} + \dfrac{\widehat{d}G}{4G}\right)U^{(0)}(x,y)v = 0, \\
\left(\nabla^E_{\widehat{d}} + i + \dfrac{\widehat{d}G}{4G}\right)U^{(i)}(x,y)v = -H_x U^{(i-1)}(x,y)v, \quad i \geqslant 1, \\
U^{(0)}(y,y) = \mathrm{Id}_{E_y}
\end{cases} \tag{8.78}
$$

有唯一的一簇光滑依赖于 x, y 的解

$$
\begin{cases}
U^{(0)}(x,y) = G^{-\frac{1}{4}}(x)\tau(x,y), \\
U^{(i)}(x,y) = \dfrac{1}{\rho^i G^{\frac{1}{4}}(x)}\int_0^\rho t^{i-1} G^{\frac{1}{4}}\left(\dfrac{tx}{\rho}\right)\tau\left(x,\dfrac{tx}{\rho}\right) \\
\qquad\qquad \cdot H_x U^{(i-1)}\left(\dfrac{tx}{\rho},y\right)dt, \quad i \geqslant 1,
\end{cases} \tag{8.79}
$$

其中 $\tau(x,y): E_y \to E_x$ 表示纤维 E_y 关于联络 ∇^E 沿 M 中 y 到 x 的测地线平行移动所定义的线性映射.

证明　注意到对于 $i \geqslant 0$, 有

$$\nabla_{\hat{d}}^{E} \left(\rho^i G^{\frac{1}{4}} U^{(i)}(x,y)v \right) = \rho^i G^{\frac{1}{4}} \left(\nabla_{\hat{d}}^{E} + i + \frac{\widehat{d}G}{4G} \right) U^{(i)}(x,y)v, \tag{8.80}$$

读者即可直接验证定理成立. □

定义 8.2　方程组 (8.78) 称为广义 Laplace 型算子 H 的 **M-P 方程组**. 对任意自然数 $N \geqslant n/2 + 2$,

$$\Phi_N(t,x,y) = \frac{e^{-\frac{\rho(x,y)^2}{4t}}}{(4\pi t)^{n/2}} \sum_{i=0}^{N} t^i U^{(i)}(x,y) : E_y \to E_x \tag{8.81}$$

称为广义 Laplace 型算子 H 所定义的热方程的一个 **M-P 拟基本解**.

由定理 8.7 知, 对任意的 $N \geqslant \frac{n}{2} + 2$, M-P 拟基本解 $\Phi_N(t,x,y)$ 存在, 且关于 $t > 0$, $y \in M$, $x \in \mathcal{O}_y$ 光滑. 特别还有

$$\left(\frac{\partial}{\partial t} + H \right) \Phi_N(t,x,y) = -\frac{e^{-\frac{\rho(x,y)^2}{4t}}}{(4\pi)^{n/2}} t^{N-\frac{n}{2}} H U^{(N)}(x,y). \tag{8.82}$$

因为 M 是一闭流形, 由附录 A 中的注记 A.1 知, 存在某个正数 δ, 对任意 $y \in M$, $\mathcal{O}_y(\delta) = \{x = \exp_y(v) | v \in T_y M, |v| < \delta\}$ 是 y 的一个法坐标邻域. 对于任意的 $0 < \varepsilon < \delta$, 令

$$\Delta(\varepsilon) = \{(x,y) \in M \times M | d(x,y) < \varepsilon\}, \tag{8.83}$$

其为 $M \times M$ 中的对角线 $\Delta = \{(x,x) | x \in M\}$ 的一个开邻域. 易见对于 $t > 0$, $\Phi_N(t,x,y)$ 在 $\Delta(\varepsilon)$ 上有定义. 任取一非负光滑函数 $\psi : M \times M \to \mathbf{R}$, 使得

$$\psi|_{\Delta(\varepsilon/2)} \equiv 1, \quad \psi|_{(M \times M) \setminus \Delta(\varepsilon)} \equiv 0. \tag{8.84}$$

我们下面永远假设 $N \geqslant \frac{n}{2} + 2$. 令

$$q_0^{(N)}(t,x,y) = \psi(x,y)\Phi_N(t,x,y). \tag{8.85}$$

从而映射簇 $q_0^{(N)}(t,x,y)$ 关于 $t > 0$, $x, y \in M$ 光滑.

下面我们将证明以映射簇 $q_0^{(N)}(t,x,y)$ 为初始近似解, 经 Levi 迭代程式 (8.68) 得到的 $q(t,x,y)$ 就是广义 Laplace 型算子 H 的热核 $p_t(x,y)$, 此即为热核的存在性定理——定理 8.1. 为此, 我们需要如下的三个引理, 关于它们的证明我们放在下一小节.

引理 8.2　令

$$k_0^{(N)}(t,x,y) = \left(\frac{\partial}{\partial t} + H\right) q_0^{(N)}(t,x,y), \quad N \geqslant \frac{n}{2} + 2, t > 0, x, y \in M. \quad (8.86)$$

则有

(i) 映射簇 $k_0^{(N)}(t,x,y)$ 在 $[0,\infty) \times M \times M$ 上关于 x, y 有直到 $[N - \frac{n}{2}]$ 阶连续的混合导数[①], 关于 t 有直到 $[\frac{N}{2} - \frac{n}{4}]$ 阶的连续导数[②], 且相应的各阶导数在 $t = 0$ 处均为 0;

(ii) 对于任意 $T > 0$, 当在 Levi 迭代程式中取 $k_0(t,x,y) = k_0^{(N)}(t,x,y)$ 时, 级数

$$k(t,x,y) = \sum_{m=0}^{\infty} (-1)^{m+1} k_m(t,x,y)$$

关于 $(t,x,y) \in [0,T] \times M \times M$ 一致收敛. 进一步还有 $k(t,x,y)$ 与 $k_0^{(N)}(t,x,y)$ 在 $[0,\infty) \times M \times M$ 上有相同的可微性, 即关于 x, y 有直到 $[N - \frac{n}{2}]$ 阶连续的混合导数, 关于 t 有直到 $[\frac{N}{2} - \frac{n}{4}]$ 阶的连续导数, 且相应的各阶导数在 $t = 0$ 处均为 0.

引理 8.3　对 $[0,\infty) \times M \times M$ 上的任意有界连续映射簇 $f(t,x,y) : E_y \to E_x$, 有

$$\lim_{\tau \to t^-} \int_M q_0^{(N)}(t - \tau, x, z) f(\tau, z, y) dv_M(z) = f(t,x,y) \quad (8.87)$$

关于 E 中的范数 $|\cdot|$ 一致收敛.

引理 8.4　映射簇

$$W(t,x,y) := \int_0^t d\tau \int_M q_0^{(N)}(t - \tau, x, z) k(\tau, z, y) dv_M(z) \quad (8.88)$$

在 $(0,\infty) \times M \times M$ 上关于 x, y 有直到 $[N - \frac{n}{2}]$ 阶连续的混合导数, 关于 t 有直到 $[\frac{N}{2} - \frac{n}{4}]$ 阶的连续导数.

根据引理 8.2, 引理 8.3 及引理 8.4, 我们现在证明本章 8.1 节中关于流形上广义 Laplace 型算子 H 的热核的存在性定理 8.1.

[①] 这里可微性是指映射簇在相关的向量丛的某种平凡化下的矩阵表示关于流形上局部坐标的可微性. 易见可微阶数的含义不依赖于向量丛的局部平凡化及流形上局部坐标系的选取.

[②] 这里 $[\alpha]$ 表示取不超过实数 α 的最大整数.

定理 8.1 的证明　对于任意 $t > 0, x, y \in M$, 令

$$q(t,x,y) = q_0^{(N)}(t,x,y) + \int_0^t d\tau \int_M q_0^{(N)}(t-\tau,x,z)k(\tau,z,y)dv_M(z), \quad (8.89)$$

其中 $q_0^{(N)}(t,x,y)$ 及 $k(t,x,y)$ 分别由式 (8.85) 及 (8.68) 定义.

首先由引理 8.2 及引理 8.4 可知, 映射簇 $q(t,x,y)$ 关于 $x,y \in M$ 为 $[N-\frac{n}{2}]$ 次连续可微, 关于 $t > 0$ 为 $[\frac{N}{2} - \frac{n}{4}]$ 次连续可微.

其次, 对于任意的 $\phi \in \Gamma(E)$, 由引理 8.3 就有

$$\lim_{t\to 0^+} \int_M q(t,x,y)\phi(y)dv_M(y)$$
$$= \lim_{t\to 0^+} \int_M q_0^{(N)}(t,x,y)\phi(y)dv_M(y)$$
$$+ \lim_{t\to 0^+} \int_M \left(\int_0^t d\tau \int_M q_0^{(N)}(t-\tau,x,z)k(\tau,z,y)dv_M(z) \right) \phi(y)dv_M(y)$$
$$= \phi(x) + \lim_{t\to 0^+} \int_0^t d\tau \int_M \int_M q_0^{(N)}(t-\tau,x,z)k(\tau,z,y)\phi(y)dv_M(z)dv_M(y)$$
$$= \phi(x).$$

另一方面, 对于任意的 $y \in M, v \in \Lambda^*(T_y^*M)$,

$$\left(\frac{\partial}{\partial t} + H \right) q(t,x,y)v$$
$$= \left(\frac{\partial}{\partial t} + H \right) q_0^{(N)}(t,x,y)v$$
$$+ \int_M q_0^{(N)}(t-\tau,x,z)k(t,z,y)vdv_M(z)\Big|_{t=\tau}$$
$$+ \int_0^t d\tau \int_M \left(\frac{\partial}{\partial t} + H \right) q_0^{(N)}(t-\tau,x,z)k(t,z,y)vdv_M(z)$$
$$= \left(k_0^{(N)}(t,x,y) + k(t,x,y) + (k_0^{(N)} * k)(t,x,y) \right) v$$
$$= \left(k_0^{(N)}(t,x,y) + \sum_{m=0}^\infty (-1)^{m+1}k_m(t,x,y) + \sum_{m=1}^\infty (-1)^{m+1}k_{m+1}(t,x,y) \right) v$$
$$= 0.$$

从而由热核的定义可知 $q(t,x,y)$ 是 $\frac{\partial}{\partial t} + H$ 的一个热核. 再由热核的唯一性即知

$$p_t(x,y) = q(t,x,y).$$

注意到我们可以选择 $N \geqslant \frac{n}{2} + 2$ 任意的大, 由此即知 $p_t(x,y)$ 关于 $t > 0$, $x, y \in M$ 光滑. □

作为热核的存在唯一性定理的直接推论, 我们不难证明如下的关于 Riemann 流形上热方程的 (一般) Cauchy 问题的存在、唯一、正则性定理.

定理 8.8 (Cauchy 问题的存在、唯一、正则性定理)　设 M 是一 n 维定向、闭 Riemann 流形, H 是作用在 $\Gamma(E)$ 上的广义 Laplace 型算子. 则对于任意的连续截面 $\phi \in \overline{\Gamma(E)}$, 及截面簇 $f(t, \cdot) \in \overline{\Gamma(E)}$, 若 $f(t, x)$ 关于 $(t, x) \in [0, \infty) \times M$ 均 l 次连续可导的, $l \geqslant 2$, 则如下 Cauchy 问题

$$\begin{cases} \left(\dfrac{\partial}{\partial t} + H\right) u(t, x) = f(t, x), \\ \lim_{t \to 0^+} u(t, x) = \phi(x) \end{cases} \tag{8.90}$$

有唯一 (经典) 解:

$$u(t, x) = \int_M p_t(x, y)\phi(y)dv_M(y) + \int_0^t d\tau \int_M p_{t-\tau}(x, y)f(\tau, y)dv_M(y), \tag{8.91}$$

这里 $u(t, x)$ 关于 $t > 0$ 一次连续可微, 关于 $x \in M$ 二次连续可微.

最后我们利用 **M-P** 拟基本解给出热核渐近展开定理.

定理 8.9 (热核渐近展开定理)　对于充分大的 N, 当 $t \to 0^+$ 时, 有

$$p_t(x, x) = \frac{1}{(4\pi)^{n/2}} \sum_{i=0}^N t^{i-\frac{n}{2}} U^{(i)}(x, x) + o\left(t^{N-\frac{n}{2}}\right). \tag{8.92}$$

特别地还有

$$\mathrm{tr}\,[p_t(x, x)] = \frac{1}{(4\pi)^{n/2}} \sum_{i=0}^N t^{i-\frac{n}{2}} \mathrm{tr}\left[U^{(i)}(x, x)\right] + o\left(t^{N-\frac{n}{2}}\right). \tag{8.93}$$

证明　设 $q_0^{(N)}(t, x, y)$ 及 $k_0(t, x, y)$ 分别由式 (8.85) 与 (8.86) 定义. 任意固定一个 $T > 0$. 由下一节式 (8.102) 立知存在 $\tilde{c} > 0$ 使得对于 $0 < t \leqslant T$ 及任意的 $x, y \in M$, 有

$$|k_0(t, x, y)| \leqslant \tilde{c}t^{N-\frac{n}{2}}. \tag{8.94}$$

类似于引理 8.2 证明中的 (ii), 不难证明

$$|k_m(t, x, y)| \leqslant \tilde{c}LC^m \frac{t^{N-\frac{n}{2}+m}}{[N - \frac{n}{2} + m]!}, \tag{8.95}$$

其中 $C = \tilde{c}T^{N-\frac{n}{2}}\mathrm{vol}(M)$, $L = [N - \frac{n}{2} + 1]!$. 进而还有

$$|k(t,x,y)| \leqslant \tilde{c}Le^{Ct}t^{N-\frac{n}{2}}. \tag{8.96}$$

又因为 $k(t,x,y)$ 在 $[0,\infty) \times M \times M$ 上连续, $k(0,x,y) \equiv 0$. 令

$$k(t,x,y) = t^{N-\frac{n}{2}-\frac{1}{2}}\tilde{k}(t,x,y). \tag{8.97}$$

由于 $N - \frac{n}{2} \geqslant 2$, 故有 $\tilde{k}(t,x,y)$ 也在 $[0,\infty) \times M \times M$ 上连续, $\tilde{k}(0,x,y) \equiv 0$. 由式 (8.87) 有

$$\lim_{\tau \to t_-} \int_M q^{(N)}(t - \tau, x, z)\tilde{k}(\tau, z, y)dv_M(z) = \tilde{k}(t,x,y). \tag{8.98}$$

故积分

$$\int_M q^{(N)}(t - \tau, x, z)\tilde{k}(\tau, z, y)dv_M(z)$$

在 $[0,T] \times M \times M$ 上连续, 从而存在 $C_1 > 0$ 使得

$$\left| \int_M q^{(N)}(t - \tau, x, z)\tilde{k}(\tau, z, y)dv_M(z) \right| \leqslant C_1.$$

此时

$$
\begin{aligned}
&|p_t(x,y) - q_0^{(N)}(t,x,y)| \\
&\leqslant \int_0^t d\tau \left| \int_M q_0^{(N)}(t - \tau, x, z)k(\tau, z, y)dv_M(z) \right| \\
&= \int_0^t \tau^{N-\frac{n}{2}-\frac{1}{2}} d\tau \left| \int_M q_0^{(N)}(t - \tau, x, z)\tilde{k}(\tau, z, y)dv_M(z) \right| \\
&\leqslant C_1 \int_0^t \tau^{N-\frac{n}{2}-\frac{1}{2}} d\tau \\
&= \frac{C_1}{N - \frac{n}{2} + \frac{1}{2}} t^{N-\frac{n}{2}+\frac{1}{2}}.
\end{aligned}
$$

即关于 $x, y \in M$ 下述渐近展开一致成立:

$$p_t(x,y) = q_0^{(N)}(t,x,y) + o\left(t^{N-\frac{n}{2}}\right). \tag{8.99}$$

特别当 $x = y$ 时, 就有

$$p_t(x,x) = q_0^{(N)}(t,x,x) + o\left(t^{N-\frac{n}{2}}\right) = \Phi_N(t,x,x) + o\left(t^{N-\frac{n}{2}}\right).$$

由此即可推出

$$\operatorname{tr}[p_t(x,x)] = \frac{1}{(4\pi)^{n/2}} \sum_{i=0}^{N} t^{i-\frac{n}{2}} \operatorname{tr}[U^{(i)}(x,x)] + o\left(t^{N-\frac{n}{2}}\right).$$

定理证毕. □

8.2.3　引理 8.2、引理 8.3 及引理 8.4 的证明

在本节中, 我们将分别给出上小节在证明定理 8.1 过程中用到的三个引理的证明.

引理 8.2 的证明　(i) 由 $k_0^{(N)}(t,x,y)$ 的定义式 (8.86) 容易验证

$$k_0^{(N)}(t,x,y) = \psi\left(\frac{\partial}{\partial t} + H_x\right)\Phi_N(t,x,y)$$
$$- 2\sum_{k=1}^{n}(e_k\psi)\nabla_{e_k}^E \Phi_N(t,x,y) - (\Delta_0^E\psi)\Phi_N(t,x,y). \tag{8.100}$$

注意到在 $\Delta(\varepsilon/2)$ 上, $e_k\psi \equiv 0$, $\Delta_0^E\psi \equiv 0$, 而在 $\Delta(\varepsilon/2)$ 之外, 对任意固定的 $\alpha \in \mathbf{R}$, 极限

$$\lim_{t\to 0^+} e^{-\frac{\rho(x,y)^2}{4t}} t^\alpha = 0 \tag{8.101}$$

一致收敛. 由式 (8.82) 及 (8.100), (8.101) 易见, 存在 $[0,\infty)\times M\times M$ 上的光滑的线性映射簇 $h_N(t,x,y): E_y \to E_x$, 使得

$$k_0^{(N)}(t,x,y) := \left(\frac{\partial}{\partial t} + H_x\right)q_0^{(N)}(t,x,y)$$
$$= e^{-\frac{\rho(x,y)^2}{4t}} t^{N-\frac{n}{2}} h_N(t,x,y). \tag{8.102}$$

易见当 $t\to 0^+$ 时, $k_0^{(N)}(t,x,y)$ 在 $M\times M$ 上一致收敛于 0, 从而 $k_0^{(N)}(t,x,y)$ 可一致连续地延拓到 $t=0$ 处, 使得 $k_0^{(N)}(t,x,y)$ 成为 $[0,\infty)\times M\times M$ 上的一个连续簇, 且

$$k_0^{(N)}(0,x,y) = 0, \quad x,\, y \in M. \tag{8.103}$$

由于 $k_0^{(N)}(t,x,y)$ 及各阶导数的奇性仅可能发生在 $t=0$ 且 $x=y$ 处, 又注意到

$$\frac{\partial}{\partial t}e^{-\frac{\rho^2}{4t}} = \frac{\rho^2}{4}e^{-\frac{\rho^2}{4t}}\cdot\frac{1}{t^2}, \; Xe^{-\frac{\rho^2}{4t}} = -(X\rho^2)e^{-\frac{\rho^2}{4t}}\cdot\frac{1}{4t}, \; \forall X \in \Gamma(T(M\times M)),$$
$$\tag{8.104}$$

由此即得 (i) 的证明.

(ii) 下面首先证明对于任意整数 $m \geqslant 0$, Levi 迭代程式 (8.68) 中的 $k_m(t, x, y)$ 在 $[0, \infty) \times M \times M$ 上与 $k_0^{(N)}(t, x, y)$ 有相同的可微性. 进而还有, 对于任意的 $T > 0$, 存在 $c > 0$, 使得在 $[0, T] \times M \times M$ 上有

$$|k_m(t, x, y)| \leqslant c^{m+1} \mathrm{vol}(M)^m \frac{t^m}{m!}, \quad m \geqslant 0, \tag{8.105}$$

其中 $\mathrm{vol}(M)$ 表示 M 的体积.

对 $m = 0$ 的情形, 上述断言由第一步的证明及式 (8.104) 推出. 下面我们利用数学归纳法来证明一般情形. 设上述断言对某个 $m \geqslant 0$ 成立. 注意到

$$k_{m+1}(t, x, y) = (k_0 * k_m)(t, x, y)$$
$$= \int_0^t d\tau \int_M e^{-\frac{\rho(x,z)^2}{4(t-\tau)}} (t - \tau)^{N-\frac{n}{2}} h_N(t - \tau, x, z) k_m(\tau, z, y) dv_M(z).$$

故由归纳假设、$h_N(t, x, y)$ 的光滑性及式 (8.101), (8.104), 易见关于 $k_{m+1}(t, x, y)$ 的可微性的断言成立.

另外, 在 $[0, T] \times M \times M$ 上我们有

$$|k_{m+1}(t, x, y)| = \left| \int_0^t d\tau \int_M k_0(t - \tau, x, z) k_m(\tau, z, y) dv_M(z) \right|$$
$$\leqslant \int_0^t \int_M |k_0(t - \tau, x, z)| |k_m(\tau, z, y)| dv_M(z) d\tau$$
$$\leqslant c \cdot c^{m+1} \mathrm{vol}(M)^m \int_0^t \frac{\tau^m}{m!} d\tau \cdot \int_M dv_M(z)$$
$$= c^{m+2} \mathrm{vol}(M)^{m+1} \frac{t^{m+1}}{(m+1)!}.$$

注意, 我们还有 $k_m(0, x, y) \equiv 0$.

由上面的一致估计式 (8.105) 知, 对于任意固定的 $T > 0$, $\sum_{m=0}^{\infty} (-1)^{m+1} \cdot k_m(t, x, y)$ 在闭区域 $[0, T] \times M \times M$ 上一致收敛. 从而对于 $t \geqslant 0$, $x, y \in M$, 映射簇

$$k(t, x, y) = \sum_{m=0}^{\infty} (-1)^{m+1} k_m(t, x, y) \tag{8.106}$$

有定义. 易见, 在 $[0, \infty) \times M \times M$ 上, $k(t, x, y)$ 连续且 $k(0, x, y) \equiv 0$.

最后由 $k_0^{(N)}(t, x, y)$ 的可微性并通过递推方法重复前面的讨论, 容易证明映射簇 $k(t, x, y)$ 在 $[0, \infty) \times M \times M$ 上与 $k_0^{(N)}(t, x, y)$ 有相同的可微性, 且相应的各阶导数在 $t = 0$ 处均为 0. $\qquad \square$

引理 8.3 的证明　由于我们处理的是有限维空间上的线性映射 (簇), 故等价地, 我们只需证明对于任意的 $v \in E_y$, 有

$$\lim_{\tau \to 0^+} \int_M q_0^{(N)}(\tau, x, z) f(t - \tau, z, y) v \, dv_M(z) = f(t, x, y) v$$

关于 E 中的范数 $|\cdot|$ 一致收敛.

我们已经知道存在某个一致的正数 ε, 使得对于任意 $x \in M$, $\mathcal{O}_x(\varepsilon) = \{z = \exp_x(v) | v \in T_x M, |v| < \varepsilon\}$ 是 x 的一个法坐标邻域. 注意到 ψ 在 $\mathcal{O}_x(\varepsilon)$ 外恒为 0, 从而我们有

$$\int_M q_0^{(N)}(\tau, x, z) f(t - \tau, z, y) v \, dv_M(z)$$

$$= \int_{\mathcal{O}_x(\varepsilon)} \psi(x, z) \frac{e^{-\frac{\rho(x,z)}{4\tau}}}{(4\pi\tau)^{n/2}} \sum_{i=0}^N \tau^i U^{(i)}(x, z) f(t - \tau, z, y) v \, dv_M(z).$$

我们在 $\mathcal{O}_x(\varepsilon)$ 上取定一个法坐标系 $(z_1, \cdots, z_n)$. 此时对任意的 $z \in \mathcal{O}_x(\varepsilon)$, 有 (参见附录 A)

$$z = (z_1, \cdots, z_n), \quad \rho(x, z)^2 = \sum_{k=1}^n z_k^2 = |z|^2.$$

为符号简单计, 我们记

$$\psi(z) = \psi(x, z), \ f_i(t - \tau, z) = U^{(i)}(x, z) f(t - \tau, z, y) v.$$

故有

$$\int_M q_0^{(N)}(\tau, x, z) f(t - \tau, z, y) v \, dv_M(z)$$

$$= \sum_{i=0}^N \int_{|z| < \varepsilon} \psi(z) \frac{e^{-\frac{|z|^2}{4\tau}}}{(4\pi\tau)^{n/2}} \tau^i f_i(t - \tau, z) \sqrt{G(z)} |dz|.$$

此时, 引理 8.3 由如下分析学中的引理 (关于它的证明我们留给有兴趣的读者) 立得.

引理 8.5　设 U 为 $\mathbf{R}^n$ 中包含 0 点的一个开邻域, 设 $f : [0, \delta) \times U \to \mathbb{R}$ 是 $[0, \delta) \times U$ 上的一个有界连续函数, 其中 $\delta > 0$ 是一正实数. 则有

$$\lim_{t \to 0} \int_U \frac{e^{-|x|^2/4t}}{\sqrt{4\pi t}} f(t, x) dx = f(0, 0). \tag{8.107}$$

$\square$

引理 8.4 的证明 现由上述引理 8.2 及引理 8.3 易见映射簇

$$\int_M q_0^{(N)}(t-\tau,x,z)k(\tau,z,y)dv_M(z)$$

关于 $t>0$, $\tau \in [0,t]$ 及 $x,y \in M$ 连续, 由此得知由式 (8.88) 定义的积分

$$W(t,x,y) = \int_0^t d\tau \int_M q_0^{(N)}(t-\tau,x,z)k(\tau,z,y)dv_M(z)$$

是一连续映射簇的正常积分, 从而其定义合理, 且关于 $t>0$, $x,y \in M$ 连续.

注意到映射簇 $W(t,x,y)$ 可改写为

$$W(t,x,y) = \int_0^t d\tau \int_M q_0^{(N)}(\tau,x,z)k(t-\tau,z,y)dv_M(z), \tag{8.108}$$

由引理 8.2 和引理 8.3 易证映射簇式 (8.108) 关于 $y \in M$ 为 $[N-\frac{n}{2}]$ 次连续可微, 关于 $t>0$ 为 $[\frac{N}{2}-\frac{n}{4}]$ 次连续可微. 特别地还有

$$\frac{\partial}{\partial t}\int_0^t d\tau \int_M q_0^{(N)}(t-\tau,x,z)k(\tau,z,y)dv_M(z)$$
$$= \int_0^t d\tau \int_M \left(\frac{\partial}{\partial t}q_0^{(N)}(t-\tau,x,z)\right)k(\tau,z,y)dv_M(z) + k(t,x,y). \tag{8.109}$$

现在我们来证明 $W(t,x,y)$ 或等价地证明 $W(t,x,y)w$, $w \in E_y$, 关于 $x \in M$ 也是 $[N-\frac{n}{2}]$ 次连续可微的. 对于任意取定的 $t>0$, $y \in M$ 及 $w \in E_y$, 令

$$g(\tau,t,x,y) = \int_M q_0^{(N)}(t-\tau,x,z)k(\tau,z,y)w dv_M(z). \tag{8.110}$$

易见我们只要证明截面簇 $g(\tau,t,x,y) \in E_x$ 在区域 $0 \leqslant \tau \leqslant t$, $t>0$ 及 $x,y \in M$ 上关于变量 $x \in M$ 为 $[N-\frac{n}{2}]$ 次连续可微即可. 注意到

$$g(\tau,t,x,y)$$
$$= \int_M \frac{e^{-\rho^2(x,z)/4(t-\tau)}}{(4\pi(t-\tau))^{n/2}}\psi(x,z)\sum_{i=0}^N (t-\tau)^i U^{(i)}(x,z)k(\tau,z,y)w dv_M(z), \tag{8.111}$$

我们记

$$\begin{cases} \Psi(t-\tau,\rho(x,z)) = \dfrac{e^{-\rho^2(x,z)/4(t-\tau)}}{(4\pi(t-\tau))^{n/2}}, \\ \widetilde{h}(\tau,t,x,z,y) = \psi(x,z)\sum_{i=0}^N (t-\tau)^i U^{(i)}(x,z)k(\tau,z,y)w, \end{cases} \tag{8.112}$$

从而有

$$g(\tau, t, x, y) = \int_M \Psi(t - \tau, \rho(x, z)) \tilde{h}(\tau, t, x, z, y) dv_M(z), \qquad (8.113)$$

其中 ψ 是式 (8.84) 定义的切割函数. 显然, 在区域 $0 \leqslant \tau \leqslant t, t > 0$ 及 $x, y, z \in M$ 上, 截面簇 $\tilde{h}(\tau, t, x, z, y) \in E_x$ 关于变量 $x, y, z \in M$ 为 $[N - \frac{n}{2}]$ 次连续可微, 关于 τ, t 连续, 且当 $\rho(x, z) \geqslant \varepsilon$ 时恒为零.

现在, 对于任意光滑向量场 $X \in \Gamma(TM)$, 我们有

$$\int_M \nabla^E_{X(x)} \left(\Psi(t - \tau, \rho(x, z)) \tilde{h}(\tau, t, x, z, y) \right) dv_M(z)$$

$$= \int_M (X(x) \Psi(t - \tau, \rho(x, z))) \tilde{h}(\tau, t, x, z, y) dv_M(z)$$

$$+ \int_M \Psi(t - \tau, \rho(x, z)) \left(\nabla^E_{X(x)} \tilde{h}(\tau, t, x, z, y) \right) dv_M(z)$$

$$= I + II. \qquad (8.114)$$

其中, 关于积分 II 的可微性容易得到. 以下只讨论积分 I 的可微性.

由附录 A 中关于函数 ρ 的讨论知, 在开区域 $0 < \rho(x, z) < \delta$ 上函数 $\rho(x, z)$ 光滑, 且

$$X(x) \rho^2(x, z) = 2\rho(x, z) X(x) \rho(x, z)$$

$$= 2\rho(x, z) g^{TM} \left(X(x), \left. \frac{\partial}{\partial \rho(z, x)} \right|_x \right), \qquad (8.115)$$

其中 $\left. \frac{\partial}{\partial \rho(z,x)} \right|_x$ 表示从 z 出发到点 x 的射线测地线在点 x 处的单位切向量. 注意, 尽管 (局部定义的) 光滑向量场 $\left. \frac{\partial}{\partial \rho(z,x)} \right|_x$ 在 $x = z$ 处无定义, 但函数 $X(x) \rho^2(x, z)$ 在开区域 $\rho(x, z) < \delta$ 上光滑, 特别地在 $x = z$ 处为零. 现令

$$Z(z) = \tau(z, x) X(x) \in T_z M, \qquad (8.116)$$

其中 $\tau(z, x)$ 表示从点 x 到 z 沿连接 x 与 z 的 (唯一) 测地线的平行移动. 从而有

$$g^{TM} \left(X(x), \left. \frac{\partial}{\partial \rho(z, x)} \right|_x \right) = g^{TM} \left(Z(z), \tau(z, x) \left. \frac{\partial}{\partial \rho(z, x)} \right|_x \right)$$

$$= g^{TM} \left(Z(z), -\left. \frac{\partial}{\partial \rho(x, z)} \right|_z \right). \qquad (8.117)$$

此时在开区域 $\rho(x,z) < \delta$ 上就有

$$
\begin{cases}
X(x)\rho^2(x,z) = -Z(z)\rho^2(x,z), \\
X(x)\Psi(t-\tau, \rho(x,z)) = -Z(z)\Psi(t-\tau, \rho(x,z)).
\end{cases}
\tag{8.118}
$$

注意到对于任意取定的点 $x \in M$, Z 是定义在 $\mathcal{O}_x(\delta)$ 上的一个光滑向量场, 又注意到截面簇 $\widetilde{h}(\tau,t,x,z,y)$ 在 $\mathcal{O}_x(\varepsilon)$ 外恒为零且 $0 < \varepsilon < \delta$, 不难看出存在光滑向量场 $\widetilde{Z} \in \Gamma(TM)$ 使得

$$
\widetilde{Z}|_{\mathcal{O}_x(\varepsilon)} = Z.
\tag{8.119}
$$

任意取定 E_x 的一组基 $\omega_1, \cdots, \omega_{\mathrm{rk}(E)}$, 则 $\widetilde{h}(\tau,t,x,z,y)$ 可表示为

$$
\widetilde{h}(\tau,t,x,z,y) = \sum_\alpha \widetilde{h}_\alpha(\tau,t,x,z,y)\omega_\alpha,
$$

其中, $h_\alpha(\tau,t,x,z,y)$ 是依赖于 τ, t, z 的函数, 且与 $\widetilde{h}(\tau,t,x,z,y)$ 有相同的可微性. 现在关于式 (8.114) 中的第一个积分就有计算

$$
\begin{aligned}
I &= \int_M \left(X(x)\Psi(t-\tau,\rho(x,z)) \right) \widetilde{h}(\tau,t,x,z,y)\, dv_M(z) \\
&= -\int_M \left(\widetilde{Z}(z)\Psi(t-\tau,\rho(x,z)) \right) \widetilde{h}(\tau,t,x,z,y)\, dv_M(z) \\
&= -\sum_\alpha \omega_\alpha \int_M \widetilde{Z}(z)\left(\Psi(t-\tau,\rho(x,z))\widetilde{h}_\alpha(\tau,t,x,z,y) \right) dv_M(z) \\
&\quad + \sum_\alpha \omega_\alpha \int_M \Psi(t-\tau,\rho(x,z)) \left(\widetilde{Z}(z)\widetilde{h}_\alpha(\tau,t,x,z,y) \right) dv_M(z) \\
&= \sum_\alpha \omega_\alpha \int_M \left(\mathrm{div}\widetilde{Z} \right) \Psi(t-\tau,\rho(x,z))\widetilde{h}_\alpha(\tau,t,x,z,y)\, dv_M(z) \\
&\quad + \sum_\alpha \omega_\alpha \int_M \Psi(t-\tau,\rho(x,z)) \left(\widetilde{Z}(z)\widetilde{h}_\alpha(\tau,t,x,z,y) \right) dv_M(z) \\
&= \int_M \Psi(t-\tau,\rho(x,z)) \left(\left(\mathrm{div}\widetilde{Z} + \widetilde{Z} \right) \sum_\alpha \widetilde{h}_\alpha(\tau,t,x,z,y)\omega_\alpha \right) dv_M(z) \\
&= \int_M \Psi(t-\tau,\rho(x,z)) \left(\left(\mathrm{div}\widetilde{Z} + \widetilde{Z} \right) \widetilde{h}(\tau,t,x,z,y) \right) dv_M(z),
\end{aligned}
\tag{8.120}
$$

注意在上述计算中我们用到了闭 Riemann 流形上的**散度公式** (参见 [Y2], [Y3] 或 [WuSY])

$$
\int_M (Zf)\, dv_M = -\int_M (\mathrm{div}Z)f\, dv_M,
\tag{8.121}
$$

其中向量场 Z 的**散度**由 M 的体积元关于 Z 的 Lie 导数确定:

$$(\mathrm{div}Z)dv_M = \mathcal{L}_Z(dv_M). \tag{8.122}$$

此时由式 (8.114), (8.120), 有

$$\int_M \nabla^E_{X(x)}(\Psi(t-\tau,\rho(x,z))\widetilde{h}(\tau,t,x,z,y))dv_M(z)$$
$$= \int_M \Psi(t-\tau,\rho(x,z))\left((\mathrm{div}Z + Z + \nabla^E_{X(x)})\widetilde{h}(\tau,t,x,z,y)\right)dv_M(z). \tag{8.123}$$

令

$$\widetilde{g}(\tau,t,x,z,y) = (\mathrm{div}Z + Z + \nabla^E_{X(x)})\widetilde{h}(\tau,t,x,z,y). \tag{8.124}$$

显然, 除去关于 $x,z \in M$ 的可微性下降一阶外, 截面簇 $\widetilde{g}(\tau,t,x,z,y)$ 与 $\widetilde{h}(\tau,t, x,z,y)$ 有完全相同的性质, 即在区域 $0 \leqslant \tau \leqslant t$, $t > 0$ 及 $x,y,z \in M$ 上, $\widetilde{g}(\tau,t,x,z,y)$ 关于变量 $x,y,z \in M$ 为 $([N-\frac{n}{2}]-1)$ 次连续可微, 关于 τ,t 连续, 且当 $\rho(x,z) \geqslant \varepsilon$ 时恒为零. 再由引理 8.3 即知积分

$$\int_M \nabla^E_{X(x)}\left(\Psi(t-\tau,\rho(x,z))\widetilde{h}(\tau,t,x,z,y)\right)dv_M(z)$$
$$= \int_M \Psi(t-\tau,\rho(x,z))\widetilde{g}(\tau,t,x,z,y)dv_M(z) \tag{8.125}$$

关于 $t > 0$, $\tau \in [0,t]$ 及 $x,y \in M$ 连续. 从而可知

$$\int_0^t d\tau \int_M \nabla^E_{X(x)}\left(\Psi(t-\tau,\rho(x,z))\widetilde{h}(\tau,t,x,z,y)\right)dv_M(z) \tag{8.126}$$

为闭区间 $[0,t]$ 上的连续截面簇的正常积分. 我们就证明了截面簇 $W(t,x,y)w$ 或映射簇 $W(t,x,y)$ 关于 $x \in M$ 是 1 次连续可微的, 而且有

$$\nabla^E_{X(x)}(W(t,x,y)w)$$
$$= \int_0^t d\tau \int_M \nabla^E_{X(x)}(\Psi(t-\tau,\rho(x,z))\widetilde{h}(\tau,t,x,z,y))dv_M(z)$$
$$= \int_0^t d\tau \int_M \Psi(t-\tau,\rho(x,z))\left((\mathrm{div}Z + Z + \nabla^E_{X(x)})\widetilde{h}(\tau,t,x,z,y)\right)dv_M(z)$$
$$= \int_0^t d\tau \int_M \Psi(t-\tau,\rho(x,z))\widetilde{g}(\tau,t,x,z,y)dv_M(z). \tag{8.127}$$

最后由式 (8.127) 或式 (8.125) 及上述同样的讨论, 即可逐次证明在 $(0,\infty) \times M \times M$ 上映射簇 $W(t,x,y)$ 关于 $x \in M$ 有直到 $[N-\frac{n}{2}]$ 次的连续导数. $\qquad \square$

第九章　Gauss-Bonnet-陈定理：热核方法的证明

在本书第三章中, 我们基于 Mathai 和 Quillen 构造的 Thom 形式, 给出了著名的 Gauss-Bonnet-陈定理的一个几何证明. 本章我们将应用上一章介绍的 Laplace 算子的热核, 再给出其一个解析的证明. 这个证明在二维情形最早由 Mckean 和 Singer 于 1967 年得到 (参见 [MS]). 特别地, 在 [MS] 中, Mckean 和 Singer 还提出了一个著名的猜测, 现称为 Mckean-Singer 猜想. 这一工作开启了流形上椭圆微分算子局部指标定理的研究. 1971 年, 印度数学家 V. K. Patodi 首次给出了 de Rham-Hodge 算子的局部指标公式 ([P1]), 从而得到了 Gauss-Bonnet-陈定理的一个热核方法的证明. 之后, 受物理中的超对称思想的影响, 关于局部指标定理的研究无论在技术上还是在思想上都变得更加简单和清晰了. 本章介绍的证明正基于此. 相关的参考文献我们推荐 [AtBP], [BGV], [Ge1], [Gi], [Y2], [Y3]. 本章采用与第四、八章相同的记号与约定.

9.1　Mckean-Singer 猜测

设 (M, g^{TM}) 是一 $2n$ 维闭、定向 Riemann 流形. 在第四章中我们曾定义了流形 M 上的 de Rham-Hodge 算子

$$D_{\text{even}} = d + d^* : \Omega^{\text{even}}(M) \to \Omega^{\text{odd}}(M),$$

并利用 Hodge 定理, 给出了流形 M 的 Euler 示性数 $\chi(M)$ 如下的解析解释:

$$\chi(M) = \text{ind}(D_{\text{even}}) = \dim(\ker D_{\text{even}}) - \dim(\ker D_{\text{odd}})$$

$$= \dim(\ker \square_{\text{even}}) - \dim(\ker \square_{\text{odd}}),$$

这里, $\square_{\text{even/odd}} = \square|_{\Omega^{\text{even/odd}}(M)} = D_{\text{odd/even}}D_{\text{even/odd}}$, $\square = \square_{\text{even}} + \square_{\text{odd}}$.

设 $e^{-t\square}$ 是 $\square$ 的热算子, $p_t(x, y)$ 是 $\square$ 的热核. 由第八章关于热核的讨论知, 对于任意 $t > 0$, $e^{-t\square}$ 是紧算子, 且由定理 8.4 中的式 (8.32) 知

$$\text{Tr}\left[e^{-t\square}\right] = \int_M \text{tr}\left[p_t(y, y)\right] dv_M(y).$$

注意到算子 $\square$ 保持 $\Omega^*(M) = \Omega^{\text{even}}(M) \oplus \Omega^{\text{odd}}(M)$ 中的奇/偶 $\mathbf{Z}_2$-分次, 由热核的存在、唯一性知, 线性映射簇 $p_t(y, y) : \Lambda^*(T^*M) \to \Lambda^*(T^*M)$ 保持超向量丛 $\Lambda^*(T^*M) = \Lambda^{\text{even}}(T^*M) \oplus \Lambda^{\text{odd}}(T^*M)$ 中的奇/偶 $\mathbf{Z}_2$-分次. 类似于定理 8.4 中的式 (8.32), 我们有

$$\text{Tr}\left[e^{-t\square_{\text{even/odd}}}\right] = \int_M \text{tr}\left[p_t(y, y)|_{\Lambda^{\text{even/odd}}(T^*M)}\right] dv_M(y). \tag{9.1}$$

记

$$\text{Str}\left[e^{-t\square}\right] := \text{Tr}\left[e^{-t\square_{\text{even}}}\right] - \text{Tr}\left[e^{-t\square_{\text{odd}}}\right].$$

则由式 (9.1) 得

$$\text{Str}\left[e^{-t\square}\right] = \int_M \text{str}\left[p_t(y, y)\right] dv_M(y). \tag{9.2}$$

定理 9.1 (Mckean-Singer)　　对于任意 $t > 0$, 有

$$\text{Str}\left[e^{-t\square}\right] = \text{ind}(D_{\text{even}}). \tag{9.3}$$

证明　　我们用 $\text{spec}(D)$ 表示某个自伴椭圆算子 D 的谱集. 注意到对任意 $\lambda \in \text{spec}(\square_{\text{even/odd}}) \setminus \{0\}$ 及 $s \in E_\lambda(\square_{\text{even/odd}}) \setminus \{0\}$ (这里 $E_\lambda(\square_{\text{even/odd}})$ 表示对应于算子 $\square_{\text{even/odd}}$ 的特征值 λ 的特征子空间), 有

$$\square_{\text{odd/even}}(D_{\text{even/odd}}s) = (D_{\text{even/odd}}D_{\text{odd/even}})(D_{\text{even/odd}}s)$$

$$= D_{\text{even/odd}}(D_{\text{odd/even}}D_{\text{even/odd}}s) = D_{\text{even/odd}}(\square_{\text{even/odd}}s)$$

$$= D_{\text{even/odd}}(\lambda s) = \lambda D_{\text{even/odd}}s,$$

从而算子 $\Box_{\mathrm{even}}$ 与 $\Box_{\mathrm{odd}}$ 有相同的非零特征值, 且重数相等. 故

$$
\begin{aligned}
\mathrm{Str}[e^{-t\Box}] &= \sum_{\lambda \in \mathrm{spec}(\Box_{\mathrm{even}})} e^{-t\lambda} - \sum_{\mu \in \mathrm{spec}(\Box_{\mathrm{odd}})} e^{-t\mu} \\
&= \dim (\ker \Box_{\mathrm{even}}) - \dim (\ker \Box_{\mathrm{odd}}) \\
&= \dim (\ker D_{\mathrm{even}}) - \dim (\ker D_{\mathrm{odd}}) \\
&= \mathrm{ind}(D_{\mathrm{even}}).
\end{aligned}
$$

$\qquad\square$

现由上述的 **Mckean-Singer 定理**及式 (9.2), 我们有

$$
\begin{aligned}
\chi(M) = \mathrm{ind}(D_{\mathrm{even}}) = \mathrm{Str}\left[e^{-t\Box}\right] &= \int_M \mathrm{str}\,[p_t(y,y)]\,dv_M(y) \\
&= \lim_{t \to 0^+} \int_M \mathrm{str}\,[p_t(y,y)]\,dv_M(y). \qquad (9.4)
\end{aligned}
$$

为了计算极限 $\lim_{t\to 0^+} \int_M \mathrm{str}\,[p_t(y,y)]\,dv_M(y)$, 应用第八章中建立的热核渐近展开定理 (见定理 8.9) 于当前情形, 我们得到: 当 $t \to 0^+$ 时, 有

$$
p_t(y,y) = \frac{1}{(4\pi)^n} \sum_{i=0}^n t^{i-n} U^{(i)}(y,y) + o(1), \qquad (9.5)
$$

这里, 对于任意的 $y \in M$ 及 $i \geqslant 0$, 线性变换 $U^{(i)}(y,y) : \Lambda^*(T_y^* M) \to \Lambda^*(T_y^* M)$ 由方程组 (8.78) 唯一确定, 它们仅依赖于 y 点附近的几何及算子 $\Box$ 的局部行为 (参见第八章 8.2.2 节).

由式 (9.4) 及 (9.5), 我们立得

$$
\begin{cases}
\displaystyle\int_M \mathrm{str}\left[U^{(i)}(y,y)\right] dv_M(y) = 0, & \text{当 } i < n \text{ 时}, \\
\displaystyle\chi(M) = \frac{1}{(4\pi)^n} \int_M \mathrm{str}\left[U^{(n)}(y,y)\right] dv_M(y).
\end{cases} \qquad (9.6)
$$

对于二维 Riemann 面情形, Mckean 与 Singer 证明了 (参见 [MS])

$$
\mathrm{str}\left[U^{(1)}(y,y)\right] = 2k_M(y),
$$

其中 k_M 是 M 的 Gauss 曲率函数; 从而得到

$$
\mathrm{ind}(D_{\mathrm{even}}) = \chi(M) = \frac{1}{2\pi} \int_M k_M\,dv_M(y),
$$

此即为经典的 Gauss-Bonnet 定理.

对于一般情形, Mckean 与 Singer 于 1967 年猜测:

猜想 9.1 (Mckean-Singer 猜测)   设 (M, g^{TM}) 是一闭、定向 $2n$ 维 Riemann 流形, 则有

$$
\begin{cases}
\mathrm{str}\left[U^{(i)}(y,y)\right] = 0, \quad \text{当 } i < n \text{ 时},\\
\dfrac{1}{(4\pi)^n}\mathrm{str}\left[U^{(n)}(y,y)\right] dv_M(y) = \left(-\dfrac{1}{2\pi}\right)^n \mathrm{Pf}(R^{TM}),
\end{cases}
\tag{9.7}
$$

其中 R^{TM} 是 TM 上 Levi-Civita 联络 ∇^{TM} 的曲率, 微分形式 $\mathrm{Pf}(R^{TM})$ 的定义见式 (3.21).

Mckean 和 Singer 的上述猜测于 1971 年被印度数学家 V. K. Patodi 首次证明. 我们一般将式 (9.7) 称为 de Rham-Hodge 算子 D_{even} 的**局部指标公式**. 易见在流形 M 上对式 (9.7) 两边积分即得第三章给出的 Gauss-Bonnet-陈定理 (3.26).

9.2   de Rham-Hodge 算子局部指标公式的证明

本节我们将采用虞言林的简洁方法 [Y1] 证明上节中的 **Mckean-Singer 猜测** (参见 [Y2], [Y3]).

对于任意 $y \in M$, 令 $(\mathcal{O}_y; \mathbf{x} = (x^1, \cdots, x^{2n}))$ 是以 y 为中心的一个法坐标邻域. 本节我们总采取沿着 $\mathcal{O}_y$ 中从 y 点出发的测地线的平行移动将向量丛 $\Lambda^*(T^*M)|_{\mathcal{O}_y}$ 平凡化. 此时我们有等同

$$
\Lambda^*(T^*M)|_{\mathcal{O}_y} \equiv \mathcal{O}_y \times \Lambda^*(T_y^*M) \text{ 及 } \Gamma(\Lambda^*(T^*M)|_{\mathcal{O}_y})
$$
$$
\equiv C^\infty(\mathcal{O}_y) \times \Lambda^*(T_y^*M). \tag{9.8}
$$

为了计算 $\mathrm{str}\left[U^{(i)}(y,y)\right]$, 我们对定义在 $(\mathcal{O}_y; \mathbf{x} = (x^1, \cdots, x^{2n}))$ 上的表达式

$$
\omega = \left(\varphi_1(\mathbf{x})\frac{\partial}{\partial x^{i_1}}\varphi_2(\mathbf{x})\frac{\partial}{\partial x^{i_2}} \cdots \varphi_m(\mathbf{x})\frac{\partial}{\partial x^{i_m}}\varphi_{m+1}(\mathbf{x})\right)
$$
$$
\cdot c(e_{j_1})\cdots c(e_{j_p})\widehat{c}(e_{k_1})\cdots \widehat{c}(e_{k_q}) \tag{9.9}
$$

(这里 $1 \leqslant j_1 < \cdots < j_p \leqslant 2n$, $1 \leqslant k_1 < \cdots < k_q \leqslant 2n$) 引入如下记号:

$$
\chi(\omega) = p + q + m - \nu(\varphi_1\cdots\varphi_m\varphi_{m+1}), \tag{9.10}
$$

其中, 对于 $\mathcal{O}_y$ 上任一光滑函数 $\varphi(\mathbf{x})$, 我们用 $\nu(\varphi)$ 表示 φ 在 $\mathbf{x} = 0$ 点处的零点阶数. 对于 $(\mathcal{O}_y; \mathbf{x})$ 上任意两个形如式 (9.9) 的表达式 ω_1, ω_2, 我们定义

$$
\chi(\omega_1 + \omega_2) = \max\{\chi(\omega_1), \chi(\omega_2)\}. \tag{9.11}
$$

易见, 对于 $(\mathcal{O}_y; \mathbf{x})$ 上任意两个表达式 ω_1, ω_2, 我们有

$$\chi(\omega_1\omega_2) \leqslant \chi(\omega_1) + \chi(\omega_2). \tag{9.12}$$

引理 9.1 对于式 (9.9) 给出的 ω, 若 $\chi(\omega) < 4n$, 则有 $\operatorname{str}[\omega(0)] = 0$.

证明 注意到当 $\chi(\omega(0)) < 4n$ 时, 有 $\omega(0) = 0$ 或 $p + q < 4n$. 对于这两种情形均有 $\operatorname{str}[\omega(0)] = 0$ (后一种情形由推论 3.1 中的 (i) 得出). □

在局部计算中我们常用符号 $(\chi < k)$ (或 $(\chi \leqslant k)$) 表示那些不需要明确写出、且满足 $\chi(\omega) < k$ (或 $\chi(\omega) \leqslant k$) 的项 ω.

Mckean-Singer 猜测的证明 在法坐标邻域 $\mathcal{O}_y$ 上记

$$\mathcal{U}^{(i)}(\mathbf{x}; y) = U^{(i)}(x, y), \quad i \geqslant 0.$$

由定理 8.7 知 $\mathcal{U}^{(i)}(\mathbf{x}; y)$ 满足方程组

$$\begin{cases} \left(\nabla_{\rho\frac{\partial}{\partial\rho}} + i + \dfrac{\widehat{d}G}{4G}\right)\mathcal{U}^{(i)} = -\Box\mathcal{U}^{(i-1)}, \; i \geqslant 1, \\ \mathcal{U}^{(0)}(0; y) = \operatorname{Id}_{\Lambda^*(T_y^*M)}. \end{cases} \tag{9.13}$$

相对于限制丛 $\Lambda^*(T^*M)|_{\mathcal{O}_y}$ 在法坐标邻域上的平凡化, 根据 (9.10) 并由附录 A 中的记号 (A.23)—(A.25), 推论 A.1 及第四章中的 Lichnerowicz 公式 (4.21), 我们容易看出

$$\Box = \frac{1}{8}\sum_{k,l,p,q} R_{klpq}(y)c(e_k)c(e_l)\widehat{c}(e_p)\widehat{c}(e_q) + (\chi < 4). \tag{9.14}$$

从而对于 $i \geqslant 1$, 我们对方程组 (9.13) 中第一式在 $\mathbf{x} = 0$ 点取值, 即得

$$i\mathcal{U}^{(i)}(0; y) = \left\{-\frac{1}{8}\sum_{k,l,p,q} R_{klpq}(y)c(e_k)c(e_l)\widehat{c}(e_p)\widehat{c}(e_q) + (\chi < 4)\right\}\mathcal{U}^{(i-1)}(0; y). \tag{9.15}$$

注意到 $\mathcal{U}^{(0)}(0; y) = \operatorname{Id}_{\Lambda^*(T_y^*M)}$, 我们从式 (9.15) 递推得到

$$\chi(\mathcal{U}^{(i)}(0; y)) \leqslant 4i, \quad 0 \leqslant i < n, \tag{9.16}$$

$$\mathcal{U}^{(n)}(0;y) = \frac{(-1)^n}{2^{3n}n!} \sum R_{i_1 i_2 j_1 j_2}(y) \cdots R_{i_{2n-1} i_{2n} j_{2n-1} j_{2n}}(y)$$

$$\cdot c(e_{i_1})c(e_{i_2})\widehat{c}(e_{j_1})\widehat{c}(e_{j_2}) \cdots c(e_{i_{2n-1}})c(e_{i_{2n}})\widehat{c}(e_{j_{2n-1}})\widehat{c}(e_{j_{2n}})$$

$$= \frac{(-1)^n}{2^{3n}n!} \sum R_{i_1 i_2 j_1 j_2}(y) \cdots R_{i_{2n-1} i_{2n} j_{2n-1} j_{2n}}(y)(e_{i_1})c(e_{i_2}) \cdots$$

$$c(e_{i_{2n-1}})c(e_{i_{2n}})\widehat{c}(e_{j_1})\widehat{c}(e_{j_2}) \cdots \widehat{c}(e_{j_{2n-1}})\widehat{c}(e_{j_{2n}}) + (\chi < 4n). \quad (9.17)$$

此时由式 (9.16) 及引理 9.1, 有

$$\mathrm{str}\left[U^{(i)}(y,y)\right] = \mathrm{str}\left[\mathcal{U}^{(i)}(0;y)\right] = 0, \quad 0 \leqslant i < n, \quad (9.18)$$

由式 (9.17), (3.22) 及推论 3.1 知

$$\mathrm{str}\left[U^{(n)}(y,y)\right] dv_M(y) = \mathrm{str}\left[\mathcal{U}^{(n)}(0;y)\right] dv_M(y)$$

$$= \left(\frac{1}{2}\right)^n \frac{1}{n!} \sum \epsilon_{i_1,\cdots,i_{2n}} \epsilon_{j_1,\cdots,j_{2n}} R_{i_1 i_2 j_1 j_2}(y) \cdots R_{i_{2n-1} i_{2n} j_{2n-1} j_{2n}}(y) dv_M(y)$$

$$= \frac{(-1)^n}{n!} \sum \epsilon_{i_1,\cdots,i_{2n}} \left(\Omega_{i_1 i_2} \wedge \cdots \wedge \Omega_{i_{2n-1} i_{2n}}\right)(y).$$

注意在上述计算中的最后一个等号我们用到了以下等式 (参见附录 A 中的式 (A.3) 及 (A.5))

$$\Omega_{ij} = \frac{1}{2} \sum_{k,l} \Omega_{ij}(e_k, e_l) \omega^k \wedge \omega^l = -\frac{1}{2} \sum_{k,l} R_{ijkl} \omega^k \wedge \omega^l. \quad (9.19)$$

其中 $\omega^1, \cdots, \omega^{2n}$ 记 $e_1, \cdots, e_{2n}$ 的对偶基. 最后由 $\mathrm{Pf}(R^{TM})$ 的表达式 (3.24) 就有

$$\mathrm{str}\left[U^{(n)}(y,y)\right] dv_M(y) = (-2)^n \mathrm{Pf}\left(R^{TM}\right)(y).$$

至此 Mckean-Singer 猜测 (9.7) 得证.　　　　　　　　　　　　　　　　□

第十章　Hirzebruch 符号差指标定理：热核方法的证明

本章我们将给出 Hirzebruch 符号差指标定理的一个热核方法的证明. 我们首先利用第四章叙述的、并在第八章证明的 Hodge 定理, 给出流形的符号差的一个解析解释, 然后我们用热核方法给出 Hirzebruch 符号差算子的局部指标公式. 由此公式出发, 在流形上积分即可直接得到 Hirzebruch 的符号差指标定理. 不同于上章 de Rham-Hodge 算子的局部指标公式的证明, Hirzebruch 符号差算子的局部指标公式的证明相对要困难很多, 其中我们需要将其转化为求一个形变的调和振子的解. 事实上, 当涉及的流形是一自旋流形时, Hirzebruch 符号差算子可看作一个扭化的 Dirac 算子, 从而由下章介绍的扭化 Dirac 算子的局部指标公式就可得到 Hirzebruch 符号差算子的局部指标公式. 相关参考文献我们推荐 [Y1] 及 [Y2], [Y3], [BGV].

10.1　流形的符号差的解析解释

设 M 是一 $4m$ 维定向、闭 Riemann 流形. 在第一章 1.4.3 节的脚注中, 我们已经给出了流形 M 的符号差 $\mathrm{Sign}(M)$ 的拓扑定义, 它是如下定义的二次型的符号差:

$$\begin{cases} B : H_{\mathrm{dR}}^{2m}(M; \mathbf{R}) \times H_{\mathrm{dR}}^{2m}(M; \mathbf{R}) \to \mathbf{R}, \\ B([\omega], [\omega']) = \displaystyle\int_M \omega \wedge \omega'. \end{cases} \tag{10.1}$$

注意到式 (10.1) 中的第二式与上同调类的代表元 ω, ω' 的选取无关.

另一方面, 记 $\mathcal{H}^k(M) = \ker(\square_k)$, 其中 $\square = (d + d^*)^2$, $\square_k = \square|_{\Omega^k(M)}$. 由 Hodge 定理, $H_{\mathrm{dR}}^{2m}(M; \mathbf{R})$ 中的每一元素在 $\mathcal{H}^{2m}(M)$ 中有唯一一个调和形式的代表元. 从而我们可在 $\mathcal{H}^{2m}(M)$ 上定义一个等价于式 (10.1) 的二次型:

$$
\begin{cases}
B_0 : \mathcal{H}^{2m}(M) \times \mathcal{H}^{2m}(M) \to \mathbf{R}, \\
B_0(\omega, \omega') = \displaystyle\int_M \omega \wedge \omega', \quad \forall \omega, \omega' \in \mathcal{H}^{2m}(M).
\end{cases}
\tag{10.2}
$$

故有

$$
\mathrm{Sign}(M) = \mathrm{Sign}(B) = \mathrm{Sign}(B_0).
\tag{10.3}
$$

在第四章中我们曾在 $\Omega^*(M)$ 上定义了一个 Hodge $*$-算子 (参见式 (4.1))

$$
* : \Omega^*(M) \to \Omega^{4m-*}(M).
$$

利用 Hodge $*$-算子, 我们还可定义如下的线性映射:

定义 10.1　设 M 是一 $4m$ 维定向、闭 Riemann 流形. 线性映射 $\tau : \Omega^*(M) \to \Omega^{4m-*}(M)$ 定义为

$$
\tau(\omega) = (-1)^{\frac{k(k-1)}{2} + m} * \omega, \quad \forall \omega \in \Omega^k(M), \quad 0 \leqslant k \leqslant 4m.
\tag{10.4}
$$

容易验证

$$
\tau^2 = 1, \quad \tau|_{\Omega^{2m}(M)} = *|_{\Omega^{2m}(M)}.
\tag{10.5}
$$

注记 10.1　在第三章 3.8 节中我们曾对流形上秩为 $2n$ 的定向 Euclid 向量丛 E 生成的复值外代数丛 $\Lambda_{\mathbf{C}}^*(E^*)$, 定义了一个符号差分次算子 τ (见式 (3.54)). 当 E 取为上述 $4m$ 维闭定向 Riemann 流形 M 的切丛 TM 时, 易见相应的符号差分次算子 τ 亦可作用在实值外代数丛 $\Lambda^*(T^*M)$ 上, 且给出其上一个 $\mathbf{Z}_2$-分次. 容易验证这个符号差分次算子与式 (10.4) 定义的算子 τ 相同.

另一方面, 在第四章 4.1 节中我们定义了算子 $D = d + d^* : \Omega^*(M) \to \Omega^*(M)$. 不难验证: 当 $\dim M = 4m$ 时, 算子 d^* 由下式给出:

$$
d^*\omega = (-1)^{4mk + 4m + 1} * d * \omega = - * d * \omega \in \Omega^{k-1}(M), \quad \forall \omega \in \Omega^k(M).
$$

事实上, 通过直接的简单计算可知, 对于任意的 $0 \leqslant k \leqslant 4m$, 在 $\Omega^k(M)$ 上成立如下等式:

$$*d = (-1)^{k+1}d*, \quad *d^* = (-1)^k d*. \tag{10.6}$$

由上式进一步容易验证[①]

$$\tau D = -D\tau, \quad \tau \Box = \Box \tau, \tag{10.7}$$

其中 $\Box = (d + d^*)^2$.

现由式 (10.5) 及 (10.7) 我们可定义

$$\mathcal{H}_{\pm}^{2m}(M) = \{\omega \in \mathcal{H}^{2m}(M) \,|\, *\omega = \pm\omega\}. \tag{10.8}$$

显然有

$$\mathcal{H}^{2m}(M) = \mathcal{H}_+^{2m}(M) \oplus \mathcal{H}_-^{2m}(M). \tag{10.9}$$

此时对于任意非零的 $\omega \in \mathcal{H}_{\pm}^{2m}(M)$,

$$B_0(\omega, \omega) = \int_M \omega \wedge \omega = \int_M \omega \wedge *(*\omega) = \langle \omega, *\omega \rangle = \pm \langle \omega, \omega \rangle, \tag{10.10}$$

其中 $\langle \cdot, \cdot \rangle$ 是由式 (4.2) 定义的 $\Omega^*(M)$ 上的内积. 从而二次型 B_0 非退化. 特别地, B_0 在 $\mathcal{H}_+^{2m}(M)$ 上正定, 而在 $\mathcal{H}_-^{2m}(M)$ 上负定. 由此我们得到

$$\mathrm{Sign}(M) = \mathrm{Sign}(B_0) = \dim \mathcal{H}_+^{2m}(M) - \dim \mathcal{H}_-^{2m}(M). \tag{10.11}$$

由于 $\tau^2 = 1$, 易见对于 $4m$ 维闭、定向 Riemann 流形 M, 在 $\Omega^*(M)$ 中还有如下的符号差 $\mathbf{Z}_2$-分次:

$$\Omega^*(M) = \Omega_+(M) \oplus \Omega_-(M), \tag{10.12}$$

其中

$$\Omega_{\pm}(M) := \{\omega \in \Omega^*(M) \,|\, \tau\omega = \pm\omega\}. \tag{10.13}$$

由于 τ 与算子 D 反交换, 我们可令

$$D_{\pm} : \Omega_{\pm}(M) \to \Omega_{\mp}(M) \tag{10.14}$$

---

① 以下式 (10.7) 也可由式 (3.69) 推得.

分别为 D 在 $\Omega_\pm(M)$ 上的限制. 显然 D_- 是 D_+ 的形式伴随. 我们称算子

$$D_+ : \Omega_+(M) \to \Omega_-(M)$$

为 M 上的 **Hirzebruch 符号差算子**.

　　现在我们就可以给出流形 M 的符号差 $\mathrm{Sign}(M)$ 的一个解析的解释.

　　定理 10.1　*设 M 是一 $4m$ 维闭、定向 Riemann 流形. 则有*

$$\mathrm{Sign}(M) = \mathrm{ind}(D_+) := \dim\left(\ker D_+\right) - \dim\left(\ker D_-\right).$$

　　证明　由于 $\tau\square = \square\tau$, 算子 $\square$ 在 $\Omega^*(M)$ 上的作用保持 $\Omega_\pm(M)$. 记 $\square_\pm = \square|_{\Omega_\pm(M)}$, $\mathcal{H}(M) = \ker(\square)$, $\mathcal{H}(M)_\pm = \ker(\square_\pm)$. 我们有

$$\mathcal{H}(M) = \mathcal{H}(M)_+ \oplus \mathcal{H}(M)_-$$

及

$$
\begin{aligned}
\mathrm{ind}(D_+) &= \dim\left(\ker D_+\right) - \dim\left(\ker D_-\right) \\
&= \dim\left(\ker \square_+\right) - \dim\left(\ker \square_-\right) \\
&= \dim\left(\mathcal{H}(M)_+\right) - \dim\left(\mathcal{H}(M)_-\right).
\end{aligned}
\tag{10.15}
$$

注意到

$$\mathcal{H}(M) = \bigoplus_{k=0}^{2m-1}\left(\mathcal{H}^k(M) \oplus \mathcal{H}^{4m-k}(M)\right) \oplus \mathcal{H}^{2m}(M), \tag{10.16}$$

且 $\mathcal{H}^{2m}(M)$ 及 $\mathcal{H}^k(M) \oplus \mathcal{H}^{4m-k}(M), 0 \leqslant k \leqslant 2m-1$, 均为 τ 不变子空间. 对于 $0 \leqslant k \leqslant 2m-1$, 令

$$\left(\mathcal{H}^k(M) \oplus \mathcal{H}^{4m-k}(M)\right)_\pm = \{\omega \in \mathcal{H}^k(M) \oplus \mathcal{H}^{4m-k}(M) \,|\, \tau\omega = \pm\omega\}.$$

易见对于任意 $0 \leqslant k \leqslant 2m-1$, 映射 $\omega \mapsto \frac{1}{2}(\omega \pm \tau\omega)$ 分别给出了有限维线性空间 $\mathcal{H}^k(M)$ 到 $\left(\mathcal{H}^k(M) \oplus \mathcal{H}^{4m-k}(M)\right)_\pm$ 上的线性同构. 从而

$$
\begin{aligned}
\mathrm{ind}(D_+) &= \dim\left(\mathcal{H}(M)_+\right) - \dim\left(\mathcal{H}(M)_-\right) \\
&= \dim\left(\mathcal{H}_+^{2m}(M) \oplus \bigoplus_{k=0}^{2m-1}\left(\mathcal{H}^k(M) \oplus \mathcal{H}^{4m-k}(M)\right)_+\right) \\
&\quad - \dim\left(\mathcal{H}_-^{2m}(M) \oplus \bigoplus_{k=0}^{2m-1}\left(\mathcal{H}^k(M) \oplus \mathcal{H}^{4m-k}(M)\right)_-\right) \\
&= \dim\left(\mathcal{H}_+^{2m}(M)\right) - \dim\left(\mathcal{H}_-^{2m}(M)\right) \\
&= \mathrm{Sign}(M). \qquad\qquad\qquad\qquad\qquad\qquad\qquad\quad \square
\end{aligned}
$$

定理 10.2 (Hirzebruch 符号差定理) 设 M 是一 $4m$ 维定向闭流形. 则有

$$\text{Sign}(M) = L(M), \tag{10.17}$$

其中 Hirzebruch L-亏格 $L(M)$ 的定义见式 (1.49).

10.2 Hirzebruch 符号差算子的局部指标公式

采用与上章类似做法, 本节我们给出 Hirzebruch 符号差算子

$$D_+ = (d + d^*)|_{\Omega_+(M)} : \Omega_+(M) \to \Omega_-(M)$$

的局部指标公式.

我们仍用 $p_t(x, y)$ 记 $\square$ 的热核. 由于算子 $\square$ 保持 $\Omega^*(M) = \Omega_+(M) \oplus \Omega_-(M)$ 中的 $\mathbf{Z}_2$-分次, 由热核的存在、唯一性知, 线性映射簇 $p_t(y, y) : \Lambda^*(T^*M) \to \Lambda^*(T^*M)$ 保持超向量丛 $\Lambda^*(T^*M) = \Lambda_+(T^*M) \oplus \Lambda_-(T^*M)$ 中的 $\mathbf{Z}_2$-分次. 类似于定理 8.4 中的式 (8.32), 我们有

$$\text{Tr}\left[e^{-t\square_\pm}\right] = \int_M \text{tr}\left[p_t(y, y)|_{\Lambda_\pm(T^*M)}\right] dv_M(y). \tag{10.18}$$

记

$$\text{Str}\left[e^{-t\square}\right] := \text{Tr}\left[e^{-t\square_+}\right] - \text{Tr}\left[e^{-t\square_-}\right].$$

则由式 (10.18) 得

$$\text{Str}\left[e^{-t\square}\right] = \int_M \text{str}\left[p_t(y, y)\right] dv_M(y), \tag{10.19}$$

此处及以下的 str 均表示相对于 $\Lambda^*(T^*M)$ 中的符号差 $\mathbf{Z}_2$-分次求超迹. 类似于式 (9.3), 我们有

定理 10.3 对于任意 $t > 0$, 有

$$\text{Str}\left[e^{-t\square}\right] = \text{ind}(D_+) = \text{Sign}(M). \tag{10.20}$$

证明 完全类似于上章中 Mckean-Singer 定理的证明, 注意到对任意 $\lambda \in \text{spec}(\square_\pm) \setminus \{0\}$ 及 $s \in E_\lambda(\square_\pm) \setminus \{0\}$ (这里 $E_\lambda(\square_\pm)$ 表示对应于算子 $\square_\pm$ 的特征值 λ 的特征子空间), 有

$$\square_\mp(D_\pm s) = (D_\pm D_\mp)(D_\pm s) = D_\pm(D_\mp D_\pm s)$$
$$= D_\pm(\square_\pm s) = D_\pm(\lambda s) = \lambda D_\pm s,$$

从而算子 $\square_+$ 与 $\square_-$ 有相同的非零特征值, 且重数相等. 故

$$
\begin{aligned}
\text{Str}\left[e^{-t\square}\right] &= \sum_{\lambda\in\text{spec}(\square_+)} e^{-t\lambda} - \sum_{\mu\in\text{spec}(\square_-)} e^{-t\mu} \\
&= \dim\left(\ker(\square_+)\right) - \dim\left(\ker(\square_-)\right) \\
&= \dim\left(\ker D_+\right) - \dim\left(\ker D_-\right) \\
&= \text{ind}(D_+) = \text{Sign}(M).
\end{aligned}
$$

$\square$

现由上述定理及式 (10.19), 我们有

$$
\begin{aligned}
\text{Sign}(M) = \text{Str}\left[e^{-t\square}\right] &= \int_M \text{str}\left[p_t(y,y)\right] dv_M(y) \\
&= \lim_{t\to 0^+} \int_M \text{str}\left[p_t(y,y)\right] dv_M(y).
\end{aligned}
\tag{10.21}
$$

类似地为了计算极限 $\lim_{t\to 0^+}\int_M \text{str}\left[p_t(y,y)\right] dv_M(y)$, 我们需要如下的热核渐近展开定理: 当 $t\to 0^+$ 时,

$$
p_t(y,y) = \frac{1}{(4\pi)^{2m}}\sum_{i=0}^{2m} t^{i-2m}U^{(i)}(y,y) + o(1),
\tag{10.22}
$$

这里, 对于任意的 $y\in M$ 及 $i\geqslant 0$, 线性变换 $U^{(i)}(y,y):\Lambda^*(T_y^*M)\to\Lambda^*(T_y^*M)$ 由方程组 (8.78) 唯一确定, 它们仅依赖于 y 点附近的几何及算子 $\square$ 的局部行为 (参见第八章 8.2.2 节).

由式 (10.21) 及 (10.22), 我们立得

$$
\begin{cases}
\displaystyle\int_M \text{str}\left[U^{(i)}(y,y)\right] dv_M(y) = 0, & \text{当 } i < 2m \text{ 时}, \\
\displaystyle\text{Sign}(M) = \frac{1}{(4\pi)^{2m}}\int_M \text{str}\left[U^{(2m)}(y,y)\right] dv_M(y).
\end{cases}
\tag{10.23}
$$

定理 10.4　设 (M, g^{TM}) 是一闭、定向 $4m$ 维 Riemann 流形, 则有

$$
\begin{cases}
\text{str}\left[U^{(i)}(y,y)\right] = 0, & \text{当 } i < 2m \text{ 时}, \\
\displaystyle\frac{1}{(4\pi)^{2m}}\text{str}\left[U^{(2m)}(y,y)\right] dv_M(y) = \left\{L\left(TM, \nabla^{TM}\right)\right\}^{\max},
\end{cases}
\tag{10.24}
$$

其中, ∇^{TM} 是 TM 上的 Levi-Civita 联络, L-形式 $L(TM, \nabla^{TM})$ 的定义见式 (1.48).

我们将式 (10.24) 称为 Hirzebruch 符号差算子 D_+ 的局部指标公式. 此时, 在流形 M 上对式 (10.24) 两边积分即得上节末给出的 Hirzebruch 符号差定理 (10.17).

注记 10.2 定理 10.4 最早是由 Gilkey 证明的, 参见 [AtBP].

10.3 Hirzebruch 符号差算子局部指标公式的证明

本节我们将采用虞言林的方法 ([Y1], 同时也参见 [Y2], [Y3], [BGV], [Ge1]), 证明上节中的定理 10.4.

对于任意 $y \in M$, 令 $(\mathcal{O}_y; \mathbf{x} = (x^1, \cdots, x^{4m}))$ 是以 y 为中心的一个法坐标邻域. 本节我们对于向量丛 $\Lambda^*(T^*M)|_{\mathcal{O}_y}$ 仍采用第九章 9.2 节中的平凡化 (9.8). 为了计算 $\text{str}[U^{(i)}(y, y)]$, 我们对定义在 $(\mathcal{O}_y; \mathbf{x} = (x^1, \cdots, x^{4m}))$ 上的表达式

$$\omega = \left(\varphi_1(\mathbf{x}) \frac{\partial}{\partial x^{i_1}} \varphi_2(\mathbf{x}) \frac{\partial}{\partial x^{i_2}} \cdots \varphi_n(\mathbf{x}) \frac{\partial}{\partial x^{i_n}} \varphi_{n+1}(\mathbf{x}) \right)$$
$$\cdot c(e_{j_1}) \cdots c(e_{j_p}) \widehat{c}(e_{k_1}) \cdots \widehat{c}(e_{k_q}), \tag{10.25}$$

引入如下记号:

$$\chi(\omega) = n + p - \nu(\varphi_1 \cdots \varphi_n \varphi_{n+1}), \tag{10.26}$$

这里, $1 \leqslant j_1 < \cdots < j_p \leqslant 4m$. 对于任意两个形如式 (10.25) 的表达式 ω_1, ω_2, 我们仍然定义

$$\chi(\omega_1 + \omega_2) = \max\{\chi(\omega_1), \chi(\omega_2)\}.$$

上章中关于 χ 的性质 (9.12) 在此仍成立.

引理 10.1 对于式 (10.25) 给出的 ω, 若 $\chi(\omega) < 4m$, 则有 $\text{str}[\omega(0)] = 0$.

证明 注意到当 $\chi(\omega(0)) < 4m$ 时, 有 $\omega(0) = 0$ 或 $p < 4m$. 对于这两种情形均有 $\text{str}[\omega(0)] = 0$ (后一种情形由推论 3.1(ii) 得出). □

在法坐标邻域 $(\mathcal{O}_y; \mathbf{x})$ 上仍记 $\mathcal{U}^{(i)}(\mathbf{x}; y) = U^{(i)}(x, y)$, $i \geqslant 0$. 则有

$$\begin{cases} \left(\nabla_{\rho \frac{\partial}{\partial \rho}} + i + \frac{\widehat{d}G}{4G} \right) \mathcal{U}^{(i)} = -\Box \mathcal{U}^{(i-1)}, \ i \geqslant 1, \\ \mathcal{U}^{(0)}(0; y) = \text{Id}_{\Lambda^*(T_y^*M)}. \end{cases} \tag{10.27}$$

不同于 de Rham-Hodge 算子的情形, 这里我们需要在法坐标邻域 $(\mathcal{O}_y; \mathbf{x})$ 上仔细计算 $\Delta_0^{\Lambda^*(T^*M)}$. 利用式 (3.63)、附录 A 中的记号 (A.23)—(A.25) 及推论 A.1中的 (iv), 我们有

$$e_i = \frac{\partial}{\partial x^i} + (\chi \leqslant -1); \tag{10.28}$$

$$\nabla_{e_i}^{\Lambda^*(T^*M)} = e_i + \frac{1}{4}\sum_{j,k=1}^{4m}\Gamma_{ij}^k c(e_j)c(e_k)$$

$$= \frac{\partial}{\partial x^i} - \frac{1}{8}\sum_{j,k,l} x^l R_{lijk}(y)c(e_j)c(e_k) + (\chi \leqslant 0). \tag{10.29}$$

从而

$$\Delta_0^{\Lambda^*(T^*M)} = \sum_i \left(\nabla_{e_i}^{\Lambda^*(T^*M)}\right)^2 - \sum_i \nabla_{\nabla_{e_i}^{TM}e_i}^{\Lambda^*(T^*M)}$$

$$= \sum_i \left(\frac{\partial}{\partial x^i} - \frac{1}{8}\sum_{j,k,l} x^l R_{lijk}(y)c(e_j)c(e_k) + (\chi \leqslant 0)\right)^2$$

$$= \sum_i \left(\frac{\partial}{\partial x^i}\right)^2 - \frac{1}{4}\sum_{i,j,k,l} x^l R_{lijk}(y)\frac{\partial}{\partial x^i}c(e_j)c(e_k)$$

$$+ \frac{1}{64}\sum_{i,p,q,j,k,r,s} x^p x^q R_{pijk}(y)R_{qirs}(y)c(e_j)c(e_k)c(e_r)c(e_s) + (\chi < 2)$$

$$= \sum_i \left(\frac{\partial}{\partial x^i} - \frac{1}{8}\sum_{j,k,l} x^l R_{lijk}(y)c(e_j)c(e_k)\right)^2 + (\chi < 2),$$

令

$$\begin{cases} \Box_0 = -\sum_i \left(\frac{\partial}{\partial x^i} - \frac{1}{8}\sum_{j,k,l} x^l R_{lijk}(y)c(e_j)c(e_k)\right)^2, \\ F = \frac{1}{8}\sum_{k,l,p,q} R_{klpq}(y)c(e_k)c(e_l)\widehat{c}(e_p)\widehat{c}(e_q). \end{cases} \tag{10.30}$$

根据第四章中的 Lichnerowicz 公式 (4.21), 则有

$$\Box = \Box_0 + F + (\chi < 2), \ \chi(\Box_0) = 2, \ \chi(F) = 2. \tag{10.31}$$

另外, 在 $\mathcal{O}_y$ 上我们有

$$\nabla_{\rho\frac{\partial}{\partial\rho}}^{\Lambda^*(T^*M)} = \nabla_{\widehat{d}}^{\Lambda^*(T^*M)} = \widehat{d}. \tag{10.32}$$

记 $h = \widehat{d}\left(\log G^{1/4}\right)$. 从而由式 (10.27) 得

$$\begin{cases} \left(\widehat{d} + i + h\right)\mathcal{U}^{(i)} = -\left(\Box_0 + F + (\chi < 2)\right)\mathcal{U}^{(i-1)}, \ i \geqslant 1, \\ \mathcal{U}^{(0)}(0;y) = \mathrm{Id}_{\Lambda^*(T_y^*M)}. \end{cases} \tag{10.33}$$

引理 10.2 对于 $i \geqslant 0$, 有 $\chi(\mathcal{U}^{(i)}(\mathbf{x}; y)) \leqslant 2i$.

证明 证明是一个递推过程. 首先由引理 3.3, 对 $i \geqslant 0$, 相对于 $\Lambda^*(T^*M)$ 在 $(\mathcal{O}_y; \mathbf{x})$ 上的平凡化, 每个 $\mathcal{U}^{(i)}$ 均有形式 $\sum_{I,J} f_{I,J}(\mathbf{x}; y) c_I \widehat{c}_J$, 其中 $I = (i_1, \cdots, i_p)$, $J = (j_1, \cdots, j_q)$ 为 $(1, 2, \cdots, 4m)$ 的有序子集, $c_I = c(e_{i_1}) \cdots c(e_{i_p})$, $\widehat{c}_J = \widehat{c}(e_{j_1}) \cdots \widehat{c}(e_{j_q})$, $f_{I,J}(\mathbf{x}; y)$ 是 $(\mathcal{O}_y; \mathbf{x})$ 上的光滑函数. 由此易见

$$\chi\left(\left(\widehat{d} + i + h\right)\mathcal{U}^{(i)}\right) = \chi\left(\mathcal{U}^{(i)}\right). \tag{10.34}$$

又因为

$$\chi\left(-(\Box_0 + F + (\chi < 2))\mathcal{U}^{(i-1)}\right) \leqslant 2 + \chi\left(\mathcal{U}^{(i-1)}\right), \tag{10.35}$$

从而有

$$\chi\left(\mathcal{U}^{(i)}\right) \leqslant 2 + \chi\left(\mathcal{U}^{(i-1)}\right). \tag{10.36}$$

注意到 $\chi(\mathcal{U}^{(0)}) = 0$ (读者易证 $\mathcal{U}^{(0)} = G^{-1/4}$), 我们即可由式 (10.36) 递推得到本引理的结论. $\qquad\square$

由引理 10.2 与引理 10.1, 我们就证明了定理 10.4 的第一部分.

为了计算 $\mathrm{str}[\mathcal{U}^{(2m)}(0; y)]$, 我们在 $(\mathcal{O}_y; \mathbf{x})$ 上考虑方程组

$$\begin{cases} \left(\widehat{d} + i\right)\mathcal{V}^{(i)} = -(\Box_0 + F)\mathcal{V}^{(i-1)}, \ i \geqslant 1, \\ \mathcal{V}^{(0)}(0; y) = \mathrm{Id}_{\Lambda^*(T^*M)|_{\mathcal{O}_y}}. \end{cases} \tag{10.37}$$

易见上述方程组存在唯一的解 $\{\mathcal{V}^{(i)}(\mathbf{x}; y), \ i \geqslant 0\}$. 类似于引理 10.2 的证明, 我们容易得到

$$\chi\left(\mathcal{V}^{(i)}(\mathbf{x}; y)\right) \leqslant 2i, \quad i \geqslant 0. \tag{10.38}$$

引理 10.3 对于 $i \geqslant 0$, 有 $\chi\left(\mathcal{U}^{(i)}(\mathbf{x}; y) - \mathcal{V}^{(i)}(\mathbf{x}; y)\right) < 2i$. 特别有

$$\mathrm{str}\left[\mathcal{U}^{(2m)}(0; y)\right] = \mathrm{str}\left[\mathcal{V}^{(2m)}(0; y)\right]. \tag{10.39}$$

证明 我们仍然用递推方式证明本引理. 首先易见

$$\chi\left(\mathcal{U}^{(0)} - \mathcal{V}^{(0)}\right) = \chi(G^{-\frac{1}{4}} - 1) < 0. \tag{10.40}$$

又因为

$$\left(\widehat{d} + i\right)\left(\mathcal{U}^{(i)} - \mathcal{V}^{(i)}\right) + h\mathcal{U}^{(i)} = -(\Box_0 + F)\left(\mathcal{U}^{(i-1)} - \mathcal{V}^{(i-1)}\right) + (\chi < 2)\mathcal{U}^{(i-1)}$$

$$\tag{10.41}$$

及 $\chi(\mathcal{U}^{(i)}) \leqslant 2i$, 我们易推得 (与式 (10.34) 相同的理由)

$$\chi\left(\mathcal{U}^{(i)}(\mathbf{x}; y) - \mathcal{V}^{(i)}(\mathbf{x}; y)\right) < 2i. \tag{10.42}$$

当 $i = 2m$ 时, 由式 (10.42) 知 $\mathcal{U}^{(2m)}(\mathbf{x}; y) = \mathcal{V}^{(2m)}(\mathbf{x}; y) + (\chi < 2m)$, 从而

$$\mathrm{str}\left[\mathcal{U}^{(2m)}(0; y)\right] = \mathrm{str}\left[\mathcal{V}^{(2m)}(0; y)\right]. \qquad \Box$$

现在我们需要计算 $\mathrm{str}\left[\mathcal{V}^{(2m)}(0; y)\right] dv_M(y)$. 如引理 10.2 的证明所述, 在 $(\mathcal{O}_y; \mathbf{x})$ 上每个 $\mathcal{V}^{(i)}(\mathbf{x}; y)$ 均可唯一表示为形如 $\sum_{I,J} f_{I,J}^{(i)}(\mathbf{x}; y) c_I \widehat{c}_J$ 的项之和, 其中 I, J 为 $N = \{1, 2, \cdots, 4m\}$ 的有序子集. 由推论 3.1 中的 (ii) 知, 我们只需求出系数函数 $f_{N,\emptyset}^{(2m)}(\mathbf{x}; y)$. 为此我们需要知道每个 $\chi(\mathcal{V}^{(i)})$, $i < 2m$ 的贡献. 由于 $\chi(\mathcal{V}^{(i)}) \leqslant 2i$, 又从逐次求解方程组 (10.37) 的过程容易看出, 每个 $\mathcal{V}^{(i)}(\mathbf{x}; y)$ $(i < 2m)$ 中只有 $(\chi = 2i)$ 的项可能产生贡献. 进一步还可看出, 对于 $1 \leqslant i < 2m$,

$$(\square_0 + F)\,(\chi = 2(i-1))^{(i-1)}$$

中 $\chi < 2i$ 的项与 $\mathcal{V}^{(i)}(\mathbf{x}; y)$ 中 $\chi = 2i$ 的项无关, 这里 $(\chi = 2(i-1))^{(i-1)}$ 表示 $\mathcal{V}^{(i-1)}(\mathbf{x}; y)$ 中 $\chi = 2(i-1)$ 的项; 而由式 (10.30) 看出, 这种情形来自 $(\square_0 + F)$ 与 $(\chi = 2(i-1))^{(i-1)}$ 做乘积时, 相同的 Clifford 元素相乘降低了相应项的次数 χ. 最后注意到

$$\mathrm{str}\left[c(e_1) \cdots c(e_{4m}) \widehat{c}(e_{j_1}) \cdots \widehat{c}(e_{j_q})\right] dv_M(y)$$

$$= (-1)^m \mathrm{tr}\left[\widehat{c}(e_{j_1}) \cdots \widehat{c}(e_{j_q})\right] dv_M(y), \tag{10.43}$$

这里我们允许指标 $j_1, \cdots, j_q$ 有重复. 从而, 替代求解方程组 (10.37), 我们在 $(\mathcal{O}_y; \mathbf{x})$ 上求解如下的方程组:

$$\begin{cases} \left(\widehat{d} + i\right) \mathcal{W}^{(i)} = -\left(\widetilde{\square}_0 + \widetilde{F}\right) \mathcal{W}^{(i-1)}, & i \geqslant 1, \\ \mathcal{W}^{(0)}(0; y) = \mathrm{Id}_{\Lambda^*(T^*M)|_{\mathcal{O}_y}}, \end{cases} \tag{10.44}$$

其中

$$\begin{cases} \widetilde{\square}_0 = -\sum_i \left(\frac{\partial}{\partial x^i} - \frac{1}{8} \sum_{j,k,l} x^l R_{lijk}(y) \omega^j \wedge \omega^k\right)^2 \\ \quad\;\, = -\sum_i \left(\frac{\partial}{\partial x^i} - \frac{1}{4} \sum_j x^j \Omega_{ij}(y)\right)^2, \\ \widetilde{F} = \frac{1}{8} \sum_{k,l,p,q} R_{klpq}(y) \omega^k \wedge \omega^l \widehat{c}(e_p) \widehat{c}(e_q) = -\frac{1}{4} \sum_{k,l} \Omega_{kl}(y) \widehat{c}(e_k) \widehat{c}(e_l), \end{cases} \tag{10.45}$$

这里, $\omega^1, \cdots, \omega^{4m}$ 是 $e_1, \cdots, e_{4m}$ 的对偶基. 易见方程组 (10.44) 有唯一解 $\mathcal{W}^{(i)}(\mathbf{x}; y)$, $0 \leqslant i \leqslant 2m$, 且

$$
\begin{cases}
\left\{ \mathrm{tr} \left[\mathcal{W}^{(i)}(\mathbf{x}; y) \right] \right\}^{\max} = 0, \ i < 2m, \\
\left\{ \mathrm{tr} \left[\mathcal{W}^{(2m)}(0; y) \right] \right\}^{\max} = (-1)^m \mathrm{str} \left[\mathcal{V}^{(2m)}(0; y) \right] dv_M(y).
\end{cases}
\tag{10.46}
$$

在 $(\mathcal{O}_y; \mathbf{x})$ 上令

$$
p_t(\mathbf{x}; y) = \frac{e^{-\sum_{i=1}^{4m}(x^i)^2/4t}}{(4\pi t)^{2m}} \sum_{i=0}^{2m} t^i \mathcal{W}^{(i)}(\mathbf{x}; y), \quad t > 0.
\tag{10.47}
$$

利用方程组 (10.44), 读者可仿照定理 8.6 的证明过程直接验证 $p_t(\mathbf{x}; y)$ 是 $(\mathcal{O}_y; \mathbf{x})$ (看成 Euclid 空间) 上的下列热方程的一个解:

$$
\begin{cases}
\left(\dfrac{\partial}{\partial t} + \widetilde{\square}_0 + \widetilde{F} \right) p_t(\mathbf{x}; y) = 0, \\
\lim\limits_{t \to 0^+} \displaystyle\int_{\mathcal{O}_y} p_t(\mathbf{x}; y) \varphi(\mathbf{x}) dv_M(\mathbf{x}) = \varphi(y),
\end{cases}
\tag{10.48}
$$

其中 $\varphi \in \Gamma(\Lambda^*(T^*M)|_{\mathcal{O}_y})$, 且在 $\mathcal{O}_y$ 中有紧致集.

另一方面, 我们知道上述热方程有唯一解 $p_t(\mathbf{x}; y)$; 进而利用 **Mehler 公式** (参见附录 B 的式 (B.14)), 解 $p_t(\mathbf{x}; y)$ 可明确表示为

$$
p_t(\mathbf{x}; y) = (4\pi t)^{-2m} \det{}^{1/2} \left(\frac{t\Omega(y)/2}{\sinh(t\Omega(y)/2)} \right)
$$
$$
\cdot \exp\left(-\frac{1}{4} \left\langle \mathbf{x} \,\Big|\, \frac{t\Omega(y)}{2} \coth\left(\frac{t\Omega(y)}{2} \right) \,\Big|\, \mathbf{x} \right\rangle \right) \exp\left(-t\widetilde{F} \right),
\tag{10.49}
$$

这里, $\langle \mathbf{x}|A|\mathbf{x} \rangle := \langle A\mathbf{x}, \mathbf{x} \rangle$. 其实, 等式 (10.47) 就是 (10.49) 给出的热核 $p_t(\mathbf{x}; y)$ 的渐近展开式. 从而由式 (10.46), (10.47) 与 (10.49), 有

$$
(4\pi)^{-2m} \mathrm{str} \left[\mathcal{V}^{(2m)}(0; y) \right] dv_M(y)
$$
$$
= \frac{(-1)^m}{(4\pi)^{2m}} \left\{ \det{}^{1/2} \left(\frac{\Omega(y)/2}{\sinh(\Omega(y)/2)} \right) \mathrm{tr} \left[\exp\left(-\widetilde{F} \right) \right] \right\}^{\max}.
\tag{10.50}
$$

注意到 $\Omega(y)$ 是一反对称 2-形式矩阵, 当

$$
\Omega(y) = \begin{pmatrix}
0 & \Omega_{12} & \cdots & 0 & 0 \\
-\Omega_{12} & 0 & \cdots & 0 & 0 \\
\vdots & \vdots & & \vdots & \vdots \\
0 & 0 & \cdots & 0 & \Omega_{4m-1,4m} \\
0 & 0 & \cdots & -\Omega_{4m-1,4m} & 0
\end{pmatrix}
$$

时, 由式 (10.50) 及 $L(TM, \nabla^{TM})$ 的定义式 (1.48) 以及推论 3.1 中的 (ii), 我们容易验证下式成立:

$$\frac{1}{(4\pi)^{2m}} \operatorname{str}\left[U^{(2m)}(y,y)\right] dv_M(y) = \left\{L(TM, \nabla^{TM})\right\}^{\max}. \tag{10.51}$$

事实上, 注意到矩阵 $\Omega(y)$ 中的元均为 2-形式, 其在外乘法下可交换, 此时由附录 B 中的式 (B.1), 我们就有

$$\begin{aligned}
\det{}^{1/2}\left(\cosh(\Omega(y)/2)\right) &= \det{}^{1/2}\left(\frac{1}{2}\left(e^{\Omega(y)/2} + e^{-\Omega(y)/2}\right)\right) \\
&= \det{}^{1/2}\left(\sum_{n\geqslant 0} \frac{1}{(2n)!}\left(\frac{\Omega(y)}{2}\right)^{2n}\right) \\
&= \left\{\prod_{i=1}^{2m}\left(\sum_{n\geqslant 0}\frac{(-1)^n}{(2n)!}\left(\frac{\Omega_{2i-1,2i}}{2}\right)^{2n}\right)^2\right\}^{1/2} \\
&= \prod_{i=1}^{2m}\cos\left(\Omega_{2i-1,2i}/2\right). \tag{10.52}
\end{aligned}$$

另一方面, 注意到诸 $\widehat{c}(e_{2i-1})\widehat{c}(e_{2i})$, $1 \leqslant i \leqslant 2m$, 关于 Clifford 代数的乘法可换, 且 $(\widehat{c}(e_{2i-1})\widehat{c}(e_{2i}))^2 = -1$, 由式 (10.45) 我们就有

$$\begin{aligned}
&\operatorname{tr}\left[\exp\left(-\widetilde{F}\right)\right] \\
&= \operatorname{tr}\left[\exp\left(\sum_{i=1}^{2m}\frac{\Omega_{2i-1,2i}}{2}\widehat{c}(e_{2i-1})\widehat{c}(e_{2i})\right)\right] \\
&= \operatorname{tr}\left[\prod_{i=1}^{2m}\exp\left(\frac{\Omega_{2i-1,2i}}{2}\widehat{c}(e_{2i-1})\widehat{c}(e_{2i})\right)\right] \\
&= \operatorname{tr}\left[\prod_{i=1}^{2m}\left(\cos\left(\frac{\Omega_{2i-1,2i}}{2}\right) + \widehat{c}(e_{2i-1})\widehat{c}(e_{2i})\sin\left(\frac{\Omega_{2i-1,2i}}{2}\right)\right)\right] \\
&= 2^{4m}\prod_{i=1}^{2m}\cos\left(\Omega_{2i-1,2i}/2\right), \tag{10.53}
\end{aligned}$$

上面最后一个等式用到了引理 3.4.

现在由式 (10.52), (10.53) 与 (10.50), 附录 B 中的式 (B.2) 以及 $L(TM, \nabla^{TM})$ 的定义式 (1.48), 我们就有

$$\frac{1}{(4\pi)^{2m}} \operatorname{str}\left[U^{(2m)}(y,y)\right] dv_M(y)$$

$$= \frac{1}{(4\pi)^{2m}} \operatorname{str}\left[\mathcal{U}^{(2m)}(0;y)\right] dv_M(y)$$

$$= \left(\frac{\sqrt{-1}}{\pi}\right)^{2m} \left\{ \det^{1/2}\left(\frac{\Omega(y)/2}{\sinh(\Omega(y)/2)}\right) \det^{1/2}\left(\cosh(\Omega(y)/2)\right) \right\}^{\max}$$

$$= \left(\frac{\sqrt{-1}}{\pi}\right)^{2m} \left\{ \det^{1/2}\left(\frac{\Omega(y)/2}{\tanh(\Omega(y)/2)}\right) \right\}^{\max}$$

$$= \left\{ \det^{1/2}\left(\frac{\frac{\sqrt{-1}}{2\pi}\Omega(y)}{\tanh\left(\frac{\sqrt{-1}}{2\pi}\Omega(y)\right)}\right) \right\}^{\max} = \left\{ L(TM, \nabla^{TM}) \right\}^{\max}. \qquad (10.54)$$

一般情形由函数 det 及 tr 的共轭不变性推得 (详见 [BGV] 的第 104—109 页及其引理 4.5).

第十一章 Dirac 算子及其局部指标定理

本章我们介绍 Atiyah 和 Singer 1963 年发现的自旋 (spin) 流形上的 (扭化) Dirac 算子及其指标定理, 并给出该定理的一个热方程证明. Atiyah-Singer 指标定理的最初证明用到了 Thom 的配边理论, 之后他们又给了该定理一个 K-理论的证明, 其中 Bott 的周期性定理起了关键作用 (参见 [AtS1], [AtS2]). 扭化 Dirac 算子的重要性还在于, 我们前面介绍过的 de Rham-Hodge 算子、Hirzebruch 符号差算子以及复几何中著名的 Riemann-Roch 算子 (参见本书第十二章 12.4 节及 [BGV], [Y2], [Y3]) 在某种意义上均可看作一个扭化 Dirac 算子, 从而关于这些算子的局部指标定理均可由扭化 Dirac 算子的局部指标定理得到 (参见 [BGV]).

11.1 Clifford 代数和 Spin 群

我们曾在本书第三章 3.8 节介绍过外代数丛上的 Clifford 作用. 为本章所需及本书的相对完整性, 在本节中我们将对 **Clifford 代数**和 **Spin 群**及**旋量** (spinor) 做一简要介绍. 对于想进一步了解这方面知识的读者, 我们推荐长文 [AtBS] 及 [BGV], [LaM], [Y2], [Y3] 和 [Wu].

定义 11.1 设 V 是一 m 维实向量空间, $\langle \cdot, \cdot \rangle$ 是 V 上的一个内积. 联系

于 $(V, \langle \cdot, \cdot \rangle)$ 的 Clifford 代数 $C(V)$ 是 V 相对于关系

$$uv + vu = -2\langle u, v \rangle, \quad u, v \in V \tag{11.1}$$

生成的一个带有单位元 1 的实结合代数.

Clifford 代数具有如下的**泛性质**:

性质 11.1　设 $\mathcal{A}$ 是一个带有单位元 1 的结合代数. 设 $c : V \to \mathcal{A}$ 是一线性映射, 且满足: 对于任意 $u, v \in V$,

$$c(u)c(v) + c(v)c(u) = -2\langle u, v \rangle, \tag{11.2}$$

则线性映射 c 可唯一扩张为 $C(V)$ 到 $\mathcal{A}$ 的一个代数同态.

对于 $(V, \langle \cdot, \cdot \rangle)$ 上的任意正交变换 $A \in O(V)$, 线性映射 $A : V \to V \subset C(V)$ 满足: 对于任意 $u, v \in V$,

$$A(u)A(v) + A(v)A(u) = -2\langle A(u), A(v) \rangle = -2\langle u, v \rangle. \tag{11.3}$$

由上述泛性质, 正交变换 A 可自然扩张为 $C(V)$ 上的一个代数自同态 (其实是一代数同构). 从而得到了正交群 $O(V)$ 在 Clifford 代数 $C(V)$ 上的一个作用. 特别取 $A = -\mathrm{id}_V$ 时, 扩张后的代数自同构 A (作为线性映射) 有两个特征子空间 $C^+(V)$ 和 $C^-(V)$, 使得

$$\begin{cases} A\big|_{C^{\pm}(V)} = \pm\mathrm{id}_{C^{\pm}(V)}, & C(V) = C^+(V) \oplus C^-(V), \\ C^{\pm}(V)C^{\pm}(V) \subseteq C^+(V), & C^{\pm}(V)C^{\mp}(V) \subseteq C^-(V). \end{cases} \tag{11.4}$$

即, $C(V)$ 是一超代数, 且 $C^+(V)$ 是 $C(V)$ 的一个子代数. 注意, $O(V)$ 在 $C(V)$ 上的作用保持 $C(V)$ 中的 $\mathbf{Z}_2$-分次.

在第三章 3.8.1 节中, 我们曾定义了 V 在外代数 $\Lambda^*(V^*)$ 上的 Clifford 作用 (见式 (3.47)): 对于任意 $v \in V$,

$$c(v) = v^* \wedge -i_v.$$

易见映射 c 是 V 到代数 $\mathrm{End}(\Lambda^*(V^*))$ 中的一个线性映射, 且满足关系式 (11.2) (参见引理 3.2), 从而由 Clifford 代数的泛性质可知, c 可唯一扩张为如下的代数同态

$$c : C(V) \to \mathrm{End}\left(\Lambda^*(V^*)\right). \tag{11.5}$$

利用同态 (11.5) 我们可以定义映射 $\sigma : C(V) \to \Lambda^*(V^*)$ 如下: 对于任意 $a \in C(V)$,

$$\sigma(a) := c(a) \cdot 1 \in \Lambda^*(V^*), \tag{11.6}$$

这里, 1 是外代数 $\Lambda^*(V^*)$ 的单位元. 容易验证映射 σ 是一线性映射且为满射. 事实上, 任给 V 的一组单位正交基 $\{e_1, \cdots, e_m\}$, 用 $\{e_1^*, \cdots, e_m^*\}$ 记其对偶基, 则

$$\{e_{I_k}^* := e_{i_1}^* \wedge \cdots \wedge e_{i_k}^* | 0 \leqslant k \leqslant m, 1 \leqslant i_1 < \cdots < i_k \leqslant m\}$$

是向量空间 $\Lambda^*(V^*)$ 的一组基 (约定 $k = 0$ 时 $e_{I_0}^* = 1$), 且有

$$\sigma(e_{i_1} \wedge \cdots \wedge e_{i_k}) = c(e_{i_1} \cdots e_{i_k}) \cdot 1 = c(e_{i_1}) \cdots c(e_{i_k}) \cdot 1$$
$$= e_{i_1}^* \wedge \cdots \wedge e_{i_k}^*. \tag{11.7}$$

另一方面, 由 Clifford 代数的乘法关系式 (11.1) 知

$$\{e_{I_k} := e_{i_1} \cdots e_{i_k} | 0 \leqslant k \leqslant m, 1 \leqslant i_1 < \cdots < i_k \leqslant m\} \tag{11.8}$$

(其中 $e_{I_0} = 1$) 是向量空间 $C(V)$ 的一组线性生成元, $\dim C(V) \leqslant 2^m$. 再由 σ 是满射, 从而映射 σ 还是一个线性同构. 从而式 (11.8) 构成向量空间 $C(V)$ 的一组基, $\dim C(V) = 2^m$. 注意到 V 上的内积 $\langle \cdot, \cdot \rangle$ 自然诱导了实向量空间 $\Lambda^*(V^*)$ 上一个欧氏结构, 从而通过线性同构 σ, 在实向量空间 $C(V)$ 上也定义了一个欧氏结构.

我们有自然的包含关系:

$$S(V) := \{v \in V \mid |v| = 1\} \subset V \subset C(V), \tag{11.9}$$

对于任意 $v \in S(V)$, 利用 $C(V)$ 中的 Clifford 乘法, 我们可以定义 v 在 V 上的一个作用 $\rho(v) : V \to V$:

$$\rho(v)w := vwv^{-1} = -vwv = w - 2\langle w, v \rangle v, \quad w \in V. \tag{11.10}$$

由式 (11.10) 易见作用 $\rho(v)$ 给出了 V 关于超平面 $v^\perp = \{u \in V \mid \langle u, v \rangle = 0\}$ 的一个反射.

考虑 $S(V)$ 关于 Clifford 乘法在 $C(V)$ 中生成的两个群:

$$\mathrm{Pin}(V) := \{a \in C(V) \mid 存在\ u_1, \cdots, u_k \in S(V),\ 使得\ a = u_1 \cdots u_k\}, \tag{11.11}$$

$$\mathrm{Spin}(V) := \{a \in C(V) \mid 存在\ u_1, \cdots, u_{2k} \in S(V),\ 使得\ a = u_1 \cdots u_{2k}\}. \tag{11.12}$$

群 $\mathrm{Pin}(V)$ 和 $\mathrm{Spin}(V)$ 分别称为 **Pin 群**和 **Spin 群**[①].

上面式 (11.10) 定义的 V 上的作用 ρ 可以自然地扩张为群同态 $\rho:$ $\mathrm{Pin}(V) \to GL(V)$ 和 $\rho: \mathrm{Spin}(V) \to GL(V)$. 熟知任一正交变换均可表示为若干个反射的复合, 我们得到

$$\rho\left(\mathrm{Pin}(V)\right) = O(V), \quad \rho\left(\mathrm{Spin}(V)\right) = SO(V), \tag{11.13}$$

其中, $O(V)$ 和 $SO(V)$ 分别是 V 上的正交变换群和特殊正交变换群.

由式 (11.10) 易见, $u, v \in S(V)$ 给出 V 上同一反射 $\rho(u) = \rho(v)$, 当且仅当 $u = \pm v$. 又由于 $\mathrm{Pin}(V)$ 由 $S(V)$ 生成, 而 $O(V)$ 由 V 上所有反射生成, 可知映射 $\rho: \mathrm{Pin}(V) \to O(V)$ 是一个群的二重覆盖同态. 再注意到 $\mathrm{Spin}(V)$ 和 $SO(V)$ 分别是群 $\mathrm{Pin}(V)$ 和 $O(V)$ 的指标为 2 的子群, 即知同态 $\rho: \mathrm{Spin}(V) \to SO(V)$ 也是一个群的二重覆盖映射[②]. 特别当 $m = \dim V \geqslant 2$ 时, 我们任取 $u, v \in S(V), \langle u, v \rangle = 0$. 注意到 $\mathrm{Spin}(V)$ 中的曲线

$$\gamma(t) := e^{t(uv)} = \sum_{k=0}^{\infty} \frac{(uv)^k}{k!} t^k = \cos t + (uv) \sin t, \quad t \in [0, \pi] \tag{11.14}$$

连接 1 和 -1, 我们有

性质 11.2　群同态

$$\rho: \mathrm{Spin}(V) \to SO(V) \tag{11.15}$$

是一个群的二重覆盖映射. 特别当 $m = \dim V \geqslant 2$ 时, 该二重覆盖映射是非平凡的.

由该性质我们亦可得知 $\mathrm{Spin}(V)$ 是一 $m(m-1)/2$ 维紧 Lie 群. 特别当 $m \geqslant 3$ 时, 由于基本群 $\pi_1(SO(V)) = \mathbf{Z}_2$, 从而 Lie 群 $\mathrm{Spin}(V)$ 是单连通的.

利用线性同构 (11.6), 我们定义线性空间

$$\mathrm{spin}(V) := \sigma^{-1}\left(\Lambda^2(V^*)\right) \subset C(V). \tag{11.16}$$

任给 V 的一组单位正交基 $\{e_1, \cdots, e_m\}$, 容易验证

$$\mathrm{spin}(V) = \mathrm{span}_{\mathbf{R}}\left\{e_i e_j \mid 1 \leqslant i < j \leqslant m\right\}, \tag{11.17}$$

[①] 事实上, $\mathrm{Pin}(V)$ 和 $\mathrm{Spin}(V)$ 关于从 $C(V)$ 继承的微分结构还是两个 Lie 群 (参见 [AtBS] 第 3 节).

[②] 一个详细的证明可参见 [Y2] 命题 5.1.4.

即 $\mathrm{spin}(V)$ 是一 $m(m-1)/2$ 维实向量空间. 进而容易验证, $\mathrm{spin}(V)$ 关于括号积

$$[a, b] := ab - ba, \quad a, b \in \mathrm{spin}(V) \tag{11.18}$$

是一个 Lie 代数.

对于任意 $a \in \mathrm{spin}(V)$, $t \in \mathbf{R}$, 级数

$$\exp(ta) := \sum_{k=0}^{\infty} \frac{a^k}{k!} t^k \tag{11.19}$$

在 $C(V)$ 中收敛, 且 $\exp(ta)$ 为 $\mathrm{Spin}(V)$ 中的一个单参数子群. 此时, 由二重覆盖映射就得到了 $SO(V)$ 中的单参数子群 $\rho(\exp(ta))$. 从而, 我们得到一个 Lie 代数的同态

$$\rho_* : \mathrm{spin}(V) \to so(V), \quad \rho_*(a) := \frac{d}{dt}\big|_{t=0} \rho(\exp(ta)), a \in \mathrm{spin}(V), \tag{11.20}$$

其中, $so(V)$ 表示 Lie 群 $SO(V)$ 的 Lie 代数. 根据式 (11.10), 对于任意的 $v \in V$, 我们有

$$
\begin{aligned}
\rho_*(a)v &= \frac{d}{dt}\big|_{t=0} \left(\rho(\exp(ta))v \right) \\
&= \frac{d}{dt}\big|_{t=0} \left(\exp(ta)v\exp(-ta) \right) = av - va \in V.
\end{aligned} \tag{11.21}
$$

特别取 $a = e_i e_j$, $v = e_k$, 我们有

$$\rho_*(e_i e_j)e_k = \begin{cases} 0, & \text{当 } k \neq i, j, \\ 2e_j, & \text{当 } k = i, \\ -2e_i, & \text{当 } k = j. \end{cases} \tag{11.22}$$

即 $\rho_*(e_i e_j)$ 关于单位正交基 $(e_1, \cdots, e_m)$ 的表示是一反对称矩阵, 其在 (i, j) 位置为 -2, 在 (j, i) 位置为 2, 其余位置均为 0. 从而映射 (11.20) 是一 Lie 代数的满同态. 由于维数原因可知 ρ_* 还是一个同构. 由此我们得到 $\mathrm{spin}(V)$ 是 Lie 群 $\mathrm{Spin}(V)$ 的 Lie 代数.

以下我们仅考虑 $\dim V = 2n$ 的情形 (一般情形的相关内容参见 [AtBS], [LaM]).

定理 11.1 设 $(V, \langle \cdot, \cdot \rangle)$ 是一 $2n$ 维欧氏空间. 则相应的 Clifford 代数 $C(V)$ 是不可约的, 即存在 2^n 维复向量空间 S 及代数同构

$$c : C(V) \otimes_{\mathbf{R}} \mathbf{C} \xrightarrow{\cong} \mathrm{End}(S). \tag{11.23}$$

从而这给出了 Clifford 代数 $C(V)$ 的唯一不可约复表示.

证明　令 S 是由元素 $\theta_1, \cdots, \theta_n$ 生成的复外代数 $\Lambda^*(\theta_1, \cdots, \theta_n)$, 其为一 2^n 维复向量空间, 且

$$\{\theta_{I_k} := \theta_{i_1} \wedge \cdots \wedge \theta_{i_k} \mid 0 \leqslant k \leqslant n, 1 \leqslant i_1 < \cdots < i_k \leqslant n\}$$

是 2^n 维复向量空间 S 的一组基. 定义线性映射:

$$\begin{cases} \varepsilon_i : S \to S, & \varepsilon_i(\theta_{I_k}) := \theta_i \wedge \theta_{I_k}; \\ \iota_i : S \to S, & \iota_i(\theta_{I_k}) := \sum_{j=1}^{k} (-1)^{j-1} \delta_{i,i_j} \theta_{i_1} \wedge \cdots \wedge \widehat{\theta_{i_j}} \wedge \cdots \wedge \theta_{I_k}. \end{cases} \tag{11.24}$$

容易验证线性映射 ε_i, ι_i, $1 \leqslant i \leqslant n$, 张成 $S = \Lambda^*(\theta_1, \cdots, \theta_n)$ 上线性变换的代数 $\text{End}(S)$, 且有

$$\begin{cases} (\varepsilon_i \pm \iota_i)(\varepsilon_j \pm \iota_j) + (\varepsilon_j \pm \iota_j)(\varepsilon_i \pm \iota_i) = \pm 2\delta_{i,j}, \\ (\varepsilon_i \pm \iota_i)(\varepsilon_j \mp \iota_i) + (\varepsilon_i \mp \iota_i)(\varepsilon_i \pm \iota_i) = 0. \end{cases} \tag{11.25}$$

现任意取定 V 的一组单位正交基 $(e_1, \cdots, e_{2n})$, 并定义线性映射 $c : V \to \text{End}(S)$:

$$\begin{cases} c(e_i) = (\varepsilon_i - \iota_i), & 1 \leqslant i \leqslant n, \\ c(e_{n+i}) = \sqrt{-1}(\varepsilon_i + \iota_i), & 1 \leqslant i \leqslant n. \end{cases} \tag{11.26}$$

由式 (11.25) 及 Clifford 代数的泛性质, 线性映射 c 可扩张成一个 $C(V)$ 到 $\text{End}(S)$ 的代数同态, 进而可以延拓为 $C(V) \otimes_{\mathbf{R}} \mathbf{C}$ 到 $\text{End}(S)$ 的一个复代数同态. 注意到

$$\varepsilon_i = \frac{1}{2}\left(c(e_i) - \sqrt{-1}c(e_{n+i})\right), \iota_i = -\frac{1}{2}\left(c(e_i) + \sqrt{-1}c(e_{n+i})\right), 1 \leqslant i \leqslant n, \tag{11.27}$$

代数同态 $c : C(V) \otimes_{\mathbf{R}} \mathbf{C} \to \text{End}(S)$ 是满的. 从而根据维数原因, 线性映射 c 是一复向量空间之间的同构. 最后, 由于 $\text{End}(S)$ 是一个复的单代数, 从而是不可约的. 故 c 给出了 Clifford 代数 $C(V)$ 的唯一不可约复表示.　　$\square$

由定理 11.1, 复 2^n 维向量空间 S 作为 $C(V)$ 表示空间是唯一的. 我们称 S 为**旋量空间**, 其中的向量称为**旋量 (spinor)**. 容易看出, S 上存在一个 Hermite 内积 $h^S(\cdot, \cdot)$, 对于任意 $v \in S(V)$, $s_1, s_2 \in S$,

$$h^S(c(v)s_1, c(v)s_2) = h^S(s_1, s_2), \tag{11.28}$$

从而 $(S, h^S(\cdot, \cdot))$ 是一个 Hermite 空间[①].

———————

① 该 Hermite 内积可通过对 S 上任一 Hermite 内积在 $S(V)$ 上做平均得到.

现在 V 上给定一个定向, 并任给 V 一组定向单位正交基 $(e_1, \cdots, e_{2n})$, 可证明如下映射

$$\tau := \sqrt{-1}^n c(e_1) c(e_2) \cdots c(e_{2n}) \in \text{End}(S) \tag{11.29}$$

不依赖于定向单位正交基的选取[1]. 容易验证

$$\tau^2 = \text{id}_S; \quad c(v)\tau = -\tau c(v), v \in V. \tag{11.30}$$

从而, τ 给出了复向量空间 S 上一个 $\mathbf{Z}_2$-分次, 使得 $S = S_+ \oplus S_-$, 其中 $S_\pm$ 分别是对应于 τ 的特征值 ± 1 的特征子空间, 且对于任意 $v \in V$,

$$c(v)(S_\pm) \subseteq S_\mp. \tag{11.31}$$

当 Clifford 代数 $C(V)$ 的表示 c 限制在 $\text{Spin}(V)$ 上时, 就得到了旋量群 $\text{Spin}(V)$ 的一个表示

$$\lambda := c|_{\text{Spin}(V)} : \text{Spin}(V) \to GL(S). \tag{11.32}$$

根据式 (11.28), (11.31), 进而还有 $\text{Spin}(V)$ 在 S 上的作用保持 S 上的 Hermite 内积及 $\mathbf{Z}_2$-分次, 且给出了 $\text{Spin}(V)$ 的两个不等价的不可约酉表示 (称为**半旋表示**)[2]. 此外, $\text{Spin}(V)$ 在 S 上的作用还自然诱导了其 Lie 代数 $\text{spin}(V)$ 在 S 上的作用, 该作用就是 Clifford 代数 $C(V)$ 的表示 c 在 $\text{spin}(V)$ 上的限制.

注记 11.1 当 V 是一奇数维欧氏空间时, V 生成的 Clifford 代数有两个不等价的不可约复表示, 当这些表示限制在旋量群 $\text{Spin}(V)$ 上就得到了旋量群的表示, 这些表示是不可约的, 且彼此等价. 此时相应的表示空间称为旋量空间 (参见 [AtBS] 及 [LaM]).

最后, 由于所有 m 维欧氏空间 V 均同构于标准欧氏空间 $\mathbf{R}^m$, 从而由其生成的 Clifford 代数 $C(V)$ 以及 Pin 群 $\text{Pin}(V)$ 和 Spin 群 $\text{Spin}(V)$ 等均在同构意义下唯一, 在下文中我们将它们分别简记为 C_m, $\text{Pin}(m)$ 和 $\text{Spin}(m)$.

11.2 自旋流形与 Dirac 算子

一个定向闭流形 M 称为**自旋流形**, 如果其第二个 **Stiefel-Whitney 类** $w_2(M)$ 等于零 (见 [MiS]). 自旋流形 M 的一个重要性质是其上存在一个**旋量丛** $S(TM)$ 及定义在其上的 **Dirac 算子**.

---

[1] 利用式 (11.6) 定义的同构 σ 即得.

[2] 这些表示不同于旋量群通过二重覆盖同态 ρ 而由 $SO(V)$ 得到的表示.

设 M 是一 m 维定向、闭自旋流形, 并假设其上带有一个 Riemann 度量 g^{TM}. 对于任意 $x \in M$, 令 $\mathcal{F}_x(M)$ 是 T_xM 的所有定向标准正交基 $\sigma = \{e_1, e_2, \cdots, e_m\}$ 的集合, $\mathcal{F}(M) = \bigcup_{x \in M} \mathcal{F}_x(M)$. 则 $\mathcal{F}(M)$ 上有一 $SO(m)$-**主丛**的结构, 即 $\pi : \mathcal{F}(M) \to M$, $\pi(\mathcal{F}_x(M)) = x$, 是 M 上的一个光滑的纤维丛, 它带有特殊正交 Lie 群 $SO(m)$ 的一个自然的自由、可迁的光滑右作用[1] (关于主丛及其上联络的概念, 参见 [Y2], [Y3]). $\mathcal{F}(M)$ 称为流形 M 的定向标架丛. 利用 $SO(m)$ 在 $\mathbf{R}^m$ (其中的元素看成 m 维列向量) 上的自然左作用, 我们可以定义主丛 $\mathcal{F}(M)$ 的配丛:

$$\mathcal{F}(M) \times_\sim \mathbf{R}^m = \{(\sigma, \mathbf{y}) | \sigma \in \mathcal{F}(M), \mathbf{y} \in \mathbf{R}^m\}/\sim, \tag{11.33}$$

其中的等价关系 $\sim$ 为

$$(\sigma, \mathbf{y}) \sim (\sigma \cdot A, A^{-1}\mathbf{y}), \quad A \in SO(m). \tag{11.34}$$

我们记 $(\sigma, \mathbf{y})$ 决定的等价类为 $[\sigma, \mathbf{y}]$. 容易验证

$$\mathcal{F}(M) \times_\sim \mathbf{R}^m \cong TM. \tag{11.35}$$

事实上, 等价关系式 (11.34) 恰好反映了切丛 TM 中一个切向量关于切空间中不同的定向单位正交基的不同表示. 进一步, $SO(m)$-主丛 $\mathcal{F}(M)$ 给配丛 TM 带来了一个自然的欧氏向量丛结构, 从而 M 上就带有了一个 Riemann 度量.

另一方面, 对于 Riemann 流形 (M, g^{TM}), 其切丛的纤维关于其上的欧氏结构生成了一个 Clifford 代数, 从而我们得到了 M 上的 Clifford 代数丛 $C(TM)$. 令 C_m 记标准欧氏空间 $\mathbf{R}^m$ 生成的 Clifford 代数. 利用 $SO(m)$ 在 C_m 上的自然作用 (参见本章 11.1 节), 我们可以定义代数丛

$$\mathcal{F}(M) \times_\sim C_m = \{(\sigma, a) | \sigma \in \mathcal{F}(M), a \in C_m\}/\sim, \tag{11.36}$$

其中的等价关系 $\sim$ 为

$$(\sigma, a) \sim (\sigma \cdot A, A^{-1} \cdot a), \quad A \in SO(m). \tag{11.37}$$

容易证明如下的代数丛同构:

$$\mathcal{F}(M) \times_\sim C_m \cong C(TM). \tag{11.38}$$

---

[1] 此处 "自由" 的意思是 $SO(m)$ 中单位元外的任意元素在 $\mathcal{F}(M)$ 上的作用没有不动点; "可迁" 的意思是对于 $\mathcal{F}(M)$ 同一纤维中的任意两点 p, q, 存在 $SO(m)$ 中唯一一个元素 g, 使得 $p \cdot g = q$.

由拓扑学的阻碍理论知, M 的第二个 Stiefel-Whitney 类 $w_2(M)$ 是 $SO(m)$-主丛 $\mathcal{F}(M)$ 提升为 M 上的一个 Spin(m)-**主丛**的**拓扑阻碍** (参见 [St]). 当 M 是一自旋流形时, M 上存在一个 Spin(m)-主丛

$$\widetilde{\pi} : P_{\mathrm{Spin}(m)}(M) \to M, \tag{11.39}$$

以及一个主丛之间的光滑二重覆盖映射

$$\widetilde{\rho} : P_{\mathrm{Spin}(m)}(M) \to \mathcal{F}(M), \tag{11.40}$$

满足: 对任意的 $g \in \mathrm{Spin}(m)$ 及任意 $\widetilde{\sigma} \in P_{\mathrm{Spin}(m)}(M)$, 有

$$\widetilde{\rho}(\widetilde{\sigma} \cdot g) = \widetilde{\rho}(\widetilde{\sigma}) \cdot \rho(g), \tag{11.41}$$

其中映射 ρ 是式 (11.15) 给出的二重覆盖同态.

利用二重覆盖映射 $\widetilde{\rho}$ 及关系式 (11.41), 我们还容易证明映射

$$[\widetilde{\sigma}, \mathbf{y}] \to [\widetilde{\rho}(\widetilde{\sigma}), \mathbf{y}] \tag{11.42}$$

及映射

$$[\widetilde{\sigma}, a] \to [\widetilde{\rho}(\widetilde{\sigma}), a] \tag{11.43}$$

分别给出了如下的丛同构:

$$P_{\mathrm{Spin}(m)}(M) \times_\rho \mathbf{R}^m$$
$$:= \{(\widetilde{\sigma}, \mathbf{y}) | \widetilde{\sigma} \in P_{\mathrm{Spin}(m)}(M), \mathbf{y} \in \mathbf{R}^m\}/\!\sim_\rho \; \cong TM \tag{11.44}$$

及

$$P_{\mathrm{Spin}(m)}(M) \times_\rho C_m$$
$$:= \{(\widetilde{\sigma}, a) | \widetilde{\sigma} \in P_{\mathrm{Spin}(m)}(M), a \in C_m\}/\!\sim_\rho \; \cong C(TM), \tag{11.45}$$

其中, 式 (11.44) 及 (11.45) 中的等价关系分别为

$$(\widetilde{\sigma}, \mathbf{y}) \sim_\rho (\widetilde{\sigma} \cdot g, \rho(g^{-1})\mathbf{y}) \text{ 及 } (\widetilde{\sigma}, a) \sim_\rho (\widetilde{\sigma} \cdot g, \rho(g^{-1}) \cdot a), \quad g \in \mathrm{Spin}(m); \tag{11.46}$$

式 (11.42) 及 (11.43) 中的符号 $[\cdot, \cdot]$ 表示相应元素 $(\cdot, \cdot)$ 代表的等价类 (以下类同).

另一方面, 利用旋量群 $\mathrm{Spin}(m)$ 的旋表示 λ 及旋量空间 S (参见式 (11.32)), 我们有 $\mathrm{Spin}(m)$-主丛 $P_{\mathrm{Spin}(m)}(M)$ 的配丛

$$S(TM) := P_{\mathrm{Spin}(2n)}(M) \times_\lambda S$$
$$:= \left\{ (\widetilde{\sigma}, s) \,|\, \widetilde{\sigma} \in P_{\mathrm{Spin}(2n)}(M), \ s \in S \right\} / \!\sim_\lambda, \tag{11.47}$$

这里的等价关系 $\sim_\lambda$ 为: 对于任意的 $g \in \mathrm{Spin}(m)$,

$$(\widetilde{\sigma}, s) \sim_\lambda \left(\widetilde{\sigma} \cdot g, \lambda(g^{-1})(s) \right). \tag{11.48}$$

$S(TM) \to M$ 称为自旋流形 M 上的**旋量丛**[①].

利用旋量空间 S 的 $\mathrm{Spin}(m)$-不变 Hermite 内积 (11.28) 及旋量丛的定义, 我们就得到了 $S(TM)$ 上一个 Hermite 度量 $h^{S(TM)}$: 对于任意 $[\widetilde{\sigma}, s_1], [\widetilde{\sigma}, s_2] \in S(TM)$,

$$h^{S(TM)}([\widetilde{\sigma}, s_1], [\widetilde{\sigma}, s_2]) := h^S(s_1, s_2). \tag{11.49}$$

利用同构 (11.46) 及旋量丛的定义, 我们还有 Clifford 代数丛 $C(TM)$ 在旋量丛 $S(TM)$ 上的作用: 对于任意 $[\widetilde{\sigma}, a] \in C(TM)$, $[\widetilde{\sigma}, s] \in S(TM)$,

$$[\widetilde{\sigma}, a] \cdot [\widetilde{\sigma}, s] := [\widetilde{\sigma}, c(a)(s)]. \tag{11.50}$$

上面的定义式 (11.49) 及 (11.50) 的合理性留给读者自证. 为记号简单计, 我们以后直接记 $[\widetilde{\sigma}, s]$ 为 s, 记 $[\widetilde{\sigma}, a]$ 为 $c(a)$, 记 $h^{S(TM)}([\widetilde{\sigma}, s_1], [\widetilde{\sigma}, s_2])$ 为 $h^{S(TM)}(s_1, s_2)$, 等等.

以上讨论归结为旋量丛如下的基本性质:

性质 11.3　m 维自旋流形 M 的旋量丛 $S(TM)$ 是 M 上的一个 $2^{[m/2]}$ 维 Hermite 向量丛, 且存在一个丛映射 $c: TM \to \mathrm{End}(S(TM))$, 使得

(i) 对于任意 $x \in M$ 及 $X, Y \in T_x M \subset C(T_x M)$,

$$c(X)c(Y) + c(Y)c(X) = -2g^{TM}(X, Y) \cdot \mathrm{Id}_{S(T_x M)}; \tag{11.51}$$

(ii) 对于任意 $x \in M$, $X \in T_x M$, $u, v \in S(T_x M)$,

$$h^{S(T_x M)}(c(X)u, v) + h^{S(T_x M)}(u, c(X)v) = 0. \tag{11.52}$$

[①] 当 m 为奇数时, 旋量丛 $S(TM)$ 不唯一.

当 $\dim M = m = 2n$ 时, 旋量丛 $S(TM)$ 还继承了旋量空间 S 上的 $\mathbf{Z}_2$-分次算子 τ (参见式 (11.29)), 它定义了旋量丛 $S(TM)$ 上的一个超结构. 令 $S_{\pm}(TM)$ 记对应于 τ 的特征值 ± 1 的特征子丛, 它们关于 $S(TM)$ 上的 Hermite 内积 $h^{S(TM)}$ 相互正交, 且

$$S(TM) = S_+(TM) \oplus S_-(TM). \tag{11.53}$$

进而由式 (11.31), 对于任意的 $X \in \Gamma(TM)$, 我们有

$$c(X) : \Gamma\left(S_{\pm}(TM)\right) \to \Gamma\left(S_{\mp}(TM)\right). \tag{11.54}$$

下面我们介绍切丛 TM 上的 Levi-Civita 联络 ∇^{TM} 在旋量丛 $S(TM)$ 上的提升. 首先, 对于 TM 的标架丛 $\mathcal{F}(M)$ 的任一局部光滑截面 $\sigma = \{e_1, e_2, \cdots, e_m\}$ (即 TM 的一个局部定向单位正交标架), 联络 ∇^{TM} 关于 σ 就可唯一表示为

$$\nabla^{TM}\sigma = \sigma\omega_{\sigma}, \tag{11.55}$$

其中, ω_{σ} 是取值于 Lie 代数 $so(m)$ 中的 (局部定义的) 1-形式, 称为 Levi-Civita 联络 ∇^{TM} 关于 TM 的局部定向单位正交标架或局部截面 σ 的联络矩阵. 对于 $\mathcal{F}(M)$ 中定义在充分小开集 U 上的任意两个光滑截面 σ_1, σ_2, 则有 $SO(m)$-值光滑函数 $A : U \to SO(m)$ 使得 $\sigma_1 A = \sigma_2$. 此时根据式 (11.55) 我们有如下联络矩阵的变换关系:

$$\omega_{\sigma_2} = A^{-1}\omega_{\sigma_1}A + A^{-1}dA. \tag{11.56}$$

我们将满足关系式 (11.56) 的所有 $(\sigma, \omega_{\sigma})$ 的集合 $\omega = \{(\sigma, \omega_{\sigma})\}$ 称为 $SO(m)$-主丛 $\mathcal{F}(M)$ 上的一个联络. 反之, 在 $\mathcal{F}(M)$ 上给定满足关系式 (11.56) 的一个联络 $\omega = \{(\sigma, \omega_{\sigma})\}$, 则我们在切丛 TM 上可定义一个联络 ∇^{TM}: 对于任意的 $X \in \Gamma(TM)$, 局部上 X 可表示为 $X = [\sigma, f] = \sigma f$, 其中 σ 是定义在 M 的某个充分小的开集 U 上的一个定向单位正交标架, $f : U \to \mathbf{R}^m$ 是一 (列) 向量值光滑函数, 定义

$$\nabla^{TM}X = \sigma\left((d + \omega_{\sigma})f\right). \tag{11.57}$$

利用式 (11.56) 容易验证上面的定义与 X 的局部表示无关, 且是 TM 上的一个联络. 我们称 $d + \omega_{\sigma}$ 为联络 ∇^{TM} 关于 σ 的局部表示.

现在, 我们将由式 (11.20) 及 (11.22) 定义的 Lie 代数同构 $\rho_* : \mathrm{spin}(m) \to so(m)$ 自然扩张为一个带有微分形式系数的同构. 利用这个延拓后的同构, 我们可定义由 TM 上的 Levi-Civita 联络 ∇^{TM} 决定的主丛 $\mathcal{F}(M)$ 上的联络 $\omega = \{(\sigma, \omega_\sigma)\}$ 在 $\mathrm{Spin}(m)$-主丛 $P_{\mathrm{Spin}(m)}(M)$ 上的提升

$$\widetilde{\omega} = \{(\widetilde{\sigma}, \widetilde{\omega}_{\widetilde{\sigma}})\}, \tag{11.58}$$

其中 $\widetilde{\sigma}$ 是 $P_{\mathrm{Spin}(m)}(M)$ 的局部截面, 满足: $\widetilde{\rho}(\widetilde{\sigma}) = \{e_1, e_2, \cdots, e_m\}$, 其为 $\mathcal{F}(M)$ 的局部截面; $\widetilde{\omega}_{\widetilde{\sigma}}$ 定义为

$$\widetilde{\omega}_{\widetilde{\sigma}} := \rho_*^{-1}(\omega_{\widetilde{\rho}(\widetilde{\sigma})}), \tag{11.59}$$

这里, $\omega_{\widetilde{\rho}(\widetilde{\sigma})}$ 由式 (11.55) 决定. 用 $(\omega_{\widetilde{\rho}(\widetilde{\sigma})})_{ij}$ 记一次微分式为系数的反对称矩阵 $\omega_{\widetilde{\rho}(\widetilde{\sigma})}$ 的 (i,j) 位置的元, 容易验证:

$$\widetilde{\omega}_{\widetilde{\sigma}} = -\frac{1}{4} \sum_{i,j=1}^m (\omega_{\widetilde{\rho}(\widetilde{\sigma})})_{ij} c(e_i) c(e_j). \tag{11.60}$$

进一步, 利用等式 (11.56) 及定义式 (11.59), 易证主丛 $P_{\mathrm{Spin}(m)}(M)$ 的上述联络满足

$$\widetilde{\omega}_{\widetilde{\sigma}g} = g^{-1}\widetilde{\omega}_{\widetilde{\sigma}}g + g^{-1}dg, \tag{11.61}$$

其中, $g : U \to \mathrm{Spin}(m)$ 是定义在局部截面 $\widetilde{\sigma}$ 的定义域 $U \subset M$ 上的任一 $\mathrm{Spin}(m)$-值光滑函数. 事实上, 我们只需验证上述等式两边在 ρ_* 作用下的像相等即可: 由式 (11.59), (11.41) 及 (11.56), 我们有

$$\begin{aligned}
\rho_*(\widetilde{\omega}_{\widetilde{\sigma}g}) &= \omega_{\widetilde{\rho}(\widetilde{\sigma}g)} = \omega_{\widetilde{\rho}(\widetilde{\sigma})\rho(g)} \\
&= \rho(g)^{-1}\omega_{\widetilde{\rho}(\widetilde{\sigma})}\rho(g) + \rho(g)^{-1}d\rho(g) \\
&= \rho(g^{-1})\rho_*(\widetilde{\omega}_{\widetilde{\sigma}})\rho(g) + \rho_*(g^{-1}dg) \\
&= \rho_*(g^{-1}\widetilde{\omega}_{\widetilde{\sigma}}g + g^{-1}dg),
\end{aligned} \tag{11.62}$$

从而式 (11.61) 得证.

这样式 (11.58) 就给出了 $\mathrm{Spin}(m)$-主丛 $P_{\mathrm{Spin}(m)}(M)$ 上的一个联络, 称之为**自旋联络**. 由该联络我们可以在旋量丛 $S(TM)$ 上定义联络 $\nabla^{S(TM)}$: 对于任意的 $s \in \Gamma(S(TM))$, 局部上 s 可表示为 $s = [\widetilde{\sigma}, f]$, 其中 $f : U \to S$ 是定义在 $P_{\mathrm{Spin}(m)}(M)$ 的局部截面 $\widetilde{\sigma}$ 的定义域 $U \subset M$ 上、取值于旋量空间 S 的一

个光滑函数, 定义

$$\nabla^{S(TM)}s = \nabla^{S(TM)}[\tilde{\sigma}, f] := [\tilde{\sigma}, (d + \tilde{\omega}_{\tilde{\sigma}})\, f]. \tag{11.63}$$

利用式 (11.61) 容易验证上面的定义与 s 的局部表示无关, 且是 $S(TM)$ 上的一个联络, 称为旋量丛 $S(TM)$ 上的**自旋联络**, 它是 TM 上的 Levi-Civita 联络在旋量丛 $S(TM)$ 上的自然提升.

自旋联络 $\nabla^{S(TM)}$ 具有如下性质:

性质 11.4 (i) 自旋联络 $\nabla^{S(TM)}$ 是旋量丛 $S(TM)$ 上的一个 Hermite 联络, 即对于任何 $s_1, s_2 \in \Gamma(S(TM))$, 如下等式成立:

$$dh^{S(TM)}(s_1, s_2) = h^{S(TM)}\left(\nabla^{S(TM)}s_1, s_2\right) + h^{S(TM)}\left(s_1, \nabla^{S(TM)}s_2\right). \tag{11.64}$$

(ii) 对于任何 $X, Y \in \Gamma(TM)$, 如下等式成立:

$$\left[\nabla_X^{S(TM)}, c(Y)\right] = c\left(\nabla_X^{TM}Y\right). \tag{11.65}$$

进而, 当 $\dim M = m = 2n$ 时, 有

$$\left[\nabla_X^{S(TM)}, \tau\right] = 0, \tag{11.66}$$

即自旋联络 $\nabla^{S(TM)}$ 保持旋量丛 $S(TM)$ 中的 $\mathbf{Z}_2$-分次 (11.53).

证明 (i) 我们只需在局部上证明等式 (11.64) 即可. 对于任何 $s_1, s_2 \in \Gamma(S(TM))$, 局部上它们可表示为 $s_i = [\tilde{\sigma}, f_i]$, $i = 1, 2$, 其中 $f_i : U \to S$ 为 $\tilde{\sigma}$ 的定义域 U 上的光滑映射. 从而由式 (11.60), 我们有

$$\begin{aligned}
&h^{S(TM)}\left(\nabla^{S(TM)}s_1, s_2\right) \\
&= -\frac{1}{4}\sum_{i,j=1}^{m}(\omega_{\tilde{\rho}(\tilde{\sigma})})_{ij}h^S\left(c(e_i)c(e_j)f_1, f_2\right) + h^S\left(df_1, f_2\right),
\end{aligned} \tag{11.67}$$

$$\begin{aligned}
&h^{S(TM)}\left(s_1, \nabla^{S(TM)}s_2\right) \\
&= -\frac{1}{4}\sum_{i,j=1}^{m}(\omega_{\tilde{\rho}(\tilde{\sigma})})_{ij}h^S\left(f_1, c(e_i)c(e_j)f_2\right) + h^S\left(f_1, df_2\right),
\end{aligned} \tag{11.68}$$

故由式 (11.28) 及 $\omega_{\widetilde{\rho}(\widetilde{\sigma})}$ 反对称, 就有

$$h^{S(TM)}\left(\nabla^{S(TM)}s_1, s_2\right) + h^{S(TM)}\left(s_1, \nabla^{S(TM)}s_2\right)$$

$$= -\frac{1}{4}\sum_{i,j=1}^{m}(\omega_{\widetilde{\rho}(\widetilde{\sigma})})_{ij}\left(h^S\left(c(e_i)c(e_j)f_1, f_2\right) + h^S\left(f_1, c(e_i)c(e_j)f_2\right)\right)$$

$$+ \left(h^S\left(df_1, f_2\right) + h^S\left(f_1, df_2\right)\right)$$

$$= dh^S\left(f_1, f_2\right) = dh^{S(TM)}\left(s_1, s_2\right). \tag{11.69}$$

(ii) 对于任意的 $Y \in \Gamma(TM), s \in \Gamma(S(TM))$, 局部上它们可表示为 $Y = [\widetilde{\sigma}, \mathbf{y}], s = [\widetilde{\sigma}, f]$, 其中 $\mathbf{y}: U \to \mathbf{R}^m$ 与 $f: U \to S$ 为 $\widetilde{\sigma}$ 的定义域 U 上的光滑映射. 从而

$$\left[\nabla_X^{S(TM)}, c(Y)\right]s$$

$$= \left(\nabla_X^{TM}c(Y) - c(Y)\nabla_X^{TM}\right)s$$

$$= [\widetilde{\sigma}, \widetilde{\omega}_{\widetilde{\sigma}}(X)\left(c(\mathbf{y})f\right) + X\left(c(\mathbf{y})f\right)] - [\widetilde{\sigma}, c(\mathbf{y})\left(\widetilde{\omega}_{\widetilde{\sigma}}(X)f + Xf\right)]$$

$$= [\widetilde{\sigma}, \left(\widetilde{\omega}_{\widetilde{\sigma}}(X)c(\mathbf{y}) - c(\mathbf{y})\widetilde{\omega}_{\widetilde{\sigma}}(X)\right)f + \left(Xc(\mathbf{y})\right)f]. \tag{11.70}$$

再由式 (11.60),

$$\widetilde{\omega}_{\widetilde{\sigma}}(X)c(\mathbf{y})$$

$$= -\frac{1}{4}\sum_{i,j=1}^{m}(\omega_{\widetilde{\rho}(\widetilde{\sigma})}(X))_{ij}c(e_i)c(e_j)c(\mathbf{y})$$

$$= -\frac{1}{4}\sum_{i,j=1}^{m}(\omega_{\widetilde{\rho}(\widetilde{\sigma})}(X))_{ij}(c(e_i)\left(-c(\mathbf{y})c(e_j) - 2(e_j, \mathbf{y})_{\mathbf{R}^m}\right))$$

$$= -\frac{1}{4}\sum_{i,j=1}^{m}(\omega_{\widetilde{\rho}(\widetilde{\sigma})}(X))_{ij}c(\mathbf{y})c(e_i)c(e_j)$$

$$- \frac{1}{4}\sum_{i,j=1}^{m}(\omega_{\widetilde{\rho}(\widetilde{\sigma})}(X))_{ij}\left(2(e_i, \mathbf{y})_{\mathbf{R}^m}c(e_j) - 2(e_j, \mathbf{y})_{\mathbf{R}^m}c(e_i)\right)$$

$$= -\frac{1}{4}\sum_{i,j=1}^{m}(\omega_{\widetilde{\rho}(\widetilde{\sigma})}(X))_{ij}c(\mathbf{y})c(e_i)c(e_j) + \sum_{i,j=1}^{m}(e_i, \mathbf{y})_{\mathbf{R}^m}c\left((\omega_{\widetilde{\rho}(\widetilde{\sigma})}(X))_{ji}e_j\right)$$

$$= c(\mathbf{y})\widetilde{\omega}_{\widetilde{\sigma}}(X) + \sum_{i=1}^{m}(e_i, \mathbf{y})_{\mathbf{R}^m}c\left(\nabla_X^{TM}e_i\right), \tag{11.71}$$

其中, $(\cdot, \cdot)_{\mathbf{R}^m}$ 表示 $\mathbf{R}^m$ 上的标准内积; 另外,

$$
\begin{aligned}
Xc(\mathbf{y}) &= X\left(\sum_{i=1}^m (e_i, \mathbf{y})_{\mathbf{R}^m} c(e_i)\right) \\
&= \sum_{i=1}^m \left(X(e_i, \mathbf{y})_{\mathbf{R}^m}\right) c(e_i).
\end{aligned}
\tag{11.72}
$$

现将式 (11.71) 和 (11.72) 代入 (11.70), 就有

$$
\begin{aligned}
\left[\nabla_X^{S(TM)}, c(Y)\right] s &= [\widetilde{\sigma}, c(\nabla_X^{TM}\mathbf{y})f] \\
&= [\widetilde{\sigma}, c(\nabla_X^{TM}\mathbf{y})][\widetilde{\sigma}, f] = c(\nabla_X^{TM}Y)s,
\end{aligned}
\tag{11.73}
$$

由此即得式 (11.65). 最后, 再利用联络作用的 Leibniz 法则及式 (11.73), 就有

$$
\begin{aligned}
&\left[\nabla_X^{S(TM)}, \tau\right] \\
&= \sqrt{-1}^n \sum_{i=1}^{2n} c(e_1)\cdots c(e_{i-1})\left[\nabla_X^{S(TM)}, c(e_i)\right] c(e_{i+1})\cdots c(e_{2n}) \\
&= \sqrt{-1}^n \sum_{i=1}^{2n} c(e_1)\cdots c(e_{i-1})c(\nabla_X^{TM}e_i)c(e_{i+1})\cdots c(e_{2n}) \\
&= \sqrt{-1}^n \sum_{i,j=1}^{2n} (\nabla_X^{TM}e_i, e_j)c(e_1)\cdots c(e_{i-1})c(e_j)c(e_{i+1})\cdots c(e_{2n}) \\
&= \sum_{j=1}^{2n}(\nabla_X^{TM}e_j, e_j)\tau \pm \sqrt{-1}^n \sum_{i<j}\left((\nabla_X^{TM}e_i, e_j) + (e_i, \nabla_X^{TM}e_j)\right) \\
&\quad \cdot c(e_1)\cdots \widehat{c(e_i)}\cdots \widehat{c(e_j)}\cdots c(e_{2n}) = 0.
\end{aligned}
\tag{11.74}
$$

$\square$

由下面的性质得知自旋联络 $\nabla^{S(TM)}$ 的曲率 $R^{S(TM)} := \left(\nabla^{S(TM)}\right)^2$ 可看作 TM 上的 Levi-Civita 联络 ∇^{TM} 的曲率 R^{TM} 在旋量丛上的提升.

性质 11.5 设 $\widetilde{\sigma}$ 是 $P_{\mathrm{Spin}(m)}(M)$ 的一个局部截面, $\widetilde{\rho}(\widetilde{\sigma}) = \{e_1, e_2, \cdots, e_m\}$ 是 $\mathcal{F}(M)$ 的局部截面, $\widetilde{\omega}_{\widetilde{\sigma}} = \frac{1}{4}\sum_{i,j=1}^m (\omega_{\widetilde{\rho}(\widetilde{\sigma})})_{ij} c(e_i)c(e_j)$ 是自旋联络 $\nabla^{S(TM)}$ 相对于 $\widetilde{\sigma}$ 的局部表达式. 则有

$$
R^{S(TM)}(e_i, e_j) = -\frac{1}{4}\sum_{k,l} R_{ijkl}c(e_k)c(e_l),
\tag{11.75}
$$

其中, $R_{ijkl} = -g^{TM}\left(R^{TM}(e_i, e_j)e_k, e_l\right)$.

证明　首先, 利用自旋联络 $\nabla^{S(TM)}$ 关于 $P_{\mathrm{Spin}(m)}(M)$ 的局部截面 $\widetilde{\sigma}$ 的局部表示式 (11.63), 在局部上我们有

$$R^{S(TM)} = \left(\nabla^{S(TM)}\right)^2 = (d + \widetilde{\omega}_{\widetilde{\sigma}})^2 = d\widetilde{\omega}_{\widetilde{\sigma}} + \widetilde{\omega}_{\widetilde{\sigma}} \wedge \widetilde{\omega}_{\widetilde{\sigma}}. \tag{11.76}$$

再由式 (11.60) 和上面的等式, 我们就有

$$\begin{aligned}
R^{S(TM)} &= d\widetilde{\omega}_{\widetilde{\sigma}} + \widetilde{\omega}_{\widetilde{\sigma}} \wedge \widetilde{\omega}_{\widetilde{\sigma}} \\
&= -\frac{1}{4} \sum_{i,j} d(\omega_{\widetilde{\rho}(\widetilde{\sigma})})_{ij} c(e_i)c(e_j) \\
&\quad + \frac{1}{16} \sum_{i,j,k,l} (\omega_{\widetilde{\rho}(\widetilde{\sigma})})_{ij} \wedge (\omega_{\widetilde{\rho}(\widetilde{\sigma})})_{kl} c(e_i)c(e_j)c(e_k)c(e_l).
\end{aligned} \tag{11.77}$$

又因为

$$\begin{aligned}
&\frac{1}{16} \sum_{i,j,k,l} (\omega_{\widetilde{\rho}(\widetilde{\sigma})})_{ij} \wedge (\omega_{\widetilde{\rho}(\widetilde{\sigma})})_{kl} c(e_i)c(e_j)c(e_k)c(e_l) \\
&= \frac{1}{32} \sum_{i,j,k,l} (\omega_{\widetilde{\rho}(\widetilde{\sigma})})_{ij} \wedge (\omega_{\widetilde{\rho}(\widetilde{\sigma})})_{kl} \left(c(e_i)c(e_j)c(e_k)c(e_l) - c(e_k)c(e_l)c(e_i)c(e_j) \right) \\
&= \frac{1}{16} \sum_{i,j,k,l} (\omega_{\widetilde{\rho}(\widetilde{\sigma})})_{ij} \wedge (\omega_{\widetilde{\rho}(\widetilde{\sigma})})_{kl} \left(\delta_{il}c(e_k)c(e_j) - \delta_{jl}c(e_k)c(e_i) \right. \\
&\qquad \left. + \delta_{ik}c(e_j)c(e_l) - \delta_{jk}c(e_i)c(e_l) \right) \\
&= -\frac{1}{4} \sum_{i,j,l} (\omega_{\widetilde{\rho}(\widetilde{\sigma})})_{il} \wedge (\omega_{\widetilde{\rho}(\widetilde{\sigma})})_{lj} c(e_i)c(e_j).
\end{aligned} \tag{11.78}$$

从而, 由式 (11.77) 和 (11.78) 得到

$$\begin{aligned}
R^{S(TM)} &= -\frac{1}{4} \sum_{i,j} \left(d(\omega_{\widetilde{\rho}(\widetilde{\sigma})})_{ij} + \sum_l (\omega_{\widetilde{\rho}(\widetilde{\sigma})})_{il} \wedge (\omega_{\widetilde{\rho}(\widetilde{\sigma})})_{lj} \right) c(e_i)c(e_j) \\
&= -\frac{1}{4} \sum_{i,j} g^{TM}\left(e_i, R^{TM} e_j\right) c(e_i)c(e_j),
\end{aligned} \tag{11.79}$$

由此即得

$$\begin{aligned}
R^{S(TM)}(e_k, e_l) &= -\frac{1}{4} \sum_{i,j} g^{TM}\left(e_i, R^{TM}(e_k, e_l)e_j\right) c(e_i)c(e_j) \\
&= \frac{1}{4} \sum_{i,j} R_{klij} c(e_i)c(e_j).
\end{aligned} \tag{11.80}$$

□

注记 11.2　我们在此给出性质 11.5 另一证明. 由式 (11.76) 及 (11.59),有

$$\rho_* R^{S(TM)} = \rho_* \left(d\widetilde{\omega}_{\widetilde{\sigma}} + \widetilde{\omega}_{\widetilde{\sigma}} \wedge \widetilde{\omega}_{\widetilde{\sigma}} \right)$$

$$= d\omega_{\widetilde{\rho}(\widetilde{\sigma})} + \omega_{\widetilde{\rho}(\widetilde{\sigma})} \wedge \omega_{\widetilde{\rho}(\widetilde{\sigma})} = R^{TM}, \tag{11.81}$$

从而 $R^{S(TM)}$ 是 R^{TM} 在旋量丛 $S(TM)$ 上的提升. 进而由于

$$d\omega_{\widetilde{\rho}(\widetilde{\sigma})} + \omega_{\widetilde{\rho}(\widetilde{\sigma})} \wedge \omega_{\widetilde{\rho}(\widetilde{\sigma})}$$

$$= -\frac{1}{4} \sum_{i,j} \left(d\omega_{\widetilde{\rho}(\widetilde{\sigma})} + \omega_{\widetilde{\rho}(\widetilde{\sigma})} \wedge \omega_{\widetilde{\rho}(\widetilde{\sigma})} \right)_{ij} \rho_*(c(e_i)c(e_j))$$

$$= -\frac{1}{4} \sum_{i,j} g^{TM} \left(e_i, R^{TM} e_j \right) \rho_* \left(c(e_i)c(e_j) \right)$$

$$= \rho_* \left(-\frac{1}{4} \sum_{i,j} g^{TM} \left(e_i, R^{TM} e_j \right) c(e_i)c(e_j) \right), \tag{11.82}$$

我们就有

$$R^{S(TM)} = -\frac{1}{4} \sum_{i,j} g^{TM} \left(e_i, R^{TM} e_j \right) c(e_i)c(e_j)$$

及

$$R^{S(TM)}(e_k, e_l) = -\frac{1}{4} \sum_{i,j} R_{klij} c(e_i)c(e_j).$$

设 $E \to M$ 是 M 上任一 Hermite 向量丛, ∇^E 是其上的一个 Hermite 联络. 则 $S(TM) \otimes E$ 称为 M 上的一个**扭化旋量丛**, 它是 M 上一个 Hermite 向量丛, 且带有如下的 Hermite 联络:

$$\nabla^{S(TM) \otimes E} = \nabla^{S(TM)} \otimes \mathrm{Id}_E + \mathrm{Id}_{S(TM)} \otimes \nabla^E. \tag{11.83}$$

进而由性质 11.4(ii) 还有

$$\left[\nabla_X^{S(TM) \otimes E}, c(Y) \right] = c \left(\nabla_X^{TM} Y \right). \tag{11.84}$$

在上式中, Clifford 作用 $c(Y)$ 理解为 $c(Y) \otimes \mathrm{Id}_E$ (下同).

注意到作为 $\Gamma(S(TM) \otimes E)$ 上的线性映射

$$D^E = \sum_{i=1}^{m} c(e_i) \nabla_{e_i}^{S(TM) \otimes E} : \Gamma(S(TM) \otimes E) \to \Gamma(S(TM) \otimes E) \tag{11.85}$$

不依赖 TM 的局部定向标准正交基 $\{e_1, e_2, \cdots, e_m\}$ 的选取, 从而良好定义了扭化旋量丛 $S(TM) \otimes E$ 上的一个一阶椭圆微分算子. 算子 D^E 称为扭化旋量丛 $S(TM) \otimes E$ 上的**扭化 Dirac 算子**. 当 E 取为带有平凡联络的平凡复线丛 $\mathbf{C}$ 时, 相应的算子 $D = D^{\mathbf{C}}$ 称为旋量丛 $S(TM)$ 上的 **Dirac 算子**.

我们常简记扭化旋量丛 $S(TM) \otimes E$ 上的 Hermite 内积为 $(\cdot, \cdot)$, 而记 $\Gamma(S(TM) \otimes E)$ 上的 L^2 内积为 $\langle \cdot, \cdot \rangle$. 对于任意 $s_1, s_2 \in \Gamma(S(TM) \otimes E)$,

$$\langle s_1, s_2 \rangle = \int_M (s_1, s_2) dv_M, \tag{11.86}$$

这里, dv_M 表示 M 的 Riemann 体积元.

性质 11.6　扭化 Dirac 算子 D^E 关于 L^2 内积 (11.86) 形式自伴.

证明　对任意的 $s_1, s_2 \in \Gamma(S(TM) \otimes E)$, 利用 D^E 的局部表达式 (11.85) 及性质 11.3(ii) 和式 (11.84), 我们有

$$
\begin{aligned}
&\left(D^E s_1, s_2 \right)\\
&= \left(\sum_{i=1}^m c(e_i) \nabla_{e_i}^{S(TM) \otimes E} s_1, s_2 \right)\\
&= -\sum_{i=1}^m \left(\nabla_{e_i}^{S(TM) \otimes E} s_1, c(e_i) s_2 \right)\\
&= -\sum_{i=1}^m e_i \left(s_1, c(e_i) s_2 \right) + \sum_{i=1}^m \left(s_1, \nabla_{e_i}^{S(TM) \otimes E} (c(e_i) s_2) \right)\\
&= -\sum_{i=1}^m e_i \left(s_1, c(e_i) s_2 \right) + \sum_{i=1}^m \left(s_1, c(\nabla_{e_i}^{TM} e_i) s_2 \right)\\
&\quad + \sum_{i=1}^m \left(s_1, c(e_i) \nabla_{e_i}^{S(TM) \otimes E} s_2 \right)\\
&= \left(s_1, D^E s_2 \right) - \sum_{i=1}^m e_i \left(s_1, c(e_i) s_2 \right) + \sum_{i=1}^m \left(s_1, c(\nabla_{e_i}^{TM} e_i) s_2 \right),
\end{aligned}
$$

从而有

$$\left(D^E s_1, s_2 \right) - \left(s_1, D^E s_2 \right) = -\sum_{i=1}^m \left(e_i \left(s_1, c(e_i) s_2 \right) - \left(s_1, c(\nabla_{e_i}^{TM} e_i) s_2 \right) \right).$$

$$\tag{11.87}$$

令

$$T = \sum_{i=1}^{m} (s_1, c(e_i)s_2) \, e_i. \tag{11.88}$$

显然, T 是 M 上的一个良好定义的向量场, 且有

$$
\begin{aligned}
\operatorname{div} T &= \sum_{i=1}^{m} \left(\nabla_{e_i}^{TM} T, e_i\right) \\
&= \sum_{i,j=1}^{m} \left(\nabla_{e_i}^{TM}((s_1, c(e_j)s_2)\, e_j), e_i\right) \\
&= \sum_{i,j=1}^{m} \left((e_i\,(s_1, c(e_j)s_2))e_j, e_i\right) + \sum_{i,j=1}^{m} \left((s_1, c(e_j)s_2)\, \nabla_{e_i}^{TM} e_j, e_i\right) \\
&= \sum_{i,j=1}^{m} e_i\,(s_1, c(e_j)s_2)\, \delta_{ij} + \sum_{i,j=1}^{m} (s_1, c(e_j)s_2)\,\left(\nabla_{e_i}^{TM} e_j, e_i\right) \\
&= \sum_{i=1}^{m} e_i\,(s_1, c(e_i)s_2) - \sum_{i,j=1}^{m} (s_1, c(e_j)s_2)\,\left(\nabla_{e_i}^{TM} e_i, e_j\right) \\
&= \sum_{i=1}^{m} e_i\,(s_1, c(e_i)s_2) - \sum_{i=1}^{m} \left(s_1, c(\sum_{j=1}^{2n} \left(\nabla_{e_i}^{TM} e_i, e_j\right) e_j)s_2\right) \\
&= \sum_{i=1}^{m} \left(e_i\,(s_1, c(e_i)s_2) - (s_1, c(\nabla_{e_i}^{TM} e_i)s_2)\right).
\end{aligned}
$$

再由式 (11.87), 就有

$$\left(D^E s_1, s_2\right) - \left(s_1, D^E s_2\right) = -\operatorname{div} T. \tag{11.89}$$

最后, 利用著名的 Green 公式及 M 是定向闭流形的假设, 我们即得

$$\left\langle D^E s_1, s_2\right\rangle_{L_2} - \left\langle s_1, D^E s_2\right\rangle_{L_2} = -\int_M (\operatorname{div} T) dv_M = 0. \tag{11.90}$$

$\square$

当 $\dim M = m = 2n$ 时, 扭化旋量丛 $S(TM) \otimes E$ 仍是 M 上一个具有如下 $\mathbf{Z}_2$-分次

$$S(TM) \otimes E = S_+(TM) \otimes E \oplus S_-(TM) \otimes E \tag{11.91}$$

的 Hermite 向量丛. 由性质 11.4(ii) 还有

$$\left[\nabla_X^{S(TM) \otimes E}, \tau\right] = 0, \tag{11.92}$$

即联络 $\nabla^{S(TM)\otimes E}$ 保持 $S(TM) \otimes E$ 中的 $\mathbf{Z}_2$-分次 (11.91).

从而由式 (11.92) 及 (11.54) 知

$$D^E : \Gamma\left(S_\pm(TM) \otimes E\right) \to \Gamma\left(S_\mp(TM) \otimes E\right). \tag{11.93}$$

我们记

$$D^E_\pm := D^E \big|_{\Gamma(S_\pm(TM)\otimes E)} : \Gamma\left(S_\pm(TM) \otimes E\right) \to \Gamma\left(S_\mp(TM) \otimes E\right). \tag{11.94}$$

由性质 11.5. 易见 D^E_+ 与 D^E_- 互为形式伴随.

现在, 我们来叙述 1963 年 Atiyah 与 Singer 证明的指标定理.

定理 11.2 (Atiyah-Singer 指标定理)　　设 M 是一偶数维定向、闭自旋 Riemann 流形, E 是 M 上一个 Hermite 向量丛, 则有

$$\mathrm{ind}(D^E_+) = \int_M \widehat{A}(TM)\mathrm{ch}(E) = \left\langle \widehat{A}(TM)\mathrm{ch}(E), [M] \right\rangle. \tag{11.95}$$

上述 Atiyah-Singer 指标定理给出了示性数 $\left\langle \widehat{A}(TM)\mathrm{ch}(E), [M] \right\rangle$ 整性的一个直接的解析解释 (参见注记 1.3 和 1.4).

11.3　Lichnerowicz 公式及其应用

本节我们将介绍 Lichnerowicz 于 1963 年得到的关于 Dirac 算子的一个 Bochner 型公式及其一些应用 (参见 [Lich], [BGV]).

定理 11.3 (Lichnerowicz 公式)

$$\left(D^E\right)^2 = -\Delta_0^{S(TM)\otimes E} + \frac{k_M}{4} + \frac{1}{2}\sum_{i,j=1}^{2n} c(e_i)c(e_j)R^E(e_i, e_j), \tag{11.96}$$

这里, $\Delta_0^{S(TM)\otimes E}$ 的定义参见式 (8.9), k_M 是 (M, g^{TM}) 的数量曲率, $R^E = (\nabla^E)^2$ 是向量丛 E 的联络 ∇^E 的曲率.

证明　　完全类似于第四章中 Weitzenböck 公式的证明, 我们有

$$\left(D^E\right)^2 = -\Delta_0^{S(TM)\otimes E} + \frac{1}{2}\sum_{i,j=1}^{2n} c(e_i)c(e_j)R^{S(TM)\otimes E}(e_i, e_j), \tag{11.97}$$

其中 $R^{S(TM)\otimes E}$ 是联络 $\nabla^{S(TM)\otimes E}$ 的曲率. 由于

$$\begin{aligned}
R^{S(TM)\otimes E} &= \left(\nabla^{S(TM)\otimes E}\right)^2 = \left(\nabla^{S(TM)} \otimes \mathrm{Id}_E + \mathrm{Id}_{S(TM)} \otimes \nabla^E\right)^2 \\
&= R^{S(TM)} \otimes \mathrm{Id}_E + \mathrm{Id}_{S(TM)} \otimes R^E, \tag{11.98}
\end{aligned}$$

由式 (4.26) 及 (11.75), 我们有

$$\sum_{i,j=1}^{2n} c(e_i)c(e_j)R^{S(TM)}(e_i,e_j) = -\frac{1}{4}\sum_{i,j,k,l} R_{ijkl}c(e_i)c(e_j)c(e_k)c(e_l) = \frac{k_M}{2}.$$

$$(11.99)$$

从而由式 (11.97)—(11.99), 上述 **Lichnerowicz 公式** (11.96) 得证. □

利用 Lichnerowicz 公式 (11.96) 及上节的 Atiyah-Singer 指标定理, 我们立得如下的 **Lichnerowicz 消灭定理**:

定理 11.4 (Lichnerowicz) 若 $2n$ 维闭自旋流形 M 允许一个正数量曲率的 Riemann 度量, 则自旋流形 M 的 $\widehat{A}$-亏格

$$\widehat{A}(M) = 0. \qquad (11.100)$$

证明 我们在 Lichnerowicz 公式 (11.96) 中取 E 为带有平凡联络的平凡复线丛 **C**, 则有

$$D^2 = -\Delta_0^{S(TM)} + \frac{k_M}{4}. \qquad (11.101)$$

由于算子 $-\Delta_0^{S(TM)}$ 非负, $k_M > 0$, 从而有

$$\{0\} = \ker(D^2) = \ker(D) = \ker(D_+) \oplus \ker(D_-).$$

再由 Atiyah-Singer 指标定理 (定理 11.2) 及式 (1.54), 我们就有

$$\widehat{A}(M) = \left\langle \widehat{A}(TM), [M] \right\rangle = \operatorname{ind}(D_+) = \dim(\ker D_+) - \dim(\ker D_-) = 0.$$

□

注记 11.3 在 [Z5] 中, 张伟平将上述 Lichnerowicz 消灭定理推广到了叶状流形的情形. 设 M 是一光滑流形, $F \to M$ 是 TM 的一个可积丛, g^F 是 F 上的一个 Euclid 度量. 对于任意 $x \in M$, 由 **Frobenius 定理** (参见 [ChernC]) 知, 存在 F 的一个通过点 x 的极大积分子流形 $\mathcal{F}_x$, 满足 $T\mathcal{F}_x = F|_{\mathcal{F}_x}$. 此时, $g^F|_{\mathcal{F}_x}$ 给出了流形 $\mathcal{F}_x$ 上的一个 Riemann 度量. 令 $k^F(x)$ 记 Riemann 流形 $(\mathcal{F}_x, g^{T\mathcal{F}_x} = g^F|_{\mathcal{F}_x})$ 在点 x 的数量曲率. 易见函数 $k^F : M \to \mathbf{R}$ 是光滑的, 简称为可积丛 (F, g^F) 的数量曲率函数. 现在, 张伟平推广的消灭定理叙述如下:

定理 11.5   设 M 是一 $2n$ 维定向、闭自旋流形, $F \to M$ 是 TM 的一个可积子丛. 若 F 允许一个正数量曲率的 Euclid 度量 g^F, 则有 $\widehat{A}(M) = 0$.

易见, 当 $F = TM$ 时, 我们立即得到了 Lichnerowicz 消灭定理. 这方面先驱性的工作是著名的 Connes 消灭定理:

定理 11.6 (Connes [Con])   设 M 是一 $2n$ 维定向、闭流形, $F \to M$ 是 TM 的一个具有自旋结构[①] 的可积子丛. 若 F 允许一个正数量曲率的 Euclid 度量 g^F, 则有 $\widehat{A}(M) = 0$.

注意在 Connes 消灭定理中, 若 M 上的叶状结构由一个纤维丛 $M \to B$ 给出, 即 $F = T^V M$ 是该纤维丛的垂直切子丛, 相应结果是 Atiyah-Singer 的簇指标定理 (参见 [AtS4]) 的直接推论. Connes 在证明他的消灭定理时用到了非交换几何的理论, 特别是用到了 Connes-Skandalis 关于叶状流形的纵向 (longitudinal) 指标定理及循环上同调理论 (参见 [Con], [ConS]). 在 [LiuZ] 中, 刘克峰和张伟平为了从微分几何角度理解 Connes 消灭定理, 引进了一个**子 Dirac 算子**, 并在 M 具有**几乎 Riemann 叶状结构**的情形 (见注记 1.7) 用微分几何方法证明了 Connes 消灭定理; 后来在 [Z5] 中, 张伟平利用 Connes 纤维丛 (Connes fibration) 的思想 (见 [Con]) 及**子 Dirac 算子**, 给出了上述两个消灭定理的微分几何的证明.

注记 11.4   在 [YZ] 中, 俞建青与张伟平合作利用 [Z5] 中的方法证明了定理 11.4 的如下推广:

定理 11.7   设 M 是一 $2n$ 维定向、闭自旋流形, $F \to M$ 是 M 上的一个平坦的定向实向量丛. 若 M 允许一个正数量曲率的 Riemann 度量 g^{TM}, 则有

$$\left\langle \widehat{A}(TM)e(F), [M] \right\rangle = 0. \tag{11.102}$$

注记 11.5   利用 Lichnerowicz 公式 (11.101), 对于定向、闭自旋 Riemann 流形 M, 我们易得如下关于 Dirac 算子 D 的特征值 λ 的估计:

$$\lambda^2 \geqslant \frac{1}{4} \inf_{x \in M} \{k_M(x)\}. \tag{11.103}$$

上述估计式不是最优的. 这里我们简要介绍 Friedrich ([F]) 给出的一个改进及 Hijazi ([Hij]) 利用 Penrose 算子给出的一个证明.

---

① 即向量丛 F 的第二个 Stiefel-Whitney 类 $w_2(F)$ 为零.

定理 11.8 (Friedrich 不等式)　设 (M, g^{TM}) 是一 m 维定向、闭自旋 Riemann 流形, 则有

$$\lambda^2 \geqslant \frac{m}{4(m-1)} \inf_{x \in M} \{k_M(x)\}. \tag{11.104}$$

证明　易见

$$p := \frac{1}{m} \sum_{i=1}^{m} e_i^* \otimes c(e_i) : S(TM) \to T^*M \otimes S(TM) \tag{11.105}$$

不依赖于 TM 的局部定向单位正交基 $\{e_1, e_2, \cdots, e_m\}$ 的选取, 其中 e_i^* 及 $c(e_i)$ 分别是 e_i 的度量对偶及 e_i 在旋量丛上的 Clifford 作用. 从而元素

$$p \in \Omega^1(M, \mathrm{End}(S(TM))) \tag{11.106}$$

良好定义. 现在, 作用在旋量丛的 **Penrose 算子** $\mathcal{P}$ 定义如下:

$$\mathcal{P} := \nabla^{S(TM)} + pD : \Gamma(S(TM)) \to \Gamma(T^*M \otimes S(TM)). \tag{11.107}$$

对于任意的 $X \in \Gamma(TM)$, 我们有

$$\mathcal{P}_X = \nabla_X^{S(TM)} + \frac{1}{m} c(X) D : \Gamma(S(TM)) \to \Gamma(S(TM)). \tag{11.108}$$

易见

$$\sum_{i=1}^{m} c(e_i) \mathcal{P}_{e_i} = 0. \tag{11.109}$$

对于任意的 $s \in \Gamma(S(TM))$, 利用式 (11.52) 及 (11.109), 我们有

$$
\begin{aligned}
|\mathcal{P}s|^2 &= \sum_{i=1}^{m} (\mathcal{P}_{e_i}s, \mathcal{P}_{e_i}s) = \sum_{i=1}^{m} \left(\mathcal{P}_{e_i}s, \nabla_{e_i}^{S(TM)}s + \frac{1}{m}c(e_i)Ds \right) \\
&= \sum_{i=1}^{m} \left(c(e_i)\mathcal{P}_{e_i}s, c(e_i)\nabla_{e_i}^{S(TM)}s - \frac{1}{m}Ds \right) \\
&= \sum_{i=1}^{m} (c(e_i)\mathcal{P}_{e_i}s, c(e_i)\nabla_{e_i}^{S(TM)}s) = \sum_{i=1}^{m} (\mathcal{P}_{e_i}s, \nabla_{e_i}^{S(TM)}s) \\
&= \sum_{i=1}^{m} \left(\nabla_{e_i}^{S(TM)}s + \frac{1}{m}c(e_i)Ds, \nabla_{e_i}^{S(TM)}s \right) \\
&= \sum_{i=1}^{m} (\nabla_{e_i}^{S(TM)}s, \nabla_{e_i}^{S(TM)}s) + \frac{1}{m} \sum_{i=1}^{m} (c(e_i)Ds, \nabla_{e_i}^{S(TM)}s)
\end{aligned}
$$

$$= |\nabla^{S(TM)}s|^2 - \frac{1}{m}\sum_{i=1}^{m}\left(Ds, c(e_i)\nabla_{e_i}^{S(TM)}s\right)$$

$$= |\nabla^{S(TM)}s|^2 - \frac{1}{m}|Ds|^2. \tag{11.110}$$

另一方面, 注意到

$$V := \sum_{i=1}^{m}(s, \nabla_{e_i}^{S(TM)}s)e_i \tag{11.111}$$

是 M 上的一个良好定义的光滑向量场, 且有

$$\operatorname{div} V = \sum_{j=1}^{m}\left(\nabla_{e_j}^{TM}V, e_j\right)$$

$$= \sum_{j=1}^{m}\left(\nabla_{e_j}^{TM}\left(\sum_{i=1}^{m}(s, \nabla_{e_i}^{S(TM)}s)e_i\right), e_j\right)$$

$$= \sum_{j=1}^{m}e_j\left(s, \nabla_{e_j}^{S(TM)}s\right) + \sum_{i,j=1}^{m}\left(s, \nabla_{e_i}^{S(TM)}s\right)\left(\nabla_{e_j}^{TM}e_i, e_j\right)$$

$$= |\nabla^{S(TM)}s|^2 + \sum_{j=1}^{m}\left(s, \nabla_{e_j}^{S(TM)}\nabla_{e_j}^{S(TM)}s\right) - \sum_{j=1}^{m}\left(s, \nabla_{\nabla_{e_j}^{TM}e_j}^{S(TM)}s\right)$$

$$= |\nabla^{S(TM)}s|^2 + (s, \Delta_0^{S(TM)}s). \tag{11.112}$$

由 Lichnerowicz 公式 (11.101) 及式 (11.112), 就有

$$|\nabla^{S(TM)}s|^2 = (D^2s, s) - \frac{k_M}{4}|s|^2 + \operatorname{div} V. \tag{11.113}$$

再由式 (11.110) 及 (11.113), 我们得到

$$|\mathcal{P}s|^2 = (D^2s, s) - \frac{1}{m}|Ds|^2 - \frac{k_M}{4}|s|^2 + \operatorname{div} V. \tag{11.114}$$

从而有

$$\int_M |Ds|^2 dv_M = \frac{m}{m-1}\int_M |\mathcal{P}s|^2 dv_M + \frac{m}{4(m-1)}\int_M k_M(x)|s|^2 dv_M. \tag{11.115}$$

由上式我们立即得到 Friedrich 不等式 (11.104).　　　　　　　　　　□

11.4　Dirac 算子的局部指标定理

本节我们将完全类似于第十章的热方程的方法, 给出扭化 Dirac 算子 D^E 的局部指标定理, 并由此还得到了定理 11.2 的一个热方程的证明. 该证明在

20 世纪 80 年代由 Getzler [Ge1] 与虞言林 [Y0] 分别独立得到. 本节我们沿用第十章及上节的记号.

我们记 $\square^E = (D^E)^2$, 其热核记为 $p_t^E(x, y)$. 完全类似于第十章 10.2 节, 我们有

$$\operatorname{ind}\left(D_+^E\right) = \operatorname{Str}\left[e^{-t\square^E}\right] = \lim_{t \to 0^+} \int_M \operatorname{str}\left[p_t^E(y, y)\right] dv_M(y), \qquad (11.116)$$

此处及以下的 str 均表示相对于 $S(TM) \otimes E$ 中的 $\mathbf{Z}_2$-分次式 (11.91) 求超迹.

为了计算极限 $\lim_{t \to 0^+} \int_M \operatorname{str}[p_t^E(y, y)] dv_M(y)$, 我们需要如下的热核渐近展开定理: 当 $t \to 0^+$ 时,

$$p_t^E(y, y) = \frac{1}{(4\pi)^n} \sum_{i=0}^n t^{i-n} U^{(i)}(y, y) + o(1), \qquad (11.117)$$

这里, 对于任意的 $y \in M$ 及 $i \geqslant 0$, 线性变换 $U^{(i)}(y, y) : S(T_y M) \otimes E_y \to S(T_y M) \otimes E_y$ 由方程组 (8.78) 唯一确定, 它们仅依赖于 y 点附近的几何及算子 $\square^E$ 的局部行为 (参见第八章 8.2.2 节).

由式 (11.116) 及 (11.117), 我们立得

$$\begin{cases} \displaystyle\int_M \operatorname{str}\left[U^{(i)}(y, y)\right] dv_M(y) = 0, & \text{当 } i < n \text{ 时}, \\ \operatorname{ind}\left(D_+^E\right) = \dfrac{1}{(4\pi)^n} \displaystyle\int_M \operatorname{str}\left[U^{(n)}(y, y)\right] dv_M(y). \end{cases} \qquad (11.118)$$

完全类似于引理 3.4, 利用推论 3.1 中的 (ii) 及引理 1.2, 我们可以证明

引理 11.1　对于 TM 的任意局部定向标准正交基 $\{e_1, \cdots, e_{2n}\}$, 及 $N = (1, \cdots, 2n)$ 的任意有序子集 $I = (i_1, \cdots, i_k), 1 \leqslant i_1 < \cdots < i_k \leqslant 2n, 0 \leqslant k \leqslant 2n$, 有

$$\begin{cases} \operatorname{str}[c_I] = 0, & \text{当 } I \neq N \text{ 时}, \\ \operatorname{str}[c_N] = \left(-\sqrt{-1}\right)^n 2^n \operatorname{rk}(E). \end{cases} \qquad (11.119)$$

类似于上章的定理 10.4, 我们有

定理 11.9　设 (M, g^{TM}) 是一闭、定向 $2n$ 维 Riemann 自旋流形, $E \to M$ 是 M 上具有 Hermite 度量 h^E 的复向量丛, 且带有一个 Hermite 联络 ∇^E, 则有

$$\begin{cases} \operatorname{str}\left[U^{(i)}(y, y)\right] = 0, & \text{当 } i < n \text{ 时}, \\ \dfrac{1}{(4\pi)^n} \operatorname{str}\left[U^{(n)}(y, y)\right] dv_M(y) = \left\{\widehat{A}\left(TM, \nabla^{TM}\right) \operatorname{ch}\left(E, \nabla^E\right)\right\}^{\max}, \end{cases} \qquad (11.120)$$

其中, ∇^{TM} 是 TM 上的 Levi-Civita 联络, $\widehat{A}$-形式 $\widehat{A}(TM, \nabla^{TM})$ 及陈特征形式 $\mathrm{ch}(E, \nabla^E)$ 的定义见式 (1.52) 及 (1.58).

我们将式 (11.120) 称为扭化 Dirac 算子 D_+^E 的局部指标公式. 此时, 在流形 M 上对式 (11.120) 两边积分即得本章第一节给出的扭化 Dirac 算子 D_+^E 的 Atiyah-Singer 指标定理 (定理 11.2).

完全类似于第十章 10.3 节, 我们以下简要给出上述定理 11.9 的证明 (参见 [Y1], [Y2], [Y3] 及 [BGV], [Ge1]).

对于任意 $y \in M$, 令 $(\mathcal{O}_y; \mathbf{x} = (x^1, \cdots, x^{2n}))$ 是以 y 为心的一个法坐标邻域. 我们利用联络 $\nabla^{S(TM) \otimes E}$ 平行移动将向量丛 $(S(TM) \otimes E)|_{\mathcal{O}_y}$ 平凡化. 为了计算 $\mathrm{str}[U^{(i)}(y, y)]$, 我们对定义在 $(\mathcal{O}_y; \mathbf{x} = (x^1, \cdots, x^{2n}))$ 上的表达式

$$
\begin{aligned}
\omega = & \left(\varphi_1(\mathbf{x}) \frac{\partial}{\partial x^{i_1}} \varphi_2(\mathbf{x}) \frac{\partial}{\partial x^{i_2}} \cdots \varphi_m(\mathbf{x}) \frac{\partial}{\partial x^{i_m}} \varphi_{m+1}(\mathbf{x}) \right) \\
& \cdot (c(e_{j_1}) \cdots c(e_{j_p})) \otimes A,
\end{aligned} \tag{11.121}
$$

引入如下记号:

$$
\chi(\omega) = m + p - \nu(\varphi_1 \cdots \varphi_m \varphi_{m+1}), \tag{11.122}
$$

这里, $1 \leqslant j_1 < \cdots < j_p \leqslant 2n$, $A \in \mathrm{End}(E_y)$. 对于任意两个形如式 (11.121) 的表达式 ω_1, ω_2, 我们仍然定义

$$
\chi(\omega_1 + \omega_2) = \max\{\chi(\omega_1), \chi(\omega_2)\}.
$$

类似地, 关于 χ 的性质 (9.12) 在此仍成立. 同时类似于引理 10.1 的证明, 读者利用式 (1.24), (11.119) 易证如下引理:

引理 11.2　对于式 (11.121) 给出的 ω, 若 $\chi(\omega) < 2n$, 则有 $\mathrm{str}[\omega(0)] = 0$.

在法坐标邻域 $(\mathcal{O}_y; \mathbf{x})$ 上仍记 $\mathcal{U}^{(i)}(\mathbf{x}; y) = U^{(i)}(x, y)$, $i \geqslant 0$. 则有

$$
\begin{cases}
\left(\nabla_{\rho \frac{\partial}{\partial \rho}}^{S(TM) \otimes E} + i + \dfrac{\widehat{dG}}{4G} \right) \mathcal{U}^{(i)} = -\square^E \mathcal{U}^{(i-1)}, \quad i \geqslant 1, \\
\mathcal{U}^{(0)}(0; y) = \mathrm{Id}_{S(T_y M) \otimes E_y}.
\end{cases} \tag{11.123}
$$

类似于第十章 10.3 节的式 (10.29), 我们有

$$
\nabla_{e_i}^{S(TM) \otimes E} = \frac{\partial}{\partial x^i} - \frac{1}{8} \sum_{j,k,l} x^l R_{lijk}(y) c(e_j) c(e_k) + (\chi \leqslant 0), \tag{11.124}
$$

$$\Delta_0^E = \sum_i \left(\frac{\partial}{\partial x^i} - \frac{1}{8} \sum_{j,k,l} x^l R_{lijk}(y) c(e_j) c(e_k) \right)^2 + (\chi < 2), \qquad (11.125)$$

令

$$\begin{cases} \square_0^E = -\sum_i \left(\frac{\partial}{\partial x^i} - \frac{1}{8} \sum_{j,k,l} x^l R_{lijk}(y) c(e_j) c(e_k) \right)^2, \\ F = \frac{1}{2} \sum_{k,l} c(e_k) c(e_l) R^E(e_k, e_l). \end{cases} \qquad (11.126)$$

由 Lichnerowicz 公式 (11.96), 有

$$\square^E = \square_0^E + F + (\chi < 2), \ \chi(\square_0) = 2, \ \chi(F) = 2. \qquad (11.127)$$

从而类似于式 (10.33), 在 $(\mathcal{O}_y; \mathbf{x})$ 上我们有

$$\begin{cases} \left(\widehat{d} + i + h \right) \mathcal{U}^{(i)} = -(\square_0 + F + (\chi < 2)) \mathcal{U}^{(i-1)}, \ i \geqslant 1, \\ \mathcal{U}^{(0)}(0; y) = \mathrm{Id}_{\Lambda^*(T_y^* M)}, \end{cases} \qquad (11.128)$$

及如下的引理:

引理 11.3　对于 $0 \leqslant i \leqslant n$, 有 $\chi(\mathcal{U}^{(i)}(\mathbf{x}; y)) \leqslant 2i$.

由引理 11.2 与引理 11.3, 我们就证明了定理 11.9 的第一部分.

为了计算 $\mathrm{str}[\mathcal{U}^{(n)}(0; y)]$, 我们在 $(\mathcal{O}_y; \mathbf{x})$ 上考虑方程组:

$$\begin{cases} \left(\widehat{d} + i \right) \mathcal{V}^{(i)}(\mathbf{x}; y) = -(\square_0 + F) \mathcal{V}^{(i-1)}(\mathbf{x}; y), \ i \geqslant 1, \\ \mathcal{V}^{(0)}(0; y) = \mathrm{Id}_{(S(TM) \otimes E)|_{\mathcal{O}_y}}. \end{cases} \qquad (11.129)$$

易见上述方程组存在唯一的解 $\{\mathcal{V}^{(i)}(\mathbf{x}; y), \ i \geqslant 0\}$. 类似于引理 10.2 与引理 10.3 的证明, 我们容易得到

引理 11.4　对于 $0 \leqslant i \leqslant n$, 有 $\chi\left(\mathcal{V}^{(i)}(\mathbf{x}; y) \right) \leqslant 2i$, $\chi(\mathcal{U}^{(i)}(\mathbf{x}; y) - \mathcal{V}^{(i)}(\mathbf{x}; y)) < 2i$. 特别有

$$\mathrm{str}\left[\mathcal{U}^{(n)}(0; y) \right] = \mathrm{str}\left[\mathcal{V}^{(n)}(0; y) \right]. \qquad (11.130)$$

现在我们需要计算 $\mathrm{str}\left[\mathcal{V}^{(n)}(0; y) \right] dv_M(y)$. 完全类似于第十章 10.3 节, 替代求解方程组 (11.129), 我们在 $(\mathcal{O}_y; \mathbf{x})$ 上求解如下的方程组:

$$\begin{cases} \left(\widehat{d} + i \right) \mathcal{W}^{(i)}(\mathbf{x}; y) = -\left(\widetilde{\square}_0^E + \widetilde{F} \right) \mathcal{W}^{(i-1)}(\mathbf{x}; y), \ i \geqslant 1, \\ \mathcal{W}^{(0)}(0; y) = \mathrm{Id}_{(S(TM) \otimes E)|_{\mathcal{O}_y}}, \end{cases} \qquad (11.131)$$

其中

$$
\begin{cases}
\widetilde{\Box}_0^E = -\sum_i \left(\dfrac{\partial}{\partial x^i} - \dfrac{1}{8}\sum_{j,k,l} x^l R_{lijk}(y)\omega^j \wedge \omega^k \right)^2 \\
\qquad = -\sum_i \left(\dfrac{\partial}{\partial x^i} - \dfrac{1}{4}\sum_j x^j \Omega_{ij}(y) \right)^2, \\
\widetilde{F} = \dfrac{1}{2}\sum_{k,l} R^E(e_k,e_l)(y)\omega^k \wedge \omega^l := R^E(y),
\end{cases}
\tag{11.132}
$$

这里, $\omega^1,\cdots,\omega^{2n}$ 是 $e_1,\cdots,e_{2n}$ 的对偶基. 易见方程组 (11.131) 有唯一解 $\mathcal{W}^{(i)}(\mathbf{x};y)$, $0 \leqslant i \leqslant n$, 且

$$
\begin{cases}
\left\{ \mathrm{tr}[\mathcal{W}^{(i)}(\mathbf{x};y)] \right\}^{\max} = 0, \ i < n, \\
\left\{ \mathrm{tr}\left[\mathcal{W}^{(n)}(0;y)\right] \right\}^{\max} = \left(\dfrac{\sqrt{-1}}{2} \right)^n \mathrm{str}\left[\mathcal{V}^{(n)}(0;y) \right] dv_M(y).
\end{cases}
\tag{11.133}
$$

在 $(\mathcal{O}_y;\mathbf{x})$ 上令

$$
p_t(\mathbf{x};y) = \frac{e^{-\sum_{i=1}^{2n}(x^i)^2/4t}}{(4\pi t)^n} \sum_{i=0}^n t^i \mathcal{W}^{(i)}(\mathbf{x};y), \quad t > 0.
\tag{11.134}
$$

利用方程组 (11.131), 读者可仿照定理 8.6 的证明过程直接验证 $p_t(\mathbf{x};y)$ 是 $(\mathcal{O}_y;\mathbf{x})$ 上的下列热方程的一个解:

$$
\begin{cases}
\left(\dfrac{\partial}{\partial t} + \widetilde{\Box}_0 + \widetilde{F} \right) p_t(\mathbf{x};y) = 0, \\
\displaystyle\lim_{t\to 0^+} \int_{\mathcal{O}_y} p_t(\mathbf{x};y)\varphi(x)dv_M(x) = \varphi(y),
\end{cases}
\tag{11.135}
$$

其中, $\varphi \in \Gamma((S(TM) \otimes E)|_{\mathcal{O}_y})$, 且在 $\mathcal{O}_y$ 中有紧致集.

另一方面, 我们知道上述热方程有唯一解; 进而利用 **Mehler 公式** (参见附录 B 的式 (B.14)), 解 $p_t(\mathbf{x};y)$ 可明确表示为

$$
p_t(\mathbf{x};y) = \frac{1}{(4\pi t)^n}\det{}^{1/2}\left(\frac{t\Omega(y)/2}{\sinh(t\Omega(y)/2)} \right)
$$
$$
\cdot \exp\left(-\frac{1}{4}\left\langle \mathbf{x} \left| \frac{t\Omega(y)}{2}\coth\left(\frac{t\Omega(y)}{2} \right) \right| \mathbf{x} \right\rangle \right) \exp(-tR^E(y)),
\tag{11.136}
$$

这里, $\langle \mathbf{x}|A|\mathbf{x}\rangle := \langle A\mathbf{x},\mathbf{x}\rangle$.

其实, 等式 (11.134) 就是热核 $p_t(\mathbf{x}; y)$ 的渐近展开式. 从而由式 (11.130), (11.133), (11.134) 与 (11.136), 有

$$
\frac{1}{(4\pi)^n} \mathrm{str} \left[\mathcal{U}^{(n)}(0; y) \right] dv_M(y)
$$

$$
= \left(\frac{-\sqrt{-1}}{2\pi} \right)^n \left\{ \det^{1/2} \left(\frac{\Omega(y)/2}{\sinh(\Omega(y)/2)} \right) \mathrm{tr} \left[\exp \left(-R^E(y) \right) \right] \right\}^{\max}
$$

$$
= \left\{ \det^{1/2} \left(\frac{-\frac{\sqrt{-1}}{4\pi}\Omega(y)}{\sinh(-\frac{\sqrt{-1}}{4\pi}\Omega(y))} \right) \mathrm{tr} \left[\exp \left(\frac{\sqrt{-1}}{2\pi}R^E(y) \right) \right] \right\}^{\max}
$$

$$
= \left\{ \det^{1/2} \left(\frac{\frac{\sqrt{-1}}{4\pi}\Omega(y)}{\sinh(\frac{\sqrt{-1}}{4\pi}\Omega(y))} \right) \mathrm{tr} \left[\exp \left(\frac{\sqrt{-1}}{2\pi}R^E(y) \right) \right] \right\}^{\max}. \tag{11.137}
$$

最后由 $\widehat{A}(TM, \nabla^{TM})$ 及 $\mathrm{ch}(E, \nabla^E)$ 的定义以及式 (11.137), 我们即得

$$
\frac{1}{(4\pi)^n} \mathrm{str} \left[U^{(n)}(y, y) \right] dv_M(y) = \left\{ \widehat{A} \left(TM, \nabla^{TM} \right) \mathrm{ch} \left(E, \nabla^E \right) \right\}^{\max}. \tag{11.138}
$$

第十二章　Lefschetz 不动点定理

本章我们将介绍经典的 Lefschetz 不动点定理, 并给出其一个基于热核的证明. 另外, 我们还将介绍 Atiyah 和 Bott 推广的不动点定理. 作为一个应用, 我们对存在仅有非退化零点的全纯向量场的紧复流形的情形, 给出著名的 Riemann-Roch-Hirzebruch 的一个特殊情形的证明. 为此, 我们也顺带给出了全纯 Lefschetz 不动点定理及 Bott 全纯留数定理的证明. 关于这方面的参考文献参见 [AtB1], [AtB2], [AtB3], [BGV], [BoT], [Chern4], [GH], [K1], [LaYZ], [Liu1], [Z6] 等.

12.1　Lefschetz 数

设 M 为一 n 维定向闭流形. 设 $f : M \to M$ 是一光滑映射. 熟知, 映射 f 诱导了 M 的余切丛 T^*M 上的一个映射:

$$f^* : T^*M \to T^*M, \quad f_p^* := f^*\big|_{T^*_{f(p)}M} : T^*_{f(p)}M \to T^*_p M.$$

对于 $0 \leqslant i \leqslant n$, 我们用 $f^{*,i} := \Lambda^i(df)$ 表示 f 在 $\Lambda^i(T^*M)$ 上的诱导映射. 为记号简单计, 在自明的情况下我们常常将 f 在 $\Lambda^i(T^*M)$ 及整个外代数丛 $\Lambda^*(T^*M)$ 上的诱导映射均简记为 f^*. 同时, 这个诱导映射还自然给出了外微分形式空间 $\Omega^*(M)$ 上一个保持 $\mathbf{Z}$-分次的自同态

$$f^* : \Omega^*(M) \to \Omega^*(M).$$

注意到

$$d \circ f^* = f^* \circ d,$$

映射 f 进而还诱导了 de Rham 上同调群 $H_{\mathrm{dR}}^*(M;\mathbf{R})$ 上的一个保持 $\mathbf{Z}$-分次的自同态

$$f^* : H_{\mathrm{dR}}^*(M;\mathbf{R}) \to H_{\mathrm{dR}}^*(M;\mathbf{R}). \tag{12.1}$$

对于 $0 \leqslant i \leqslant n$, 由于 $\dim H_{\mathrm{dR}}^i(M) < \infty$, 我们可以计算限制映射

$$f^*|_{H_{\mathrm{dR}}^i(M)} : H_{\mathrm{dR}}^i(M;\mathbf{R}) \to H_{\mathrm{dR}}^i(M;\mathbf{R})$$

的迹.

现在, 映射 f 的 **Lefschetz 数** $L(f)$ 定义如下:

定义 12.1

$$L(f) = \sum_{i=0}^n (-1)^i \mathrm{tr}\left[f^*|_{H_{\mathrm{dR}}^i(M)}\right]. \tag{12.2}$$

由定义 12.1 易见, 当 f 是 M 的恒等映射 Id_M 时, 就有

$$L(\mathrm{Id}_M) = \sum_{i=0}^n (-1)^i \beta_i = \chi(M). \tag{12.3}$$

进而, 若 f 与恒等映射 Id_M 同伦, 我们有 $f^*|_{H_{\mathrm{dR}}^*(M;\mathbf{R})} = \mathrm{Id}_{H_{\mathrm{dR}}^*(M;\mathbf{R})}$ (参见 [BoT] 推论 4.1.2), 故 $L(f) = \chi(M)$.

另一方面, 点 $p \in M$ 称为映射 f 的**不动点**, 如果 $f(p) = p$. 我们用 B_f 记映射 f 的不动点集. 对于任意 $p \in B_f$, 我们有诱导的线性映射

$$df_p : T_p M \to T_p M.$$

若

$$\det(I - df_p) \neq 0, \tag{12.4}$$

则点 $p \in B_f$ 称为映射 f 的**非退化不动点**. 易见 f 的非退化不动点是孤立的, 且有

$$\det(I - f_p^*) = \det(I - df_p) \neq 0.$$

以下我们讨论仅有非退化不动点的光滑映射 $f : M \to M$. 此时, 映射 f 的不动点集 B_f 是一离散点集, 从而是一有限点集.

现在我们可以叙述如下的 **Lefschetz 不动点定理**:

定理 12.1　若光滑映射 $f : M \to M$ 仅有非退化的不动点, 则

$$L(f) = \sum_{x \in B_f} \mathrm{sign}\left(\det(I - df_p)\right). \tag{12.5}$$

推论 12.1 如果 $L(f) \neq 0$, 则 f 至少有一个不动点.

利用上述 Lefschetz 不动点定理, 我们还可给出第四章的 Poincaré-Hopf 指标公式 (4.30) 一个证明:

假定 X 是 M 上的一个光滑向量场, 且仅有非退化零点. 我们仍用 $\text{zero}(X)$ 记其零点集. 由于 M 是闭流形, 故 X 生成 M 的一个单参数微分同胚群 $\phi_{t,X} : M \to M$. 注意, 当 $t = 0$ 时, $\phi_{0,X} = \text{Id}_M$, 当 $t > 0$ 时有 $B_{\phi_{t,X}} = \text{zero}(X)$ (参见 [War]).

对于任意充分小的 $t > 0$, 由于微分同胚 $\phi_{t,X}$ 与恒等映射 Id_M 同伦, 故由定理 12.1 有

$$\chi(M) = L\left(\phi_{t,X}\right) = \sum_{p \in B_f} \text{sign}\left(\det\left(I - (d\phi_{t,X})_p\right)\right). \tag{12.6}$$

现对于任意 $p \in B_{\phi_{t,X}}$, 我们需要计算 $\text{sign}\left(\det(I - (d\phi_{t,X})_p)\right)$. 为此, 由与式 (3.30) 相同的理由, 我们可选取点 p 的局部坐标邻域 $(U_p; \mathbf{y} = (y^1, \cdots, y^n))$, 使得

$$\mathbf{y}(p) = (0, \cdots, 0), \quad X(\mathbf{y}) = \mathbf{y} A_p \partial_{\mathbf{y}}. \tag{12.7}$$

从而在 p 的某个充分小的邻域 $\widetilde{U_p} \subset U_p$, 微分同胚 $\phi_{t,X}$ 在局部坐标邻域 $(U_p; \mathbf{y})$ 中可写为

$$\phi_{t,X} = e^{tA_p} : \widetilde{U_p} \to U_p, \quad \phi_{t,X}(\mathbf{y}) = \mathbf{y} e^{tA_p}, \, \forall \mathbf{y} \in \widetilde{U_p}. \tag{12.8}$$

由式 (12.8) 立得

$$(d\phi_{t,X})_p = e^{tA_p}. \tag{12.9}$$

故对充分小的 $t > 0$, 有

$$\begin{aligned} \text{sign}\left(\det(I - (d\phi_{t,X})_p)\right) &= \text{sign}\left(t^{2n} \det A_p + o\left(t^{2n}\right)\right) \\ &= \text{sign}\left(\det A_p\right) = \text{ind}(X, p). \end{aligned} \tag{12.10}$$

再由式 (12.6) 及 (12.10) 即得如下的 Poincaré-Hopf 指标公式 (见式 (4.30)):

$$\chi(M) = \sum_{p \in \text{zero}(X)} \text{ind}(X; p).$$

12.2　定理 12.1 的热核证明

任给 TM 一个度量 g^{TM}, 我们可以定义 M 的 de Rham-Hodge 算子 $D_{\text{even}} = d + d^* : \Omega^{\text{even}}(M) \to \Omega^{\text{odd}}(M)$. 仍记 $\square = (d + d^*)^2$. 由第九章给出的 Mckean-Singer 定理 9.1 就有: 对于任意 $t > 0$,

$$\chi(M) = \text{Str}\left[e^{-t\square}\right]. \tag{12.11}$$

更一般地, 我们有如下的定理 (参见 [AtB1], [AtB2], [AtB3])

定理 12.2 (Atiyah-Bott)　对任意的 $t > 0$, 有

$$L(f) = \text{Str}\left[f^* e^{-t\square}\right]. \tag{12.12}$$

为证明上述定理, 我们需要如下的代数引理 (作为一个练习请读者自证):

引理 12.1　给定任何一个复形 (V^*, ∂):

$$0 \longrightarrow V^0 \xrightarrow{\partial_0} V^1 \xrightarrow{\partial_1} \cdots \xrightarrow{\partial_{m-1}} V^m \longrightarrow 0,$$

其中, V^i, $0 \leqslant i \leqslant m$, 是一列向量空间, 线性算子 $\partial_i : V^i \to V^{i+1}$ 满足 $\partial_{i+1}\partial_i = 0$ (这里我们约定 $\partial_{-1} = \partial_m = 0$). 设 $F_i : V^i \to V^i$, $0 \leqslant i \leqslant m$, 是一组有限秩算子, 且对于 $0 \leqslant i \leqslant m$, 满足

$$\partial_i F_i = F_{i+1}\partial_i. \tag{12.13}$$

令 $H^i F$ 记 F_i 诱导的复形 (V^*, ∂) 的上同调群 $H^i(V^*, \partial)$ 上的映射. 则

$$\sum_{i=0}^{m} (-1)^i \text{tr}\,[F_i] = \sum_{i=0}^{m} (-1)^i \text{tr}\,[H^i F]. \tag{12.14}$$

定理 12.2 的证明　我们排列算子 $\square = (d + d^*)^2$ 的特征值如下:

$$0 = \lambda_0 < \lambda_1 < \lambda_2 < \cdots < \lambda_m < \cdots \to +\infty. \tag{12.15}$$

令 E_{λ_k} 记对应于特征值 λ_k 的特征子空间, 其为一有限维向量空间. 令

$$P_m : \Omega^*(M) \to \sum_{k=0}^{m} E_{\lambda_k} \tag{12.16}$$

记 $\Omega^*(M)$ 到 $\sum_{k=0}^{m} E_{\lambda_k}$ 的正交投影算子. 对于 $0 \leqslant i \leqslant n$, $m \geqslant 0$, 令 $P_{m,i}$ 记

$$P_{m,i} := P_m\big|_{\Omega^i(M)} : \Omega^i(M) \to \Omega^i(M) \cap \left(\sum_{k=0}^{m} E_{\lambda_k}\right). \tag{12.17}$$

注意到 $d\square = \square d$, 再由分解式 (8.29) 易见

$$dP_{m,i} = P_{m,i+1}d. \tag{12.18}$$

在引理 12.1 中取 (V^*, ∂) 为 de Rham 复形 $\{\Omega^*(M), d\}$, 并对任意 $m \geqslant 0$, $t > 0$, 令

$$F_i := P_{m,i}f^{*,i}e^{-t\square}P_{m,i} : \Omega^i(M) \to \Omega^i(M). \tag{12.19}$$

显然对任意 $m \geqslant 0$, $t > 0$, $0 \leqslant i \leqslant n$, F_i 是一有限秩算子,

$$dF_i = F_{i+1}d, \text{ 且 } F := \bigoplus_{i=0}^{n} F_i \tag{12.20}$$

保持 $\Omega^*(M)$ 中的 $\mathbf{Z}$-分次. 由引理 12.1 我们便有

$$\sum_{i=0}^{n}(-1)^i \mathrm{Tr}\left[P_{m,i}f^*e^{-t\square}P_{m,i}\right] = \sum_{i=0}^{n}(-1)^i \mathrm{Tr}\left[H^iF\right]. \tag{12.21}$$

由第八章 Hodge 定理中的式 (8.49), 容易验证

$$\mathrm{Tr}\left[H^iF\right] = \mathrm{Tr}\left[\left(P_{m,i}f^{*,i}e^{-t\square}P_{m,i}\right)\big|_{\ker(\square_i)}\right]$$
$$= \mathrm{Tr}\left[P_{0,i}f^{*,i}P_{0,i}\right] = \mathrm{Tr}\left[f^*\big|_{H_{\mathrm{dR}}^i(M)}\right]. \tag{12.22}$$

从而, 对于任意 $m \geqslant 0$, $t > 0$, 由式 (12.21), (12.22) 及 Lefschetz 数的定义式 (12.1), 就有

$$\sum_{i=0}^{n}(-1)^i \mathrm{Tr}\left[P_{m,i}f^{*,i}e^{-t\square}P_{m,i}\right] = \sum_{i=0}^{n}(-1)^i \mathrm{Tr}\left[f^*\big|_{H_{\mathrm{dR}}^i(M)}\right] = L(f). \tag{12.23}$$

在上式中令 $m \to \infty$, 有

$$L(f) = \lim_{m \to \infty} \sum_{i=0}^{n}(-1)^i \mathrm{Tr}\left[P_{m,i}f^{*,i}e^{-t\square}P_{m,i}\right]$$
$$= \sum_{i=0}^{n}(-1)^i \mathrm{Tr}\left[f^{*,i}e^{-t\square}\right] = \mathrm{Str}\left[f^{*,i}e^{-t\square}\right] \tag{12.24}$$

对于任意 $t > 0$ 成立. 定理 12.2 证毕. □

对于 $0 \leqslant i \leqslant n$, 令 $p_t^{(i)}(x,y)$ 记 Laplace 算子 $\square_i = \square\big|_{\Omega^i(M)}$ 的热核. 由热核的唯一性可知

$$p_t(x,y) = \sum_{i=0}^{n} p_t^{(i)}(x,y), \tag{12.25}$$

其中 $p_t(x, y)$ 是 Laplace 算子 $\square$ 的热核.

由第八章的定理 8.9 并类似于式 (8.32) 的证明, 我们易得定理 12.2 的如下推论:

推论 12.2

$$L(f) = \sum_{i=0}^{n} (-1)^i \int_M \operatorname{tr}\left[f_x^{*,i} p_t^{(i)}(f(x), x)\right] dv_M(x). \tag{12.26}$$

为给出 Lefschetz 不动点定理 12.1 的一个基于热核的证明, 我们需要如下来自代数学的一个引理, 关于它们的证明我们留给有兴趣的读者.

引理 12.2　设 A 为 n 维向量空间 V 上的一个线性变换, 对于 $0 \leqslant i \leqslant n$, 令 $\Lambda^i(A)$ 记 A 在 $\Lambda^i V$ 上的诱导变换. 则有

$$\sum_{i=0}^{n} (-1)^i \operatorname{tr}\left[\Lambda^i(A)\right] = \det(I - A). \tag{12.27}$$

定理 12.1 的热核证明　根据推论 12.2 及引理 12.2, 我们只需对于 $0 \leqslant i \leqslant n$, 证明如下等式即可:

$$\lim_{t \to 0} \int_M \operatorname{tr}\left[f_x^{*,i} p_t^{(i)}(f(x), x)\right] dv_M(x) = \sum_{p \in B_f} \frac{\operatorname{tr}\left[f_p^{*,i}\right]}{|\det(I - df_p)|}. \tag{12.28}$$

取定某个固定的 $N > n/2$, 对于 $0 \leqslant i \leqslant n$, 令

$$\Phi_N(t, x, y) = \frac{e^{-\frac{\rho(x,y)^2}{4t}}}{(4\pi t)^{n/2}} \sum_{k=0}^{N} t^k U^{(k)}(x, y) \tag{12.29}$$

是算子 $\square_i$ 的一个 M-P 拟基本解 (参见式 (8.81)). 再取 $M \times M$ 上的光滑函数 ψ 如式 (8.84), 其在 $M \times M$ 的对角线 Δ 的 $\varepsilon/2$-邻域 $\Delta(\varepsilon/2)$ 上恒等于 1, 在 Δ 的 ε-邻域外恒等于 0. 此时由热核的渐近展开式 (8.99), 就有

$$p_t^{(i)}(x, y) - \psi(x, y)\Phi_N(t, x, y) = o\left(t^{N-n/2}\right). \tag{12.30}$$

从而

$$\lim_{t \to 0} \left(\int_M \operatorname{tr}\left[f_x^{*,i} p_t^{(i)}(f(x), x)\right] dx \right.$$
$$\left. - \int_M \operatorname{tr}\left[f_x^{*,i} \psi(f(x), x)\Phi_N^i(f(x), x)\right] dx \right) = 0. \tag{12.31}$$

由于 f 仅有非退化的不动点, 故 f 的不动点集 B_f 是一有限点集. 对每个 $p \in B_f$, 用 $\mathcal{O}_p$ 记点 p 的一个充分小的开邻域, 使得这些邻域的闭包互不相交. 注意到连续函数 $\rho(x, f(x))$ 在紧集 $M \setminus \cup_{p \in B_f} \mathcal{O}_p$ 上存在正的下界 $\delta > 0$, 我们此时取足够小的正数 ε 满足 $0 < \varepsilon < \delta$, 则有

$$\int_M \operatorname{tr}\left[f_x^{*,i}\psi(f(x),x)\Phi_N^i(f(x),x)\right] dv_M(x)$$
$$= \sum_{p \in B_f} \int_{\mathcal{O}_p} \operatorname{tr}\left[f_x^{*,i}\psi(f(x),x)\Phi_N^i(f(x),x)\right] dv_M(x). \tag{12.32}$$

由于我们涉及的问题是拓扑的, 我们可在 M 上选取 Riemann 度量 g^{TM}, 使得 g^{TM} 在每个足够小的开邻域 $(\mathcal{O}_p; (x^1, \cdots, x^n))$ 上满足

$$g^{TM}\big|_{\mathcal{O}_p} = (dx^1)^2 + (dx^2)^2 + \cdots + (dx^n)^2, \tag{12.33}$$

这里 $(x^1, \cdots, x^n)$ 是 $\mathcal{O}_p$ 上的一个局部坐标系, 使得 $p = (0, \cdots, 0)$.

此时我们易得

$$\int_{\mathcal{O}_p} \operatorname{tr}\left[f_x^{*,i}\psi(f(x),x)\Phi_N^i(f(x),x)\right] dv_M(x)$$
$$= \int_{\mathcal{O}_p} \frac{e^{-\frac{\|(I-df_p)\mathbf{x}\|^2}{4t}}}{(4\pi t)^{n/2}}\left(1 + \frac{1}{t}O(\|\mathbf{x}\|^3)\right)$$
$$\cdot \psi(f(\mathbf{x}),\mathbf{x})\operatorname{tr}\left[f_{\mathbf{x}}^{*,i}\left(U^{(0)}(f(\mathbf{x}),\mathbf{x}) + O(t)U(t,f(\mathbf{x}),\mathbf{x})\right)\right]|dx|, \tag{12.34}$$

这里 $\mathbf{x}$ 表示 $(x^1, \cdots, x^n)$ 的转置, $U(t,f(\mathbf{x}),\mathbf{x}) = \sum_{i=1}^N t^{i-1}U^{(i)}(f(\mathbf{x}),\mathbf{x})$, $\|(I-df_p)\mathbf{x}\|$ 表示向量 $(I-df_p)\mathbf{x}$ 的欧氏范数, $|dx|$ 表示 $(\mathcal{O}_p; (x^1, \cdots, x^n))$ 上的欧氏体积元.

此时由式 (12.34) 及第八章给出的来自分析学的引理 8.5 即得

$$\lim_{t\to 0}\int_{\mathcal{O}_p} \operatorname{tr}\left[f_{\mathbf{x}}^{*,i}\psi(f(x),x)\Phi_N^i(f(x),x)\right] dv_M(x) = \frac{\operatorname{tr}\left[f_p^{*,i}\right]}{|\det(I-df_p)|}. \tag{12.35}$$

最后由式 (12.31), (12.32) 及 (12.35) 即可得到式 (12.28). □

12.3 Atiyah-Bott 不动点定理

本节我们介绍 Atiyah 和 Bott 对于椭圆复形给出的 Lefschetz 不动点定理, 其证明见 Atiyah 和 Bott 的文章 [AtB1], [AtB2], [AtB3].

设 M 是一 n 维光滑流形, E, F 是 M 上两个光滑复向量丛, $D : \Gamma(E) \to \Gamma(F)$ 是定义在光滑截面空间 $\Gamma(E), \Gamma(F)$ 之间的一个 k 阶微分算子. 此时, 对

M 的任意充分小的坐标邻域 $(U; (x^1, \cdots, x^n))$, 以及 E 和 F 在 U 上的任意局部截面基 $\{e_1, \cdots, e_{\mathrm{rk}(E)}\}$ 和 $\{f_1, \cdots, f_{\mathrm{rk}(F)}\}$, 微分算子 D 可表示为

$$D = \sum_{|I| \leqslant k} A^I(x) \frac{\partial^{|I|}}{\partial x^I}, \tag{12.36}$$

这里 $I = (i_1, i_2, \cdots, i_n)$, $0 \leqslant i_1, i_2, \cdots, i_n \leqslant n$, $|I| = i_1 + i_2 + \cdots + i_n$, $A^I(x)$ 是 U 光滑函数组成的一个 $\mathrm{rk}(F) \times \mathrm{rk}(E)$ 矩阵, 且

$$\frac{\partial^{|I|}}{\partial x^I} = \frac{\partial^{|I|}}{\partial x_1^{i_1} \partial x_2^{i_2} \cdots \partial x_n^{i_n}}.$$

对于 U 上局部坐标系的变换及 E 和 F 的任意局部截面基的不同选取, 容易验证 D 的局部表达式 (12.36) 中的最高阶项

$$\sum_{|I|=k} A^I(x) \frac{\partial^{|I|}}{\partial x^I}$$

服从张量的变换规律, 从而确定了 $\Gamma(S^k TM) \otimes \mathrm{Hom}(E, F)$ 中一个元素 $\sigma(D)$, 并称之为微分算子 D 的**主象征 (principal symbol)**[①], 这里 $S^k TM$ 表示切丛 TM 的 k 次对称张量积.

对于任意的 $x \in M$, $\xi = \sum_{i=1}^n \xi_i dx^i \in T_x^* M$,

$$\sigma(D)(x, \xi) := \sum_{|I|=k} A^I(x) \xi_1^{i_1} \cdots \xi_n^{i_n} : E_x \to F_x \tag{12.37}$$

给出了 E_x 到 F_x 的一个线性映射. 从而 $\sigma(D)$ 诱导了一个余切丛 $\pi : T^* M \to M$ 上的拉回向量丛 $\pi^* E$ 到 $\pi^* F$ 的一个丛同态

$$\sigma(D) : \pi^* E \to \pi^* F. \tag{12.38}$$

k 阶微分算子 D 称为一**椭圆算子**, 如果式 (12.38) 中的映射 $\sigma(D)$ 在余切丛 $T^* M$ 的零截面外可逆. 此时一定有 $\mathrm{rk}(E) = \mathrm{rk}(F)$.

现设 E_i, $0 \leqslant i \leqslant m$, 是 M 上一组光滑复向量丛. 考虑如下的复形 (E_*, ∂^*):

$$0 \longrightarrow \Gamma(E_0) \xrightarrow{\partial^0} \Gamma(E_1) \xrightarrow{\partial^1} \cdots \xrightarrow{\partial^{m-1}} \Gamma(E_m) \longrightarrow 0, \tag{12.39}$$

其中 $\partial^i : \Gamma(E_i) \to \Gamma(E_{i+1})$ 是一微分算子, 且满足 $\partial^{i+1} \partial^i = 0$, $0 \leqslant i \leqslant m-1$.

---

① 文献中经常将 $(-\sqrt{-1})^k \sigma(D)$ 定义为 k 阶微分算子 D 的主象征.

复形 (12.39) 称为一个**椭圆复形**, 如果如下余切丛 T^*M 上的映射序列

$$0 \longrightarrow \pi^*E_0 \xrightarrow{\sigma(\partial^0)} \pi^*E_1 \xrightarrow{\sigma(\partial^1)} \cdots \xrightarrow{\sigma(\partial^{m-1})} \pi^*E_m \longrightarrow 0 \qquad (12.40)$$

在余切丛 T^*M 的零截面外是一**正合序列**.

注记 12.1 当 $m = 1$ 时, 上面的复形 (12.39) 变为

$$0 \longrightarrow \Gamma(E_0) \xrightarrow{\partial^0} \Gamma(E_1) \longrightarrow 0.$$

此时, 该复形是椭圆的意味着微分算子 ∂^0 是一椭圆算子. 如我们在前几章遇到的 de Rham-Hodge 算子 $D_{\text{even}} : \Omega^{\text{even}}(M) \to \Omega^{\text{odd}}(M)$, Hirzebruch 符号差算子 $D_+ : \Omega_+(M) \to \Omega_-(M)$, 以及更一般的扭化 Dirac 算子 $D_+ : \Gamma(S_+(TM) \otimes E) \to \Gamma(S_-(TM) \otimes E)$ 均可看作椭圆复形.

以下我们总假设 M 是一 n 维定向的光滑闭流形, 复形 (12.39) 是一个椭圆复形.

令

$$\begin{cases} H^i(E_*, \partial^*) = \ker(\partial^i) / \partial^{i-1}(\Gamma(E_{i-1})), \\ H^*(E_*, \partial^*) = \bigoplus_{i=0}^{m} H^i(E_*, \partial^*). \end{cases} \qquad (12.41)$$

$H^*(E_*, \partial^*)$ 称为联系于椭圆复形 (E_*, ∂^*) 的上同调群, 其中 $H^i(E_*, \partial^*)$ 是 (E_*, ∂^*) 的第 i 个上同调群.

如下定理来自 Atiyah 和 Bott (参见 [AtB2] 命题 (6.5)).

定理 12.3 (Atiyah-Bott) 若 (E_*, ∂^*) 是一椭圆复形, 则对于 $0 \leqslant i \leqslant m$, 有

(i) $\dim H^i(E_*, \partial^*) < \infty$;

(ii) $\partial^i(\Gamma(E_i))$ 是 $\Gamma(E_{i+1})$ 中的闭子空间.

设 $f : M \to M$ 是一光滑映射. 进一步假设对于 $0 \leqslant i \leqslant m$, 均存在光滑丛同态

$$\varphi_i : f^*E_i \to E_i. \qquad (12.42)$$

则我们可以定义线性映射:

$$T_i : \Gamma(E_i) \xrightarrow{f^*} \Gamma(f^*E_i) \xrightarrow{\Gamma(\varphi_i)} \Gamma(E_i), \quad (T_i s)(x) = \varphi_i(s(f(x))), \qquad (12.43)$$

这里, $x \in M$, $s \in \Gamma(E)$.

如果对于 $0 \leqslant i \leqslant m$, 线性映射 T_i 满足

$$T_{i+1}\partial^i = \partial^i T_i, \tag{12.44}$$

则 $T := \{T_i\}$ 定义了椭圆复形 (12.39) 的一个自同态. 这时, T 称为椭圆复形 (12.39) 的一个几何自同态. 进而, 由式 (12.44), 每个 T_i 还诱导了上同调群 $H^i(E_*, \partial^*)$ 上一个自同态 $H^i T$. 类似于定义 12.1, 椭圆复形 (12.39) 的几何自同态 T 的 Lefschetz 数 $L(T)$ 定义为

定义 12.2

$$L(T) = \sum_{i=0}^{m} (-1)^i \mathrm{tr}\left[H^i T\right]. \tag{12.45}$$

注记 12.2　(i) 当 T 为椭圆复形 (E_*, ∂^*) 的恒等映射时, Lefschetz 数 $L(T)$ 就是复形 (E_*, ∂^*) 的 Euler 数:

$$\chi\left((E_*, \partial^*)\right) = \sum_{i=0}^{m} (-1)^i \dim H^i(E_*, \partial^*). \tag{12.46}$$

(ii) 当椭圆复形 (E_*, ∂^*) 取为 de Rham 复形 $(\Omega^*(M), d)$ 时, 此时有 $T = f^*$, 从而 Lefschetz 数 $L(T)$ 就是定义 12.2 中的 $L(f)$.

现在我们假设光滑映射 $f : M \to M$ 仅有非退化的不动点, 并记这些不动点的集合为 B_f. 注意到丛同态 $\varphi_i : f^* E_i \to E_i$ 其实由线性映射簇

$$\varphi_{i,x} : (E_i)_{f(x)} \to (E_i)_x, \quad x \in M \tag{12.47}$$

给出. 从而对于任意的 $p \in B_f$, 我们就得到了一个自同态

$$\varphi_{i,p} : (E_i)_p \to (E_i)_p. \tag{12.48}$$

这时我们就可以定义 $\mathrm{tr}\left[\varphi_{i,p}\right]$.

现在, Atiyah 和 Bott 的 Lefschetz 不动点定理就可叙述如下 (证明见 Atiyah 和 Bott 的文章 [AtB1], [AtB2], [AtB3]):

定理 12.4 (Atiyah-Bott 不动点定理)

$$L(T) = \sum_{p \in B_f} \frac{\sum_{i=0}^{m}(-1)^i \mathrm{tr}\left[\varphi_{i,p}\right]}{|\det(I - df_p)|}. \tag{12.49}$$

注记 12.3　利用上节的方法也可给出定理 12.4 一个热方程的证明 (参见 [K1]).

12.4 Atiyah-Bott 不动点定理的一个应用: Riemann-Roch-Hirzebruch 定理

本节我们应用上节中的 Atiyah-Bott 不动点定理及 Bott 的全纯留数定理给出复几何中著名的 Riemann-Roch 定理的一个证明. 本节涉及的复流形方面的基础知识参见 [ChernC].

12.4.1 Riemann-Roch-Hirzebruch 定理

本小节我们给出复几何中著名的 **Riemann-Roch-Hirzebruch 定理**的一个简要介绍.

设 M 是一 n 维紧复流形. 则实余切丛 $T_{\mathbf{R}}^* M$ 上有一诱导近复结构 J, 其可自然扩张为复化余切丛 $T_{\mathbf{R}}^* M \otimes_{\mathbf{R}} \mathbf{C}$ 上一个丛同态, 我们仍将其记作 J. 此时仍有 $J^2 = -\mathrm{Id}$. 令 $T^{*(1,0)} M$ 和 $T^{*(0,1)} M$ 分别是对应于 J 的特征值 $\sqrt{-1}$ 和 $-\sqrt{-1}$ 的特征子丛. 设 $E \to M$ 是 M 上的一个全纯向量丛. 对于 $0 \leqslant p, q \leqslant n$, 令

$$\Omega^{p,q}(M, E) := \Gamma\left(\Lambda^p(T^{*(1,0)} M) \otimes \Lambda^q(T^{*(0,1)} M) \otimes E\right) \tag{12.50}$$

记 $\Lambda^p(T^{*(1,0)} M) \otimes \Lambda^q(T^{*(0,1)} M) \otimes E$ 的光滑截面空间.

设 $\overline{\partial}^E : \Omega^{p,q}(M, E) \to \Omega^{p,q+1}(M, E)$ 是复流形上 M 的 **Dolbeault 算子**. 关于 M 上的局部全纯坐标系 $(U; (z^1, \cdots, z^n))$ 及 E 在 U 上的全纯标架 $\{\xi_1, \cdots, \xi_{\mathrm{rk}(E)}\}$, Dolbeault 算子 $\overline{\partial}^E$ 定义如下: 对于任意的 $\xi = \sum_{I,J;\alpha} a_{I,J;\alpha}(z) \, dz^I \wedge d\bar{z}^J \otimes \xi_\alpha \in \Omega^{p,q}(M, E)$,

$$\overline{\partial}^E \xi = \sum_{I,J;\alpha} \sum_{i=1}^n \frac{\partial a_{I,J;\alpha}(z)}{\partial \bar{z}^i} d\bar{z}^i \wedge dz^I \wedge d\bar{z}^J \otimes \xi_\alpha, \tag{12.51}$$

这里, $I = (i_1, \cdots, i_p)$, $J = (j_1, \cdots, j_q)$, $1 \leqslant i_1, \cdots, i_p, j_1, \cdots, j_q \leqslant n$; $dz^I = dz^{i_1} \wedge \cdots \wedge dz^{i_p}$, $d\bar{z}^J = d\bar{z}^{j_1} \wedge \cdots \wedge d\bar{z}^{j_q}$. 此处 $\overline{\partial}^E$ 定义的合理性源自 E 的全纯标架的选取.

熟知, $(\overline{\partial}^E)^2 = 0$. 从而我们就有如下的 **Dolbeault 复形** $(\Omega^{0,*}(M, E), \overline{\partial}^E)$:

$$0 \longrightarrow \Omega^{0,0}(M, E) \xrightarrow{\overline{\partial}^E} \Omega^{0,1}(M, E) \xrightarrow{\overline{\partial}^E} \Omega^{0,2}(M, E)$$

$$\xrightarrow{\overline{\partial}^E} \cdots \xrightarrow{\overline{\partial}^E} \Omega^{0,n}(M, E) \longrightarrow 0. \tag{12.52}$$

相应地, 我们就有 **Dolbeault 上同调群** $H_{\mathrm{Dol}}^{0,*}(M, E) = \bigoplus_{q=0}^n H_{\mathrm{Dol}}^{0,q}(M, E)$,

这里,

$$H_{\mathrm{Dol}}^{0,q}(M,E)$$
$$= \ker\left\{\overline{\partial}^E : \Omega^{0,q}(M,E) \to \Omega^{0,q+1}(M,E)\right\} \Big/ \overline{\partial}^E\left(\Omega^{0,q-1}(M,E)\right). \quad (12.53)$$

更一般地, 我们还可对 $0 \leqslant p,q \leqslant n$, 定义 Dolbeault 上同调群

$$H_{\mathrm{Dol}}^{p,q}(M,E)$$
$$= \ker\left\{\overline{\partial}^E : \Omega^{p,q}(M,E) \to \Omega^{p,q+1}(M,E)\right\} \Big/ \overline{\partial}^E\left(\Omega^{p,q-1}(M,E)\right). \quad (12.54)$$

特别地, 当 E 为 M 上的平凡全纯线丛时, 我们将 $\Omega^{0,0}(M,E)$, $\overline{\partial}^E$ 及 $H_{\mathrm{Dol}}^{p,q}(M,E)$ 分别简记为 $\Omega^{0,0}(M)$, $\overline{\partial}$ 及 $H_{\mathrm{Dol}}^{p,q}(M)$.

利用联系于 Dolbeault 算子的 Hodge 理论 (可由本书第八章的相应结果得到, 也参见 [MM]), 对于 $0 \leqslant p,q \leqslant n$, 有

$$\dim H_{\mathrm{Dol}}^{p,q}(M,E) < \infty. \quad (12.55)$$

事实上, 我们可在 M 给一个与 M 上近复结构相容的 Riemann 度量, 其自然诱导了 $\Lambda^*(T^{*(1,0)}M)$ 与 $\Lambda^*(T^{*(1,0)}M)$ 上的 Hermite 度量. 任给 E 上一个 Hermite 度量. 则在 $\Omega^{*,*}(M,E)$ 上可定义一个 L^2-Hermite 内积. 从而我们就可以定义 Dolbeault 算子 $\overline{\partial}^E$ 的伴随算子 $\overline{\partial}^{E,*}$. 令

$$D^E = \sqrt{2}\left(\overline{\partial}^E + \overline{\partial}^{E,*}\right) : \Omega^{0,*}(M,E) \to \Omega^{0,*}(M,E). \quad (12.56)$$

可以证明 D^E 是一形式自伴的一阶椭圆微分算子, $\square^E = (D^E)^2$ 是一 Laplace 型算子. 利用热核方法, 我们对 Dolbeault 算子可以证明定理 8.5 中类似的结论, 从而就有式 (12.55).

另一方面, 注意到

$$D^E : \Omega^{0,\mathrm{even/odd}}(M,E) := \bigoplus_{q\ \text{为偶数/奇数}} \Omega^{0,q}(M,E) \to \Omega^{0,\mathrm{odd/even}}(M,E). \quad (12.57)$$

故就有所谓的 **Riemann-Roch 算子**

$$D_{\mathrm{even}}^E := D^E\big|_{\Omega^{0,\mathrm{even}}(M,E)} : \Omega^{0,\mathrm{even}}(M,E) \to \Omega^{0,\mathrm{odd}}(M,E), \quad (12.58)$$

及其形式伴随算子

$$D_{\mathrm{odd}}^E := D^E\big|_{\Omega^{0,\mathrm{odd}}(M,E)} : \Omega^{0,\mathrm{odd}}(M,E) \to \Omega^{0,\mathrm{even}}(M,E). \quad (12.59)$$

这时有

$$\operatorname{ind}(D_{\text{even}}^E) = \dim \ker\left(D_{\text{even}}^E\right) - \dim \ker\left(D_{\text{odd}}^E\right)$$

$$= \sum_{q=0}^{n} (-1)^q \dim H_{\text{Dol}}^{0,q}(M, E) := \chi(M, E), \qquad (12.60)$$

这里, $\chi(M, E)$ 称为全纯向量丛 E 的 **全纯 Euler 数**. 特别地, 当 E 为 M 上的平凡全纯线丛时, 我们习惯将相应的全纯 Euler 数记为 $\chi(M, \mathcal{O}_M)$, 其中 $\mathcal{O}_M$ 是 M 上全纯函数的层.

现在著名的 Riemann-Roch-Hirzebruch 定理可以叙述如下:

定理 12.5 (Riemann-Roch-Hirzebruch 定理)   若 M 是一紧复流形, $E \to M$ 是 M 上的一个全纯向量丛, 则有

$$\chi(M, E) = \operatorname{ind}(D_{\text{even}}^E) = \langle \operatorname{Td}(TM)\operatorname{ch}(E), [M] \rangle. \qquad (12.61)$$

其中, Todd 类 $\operatorname{Td}(TM)$ 和陈类 $\operatorname{ch}(E)$ 的定义参见第一章 1.4 节, $[M]$ 是定向流形 M 的基本类. 特别当 E 为 M 上的平凡全纯线丛时,

$$\chi(M, \mathcal{O}_M) = \operatorname{ind}(D_{\text{even}}) = \langle \operatorname{Td}(TM), [M] \rangle. \qquad (12.62)$$

注记 12.4   Hirzebruch 最早对射影流形情形证明了上述 Riemann-Roch-Hirzebruch 定理 (参见 F. Hirzebruch 的名著 [Hi]). 一般情形的定理 12.5 由 Atiyah 和 Singer 得到 (参见 [AtS3]). 当 M 是 Kähler 流形时, V. K. Patodi [P1] 给出了该定理的一个热方程方法的证明 (也参见 [BGV], [Y3]).

12.4.2   Bott 全纯留数定理

本节我们对 E 为 M 上的平凡全纯线丛的情形介绍 **Bott 全纯留数定理**. 关于这部分内容读者可对照本书的第二章阅读 (另可参见 [Liu1] 和 [GH] 第 5 章).

设 V 是 M 上一个全纯向量场. 则类似于实的情形, 可以定义微分形式空间 $\Omega^{*,*}(M)$ 上的内乘算子

$$i_V : \Omega^{*,*}(M) \to \Omega^{*-1,*}(M). \qquad (12.63)$$

令

$$A^{(r)}(M) := \bigoplus_{q-p=r} \Omega^{p,q}(M). \qquad (12.64)$$

显然有: 当 $r \leqslant -(n+1)$ 或 $r \geqslant n+1$ 时, $A^{(r)}(M) = \{0\}$.

考虑算子

$$\overline{\partial}_V = \overline{\partial} + i_V : A^{(*)}(M) \to A^{(*+1)}(M). \tag{12.65}$$

由于 V 全纯, 我们有

$$\overline{\partial} i_V = -i_V \overline{\partial}, \tag{12.66}$$

从而

$$\overline{\partial}_V^2 = \overline{\partial} i_V + i_V \overline{\partial} = 0. \tag{12.67}$$

这样我们就得到了如下的复形 $(A^{(*)}(M), \overline{\partial}_V)$:

$$0 \longrightarrow A^{(-n)}(M) \xrightarrow{\overline{\partial}_V} A^{(-n+1)}(M)$$
$$\xrightarrow{\overline{\partial}_V} \cdots \xrightarrow{\overline{\partial}_V} A^{(n-1)}(M) \xrightarrow{\overline{\partial}_V} A^{(n)}(M) \longrightarrow 0. \tag{12.68}$$

复形 $(A^{(*)}(M), \overline{\partial}_V)$ 的上同调群 $H^{(*)}(M)$ 称为 M 的**全纯等变上同调群**. 关于 M 的全纯等变上同调群及其与 Dolbeault 上同调群之间的关系参见刘克峰的文章 [Liu1] 及 [Fe].

定义 12.3　微分形式 $\eta = \sum_{p,q} \eta^{p,q} \in A^{(*)}(M)$ 称为关于 $\overline{\partial}_V$ 是闭的, 如果 $\overline{\partial}_V \eta = 0$.

设 p 是全纯向量场 V 的一个零点. 任取 p 的一个全纯坐标邻域 $(U; (z^1, \cdots, z^n))$, 则在 p 点附近, V 可写为

$$V = \sum_{i=1}^{n} v_i(z) \frac{\partial}{\partial z^i}, \quad v_i(z) = \sum_{j=1}^{n} v_{ij}(p) z_j + O(|z|^2), \tag{12.69}$$

其中 $v_i(z)$ 是 U 上的全纯函数. 易证 $\det(v_{ij}(p))$ 与 U 上的局部全纯坐标系的选取无关. 若

$$\det(v_{ij}(p)) \neq 0, \tag{12.70}$$

则 p 称为全纯向量场 V 的一个非退化零点. 此时我们定义

$$\nu(V, p) = \det(v_{ij}(p)). \tag{12.71}$$

以下我们总假设全纯向量场 V 仅有非退化的零点. 由于非退化零点是孤立的, 从而 V 的零点集 B_V 是一有限点集. 下面的非退化 **Bott 全纯留数定理** (参见 [Bo2]) 的等变上同调形式来自 [Liu1].

定理 12.6 (Bott 全纯留数定理([Bo2], [Liu1]))　如果 $\omega = \sum_{p,q=0}^{n} \omega^{p,q} \in \Omega^{*,*}(M)$ 是 $\overline{\partial}_V$ 闭的, 则有

$$\left(\frac{\sqrt{-1}}{2\pi}\right)^n \int_M \omega = \sum_{p \in B_V} \frac{\omega^{0,0}(p)}{\nu(V,p)}. \tag{12.72}$$

在 M 上任取 J 不变的 Riemann 度量 g^{TM}, 则其自然诱导了 $T^{(1,0)}M$ 上一个 Hermite 度量 $h^{T^{(1,0)}M}$. 令

$$\eta = h^{T^{(1,0)}M}(\cdot, V). \tag{12.73}$$

则有

$$\eta \in \Omega^{1,0}(M), \quad i_V \eta = h^{T^{(1,0)}M}(V,V) := |V|^2. \tag{12.74}$$

以下引理来自 [Z6] 性质 2.1 (也参见 [Bi3] 及引理 2.1).

引理 12.3　设 $\omega \in \Omega^*(M)$ 使得 $\overline{\partial}_V \omega = 0$. 则对任意 $t > 0$, 有

$$\int_M \omega = \int_M \omega \exp\left(-\frac{1}{t}\overline{\partial}_V \eta\right). \tag{12.75}$$

证明　由式 (12.67), 证明完全类似于引理 2.1.　　　　　　　　□

推论 12.3　若 V 在 M 上处处非零, 则 $\int_M \omega = 0$.

证明　注意到

$$\overline{\partial}_V \eta = \overline{\partial}\eta + |V|^2, \tag{12.76}$$

我们有

$$\exp\left(-\frac{1}{t}\overline{\partial}_V \eta\right) = \exp\left(-\frac{1}{t}\overline{\partial}\eta\right) e^{-|V|^2/t}. \tag{12.77}$$

由于 V 在 M 上没有零点, 从而 $|V|^2$ 在 M 上有正的下界. 故当 $t \to 0^+$ 时, $e^{-|V|^2/t}$ 指数衰减. 又由于 $\overline{\partial}\eta$ 是一 2-形式, 故 $\exp\left(-\frac{1}{t}\overline{\partial}\eta\right)$ 是 $1/t$ 的一个多项式. 由于式 (12.75) 左端与 $t > 0$ 无关, 故当 $t \to 0^+$ 时, 由式 (12.75) 即得推论 12.3.　　　　　　　　□

Bott 全纯留数定理的证明　首先, 由引理 12.3, 我们有

$$\int_M \omega = \int_M \omega \exp\left(-\frac{1}{t}\overline{\partial}_V \eta\right) = \lim_{t \to 0^+} \int_M \omega \exp\left(-\frac{1}{t}\overline{\partial}_V \eta\right). \tag{12.78}$$

由于 B_V 是一有限点集, 对于每个 $p \in B_V$, 取点 p 的充分小开坐标邻域 $(U_p; z = (z^1, \cdots, z^n))$, 使得 $z(p) = 0$, 且这些 U_p 的闭包互不相交. 记 $U = \bigcup_{p \in B_V} U_p$. 完全类似于推论 12.3 的证明, 我们有

$$\lim_{t \to 0^+} \int_{M \backslash U} \omega \exp\left(-\frac{1}{t}\overline{\partial}_V \eta\right) = 0. \tag{12.79}$$

现在我们只需计算

$$\lim_{t \to 0^+} \int_U \omega \exp\left(-\frac{1}{t}\overline{\partial}_V \eta\right) = \sum_{p \in B_V} \lim_{t \to 0^+} \int_{U_p} \omega \exp\left(-\frac{1}{t}\overline{\partial}_V \eta\right). \tag{12.80}$$

取 M 上一个 Hermite 度量 h, 使得限制在每个 U_p 上有

$$h|_{U_p} = \sum_{i=1}^{n} dz^i \otimes d\bar{z}^i. \tag{12.81}$$

此时在 U_p 上 V 和 η 可表示为

$$V = \sum_{i=1}^{n} v_i(z)\frac{\partial}{\partial z_i}, \quad \eta = \sum_{i=1}^{n} \overline{v_i(z)}dz^i. \tag{12.82}$$

令

$$v_{ij}(p) = \frac{\partial v_i(z)}{\partial z^j}\bigg|_p, \quad A_p = (v_{ij}(p)). \tag{12.83}$$

从而

$$\overline{\partial}\eta = \sum_{i,j=1}^{n} \frac{\partial \overline{v_i(z)}}{\partial \bar{z}^j} d\bar{z}^j \wedge dz^i = \sum_{i,j=1}^{n} \left(\overline{v_{ij}(p)} + O(|z|)\right) d\bar{z}^j \wedge dz^i, \tag{12.84}$$

$$i_V(\eta) = \sum_{i=1}^{n} |v_i(z)|^2 = |zA_p|^2 + O(|z|^3). \tag{12.85}$$

根据式 (12.84), (12.85), 就有

$$\lim_{t \to 0^+} \int_{U_p} \omega \exp\left(-\frac{1}{t}\overline{\partial}_V \eta\right)$$

$$= \lim_{t \to 0^+} \int_{U_p(z)} \omega \exp\left(-\frac{1}{t}\left(|zA_p|^2 + O(|z|^3)\right)\right)$$

$$\cdot \exp\left(-\frac{1}{t}\sum_{i,j=1}^{n} \left(\overline{v_{ij}(p)} + O(|z|)\right) d\bar{z}^j \wedge dz^i\right)$$

$$= \sum_{p \in B_V} \int_{U_p} \omega \exp\left(-\frac{1}{t}|zA_p|^2\right) e^{-\frac{1}{t}O(|z|^3)}$$

$$\cdot \left(\overline{\det(A_p)} + O(|z|) \right) \frac{1}{t^n} dz^1 \wedge d\bar{z}^1 \wedge \cdots \wedge dz^n \wedge d\bar{z}^n. \tag{12.86}$$

现做变量代换 $z = \sqrt{t}w$, 则由式 (12.86) 得

$$\lim_{t\to 0^+} \int_{U_p} \omega \exp\left(-\frac{1}{t} \overline{\partial}_V \eta \right)$$

$$= \sum_{p\in B_V} \int_{U_p(w)} \sum_{p,q=0}^{n} t^{(p+q)/2} \omega^{p,q}(\sqrt{t}w) \exp\left(-|wA_p|^2 \right) e^{-\sqrt{t}O(|w|^3)}$$

$$\cdot \left(\overline{\det(A_p)} + \sqrt{t}O(|w|) \right) dw^1 \wedge d\bar{w}^1 \wedge \cdots \wedge dw^n \wedge d\bar{w}^n. \tag{12.87}$$

注意到

$$dw^1 \wedge d\bar{w}^1 \wedge \cdots \wedge dw^n \wedge d\bar{w}^n = (-2\pi\sqrt{-1})^n dv_{\mathbf{R}^{2n}}, \tag{12.88}$$

这里 $dv_{\mathbf{R}^{2n}}$ 是欧氏空间 $\mathbf{R}^{2n}$ 的标准定向体积元, 再由引理 8.4 及式 (12.71), 我们得到

$$\lim_{t\to 0^+} \int_{U_p} \omega \exp\left(-\frac{1}{t} \overline{\partial}_V \eta \right) = (-2\pi\sqrt{-1})^n \sum_{p\in B_V} \frac{\omega^{0,0}(p)}{\det(A_p)}. \tag{12.89}$$

再由式 (12.78), (12.79), (12.80) 及 (12.89), Bott 全纯留数定理得证. □

现在, 我们在 M 上存在一个仅有非退化零点的全纯向量场 V 的假设下, 利用 Atiyah-Bott 不动点定理及 Bott 的全纯留数定理给出 Riemann-Roch-Hirzebruch 定理的特殊形式 (12.62) 的一个证明.

首先, 对于任意全纯映射 $f : M \to M$, 其在微分形式空间 $\Omega^{p,q}(M)$ 上的诱导映射 f^* 满足:

$$f^* : \Omega^{p,q}(M) \to \Omega^{p,q}(M), \quad \overline{\partial}f^* = f^*\overline{\partial}. \tag{12.90}$$

从而就有在 Dolbeault 上同调群 $H_{\text{Dol}}^{0,*}(M)$ 上的诱导映射

$$H_{\text{Dol}}^{0,q}f : H_{\text{Dol}}^{0,q}(M) \to H_{\text{Dol}}^{0,q}(M). \tag{12.91}$$

此时, 相应的 Lefschetz 数 $L(f)$ 为

$$L(f) = \sum_{q=0}^{n} (-1)^q \text{tr}\left[H_{\text{Dol}}^{0,q}f \right]. \tag{12.92}$$

特别地, 当 f 同伦于 Id_M 时, f 在每个 $H_{\mathrm{Dol}}^{0,q}(M)$ 的诱导映射 $H_{\mathrm{Dol}}^{0,q}f$ 为恒等映射. 从而我们就有

$$L(f) = \sum_{q=0}^{n}(-1)^q \mathrm{tr}\left[H_{\mathrm{Dol}}^{0,q}f\right]$$

$$= \sum_{q=0}^{n}(-1)^q \dim H_{\mathrm{Dol}}^{0,q}(M) = \chi(M, \mathcal{O}). \tag{12.93}$$

另一方面, 当 f 只有非退化的不动点时, f 的不动点集 B_f 为一有限点集. 对于任意的 $p \in B_f$, 令 df_p 记 f 在 M 的复化切空间 $T_{\mathbf{C}}M$ 上的诱导线性映射, f_p^* 记 f 在 $T_p^{*(1,0)}M$ 上的诱导线性映射. 由于 p 非退化, 知 $\det(I - df_p) \neq 0$. 进而还容易验证

$$\det(I - df_p) = \left|\det(I - f_p^*)\right|^2. \tag{12.94}$$

此时由 Atiyah-Bott 不动点定理及引理 12.2 即得如下的**全纯的 Lefschetz 不动点定理**:

定理 12.7 (全纯的 Lefschetz 不动点定理)　若 M 是一紧复流形, $f: M \to M$ 是一个仅有非退化不动点的全纯映射, 则有

$$L(f) = \sum_{p \in B_f} \frac{1}{\det(I - f_p^*)}. \tag{12.95}$$

令 e^{tV} 记由 V 决定的实光滑向量场 $V_{\mathbf{R}} := V + \overline{V}$ 生成的 M 上的单参数全纯映射群. 对于每个 $t > 0$, 映射 e^{tV} 同伦于 Id_M, 且其不动点集就是 V 的零点集 B_V. 对于任意的 $p \in B_V$, 类似于式 (12.9) 我们有

$$d\left(e^{tV}\right)_p = e^{tA_p}, \tag{12.96}$$

其中 A_p 由式 (12.83) 定义. 又因为映射 e^{tV} 同伦于 Id_M, e^{tV} 在每个 $H_{\mathrm{Dol}}^{0,q}(M)$ 的诱导映射为恒等映射. 此时由全纯的 Lefschetz 不动点定理有

$$\chi(M, \mathcal{O}_M) = L(e^V) = \sum_{p \in B_V} \frac{1}{\det(1 - e^{A_p})}. \tag{12.97}$$

现给定 M 上一个 J-不变的 Riemann 度量, 其在 M 的全纯切丛 $T^{(1,0)}M$ 上诱导了一个 Hermite 度量. 则在 $T^{(1,0)}M$ 上存在唯一一个保度量的 $(1,0)$-型联络 (常称为**陈联络**) ∇. 我们用 $R = \nabla^2$ 表示其曲率算子. 熟知 $R \in \Omega^{1,1}(M, \mathrm{End}(T^{(1,0)}M))$.

类似于式 (2.17), 定义 $L_V : \Gamma(T^{(1,0)}M) \to \Gamma(T^{(1,0)}M)$ 如下: 对于任意 $X \in \Gamma(T^{(1,0)}M)$,

$$L_V(X) := \nabla_V X - [V, X]. \tag{12.98}$$

容易验证对于任意的 $f \in C^\infty(M)$ 有

$$L_V(fX) = f L_V(X). \tag{12.99}$$

从而, L_V 是 $T^{(1,0)}M$ 上的一个丛同态, 即有 $L_V \in \Omega^{0,0}(M, \mathrm{End}(T^{(1,0)}M))$. 对于任意 $p \in B_V$, 令

$$L_V(p) := L_V \big|_{T_p^{(1,0)}M}. \tag{12.100}$$

易见对于任意 $p \in B_V$, 有

$$\det(L_V(p)) = \det(A_p). \tag{12.101}$$

在 M 的任意局部全纯坐标邻域 $(U; (z^1, \cdots, z^n))$ 上, 令

$$\nabla \frac{\partial}{\partial z^j} = \sum_{k=1}^n \varpi_j^k \frac{\partial}{\partial z^k}, \quad \varpi = (\varpi_j^k). \tag{12.102}$$

ϖ 是陈联络 ∇ 相对于全纯标架 $\{\partial/\partial z^1, \cdots, \partial/\partial z^n\}$ 的联络矩阵, 其中 $\varpi_j^k \in \Omega(M)$ 可表示为

$$\varpi_j^k = \sum_{i=1}^n \Gamma_{ij}^k dz^i. \tag{12.103}$$

令 $\Omega = (\Omega_j^k)$ 是陈联络的曲率算子 R 相对于全纯标架 $\{\partial/\partial z^1, \cdots, \partial/\partial z^n\}$ 的曲率矩阵, 即

$$R \frac{\partial}{\partial z^j} = \sum_{k=1}^n \Omega_j^k \frac{\partial}{\partial z^k}. \tag{12.104}$$

由陈联络的性质知 (参见 [ChernC] 第七章或 [Chern4]):

$$\Omega_j^k = \overline{\partial} \varpi_j^k = \sum_{i,l}^n \frac{\partial \Gamma_{ij}^k}{\partial \overline{z^l}} d\overline{z^l} \wedge dz^i. \tag{12.105}$$

另一方面,

$$L_V\left(\frac{\partial}{\partial z^j}\right) = \nabla_V \frac{\partial}{\partial z^j} - \left[V, \frac{\partial}{\partial z^j}\right] = \sum_{k=1}^n \left(\frac{\partial v_k}{\partial z^j} + \sum_{i=1}^n v_i \Gamma_{ij}^k\right) \frac{\partial}{\partial z^k}. \tag{12.106}$$

令

$$L_j^k = \frac{\partial v_k}{\partial z^j} + \sum_{i=1}^n v_i \Gamma_{ij}^k.$$ 　　　(12.107)

从而

$$\overline{\partial} L_j^k = \sum_{i,l=1}^n v_i \frac{\Gamma_{ij}^k}{\partial \bar{z}^l} d\bar{z}^l,$$ 　　　(12.108)

$$i_V \Omega_j^k = -\sum_{i,l=1}^n v_i \frac{\Gamma_{ij}^k}{\partial \bar{z}^l} d\bar{z}^l.$$ 　　　(12.109)

此时由式 (12.108) 和 (12.109) 得

$$\left(\overline{\partial} + i_V\right)\left(\Omega_j^k + L_j^k\right) = 0.$$ 　　　(12.110)

令

$$\omega = \det\left(\frac{R + L_V}{I - \exp\left(R + L_V\right)}\right).$$ 　　　(12.111)

由式 (12.110) 和 ω 的定义不难证明

$$\omega \in A^{(0)}(M), \quad \overline{\partial}_V \omega = \left(\overline{\partial} + i_V\right)\omega = 0.$$ 　　　(12.112)

此时由 Bott 全纯留数定理及式 (1.56), (12.101) 和 (12.97) 得

$$\int_M \mathrm{Td}(TM, \nabla) = \int_M \det\left(\frac{\frac{\sqrt{-1}}{2\pi}R}{1 - \exp(-\frac{\sqrt{-1}}{2\pi}R)}\right) = \left(\frac{\sqrt{-1}}{2\pi}\right)^n \int_M \omega$$

$$= \sum_{p \in B_V} \frac{\det\left(\frac{L_V}{1 - e^{L_V}}\right)}{\det A_p} = \sum_{p \in B_V} \frac{1}{\det\left(1 - e^{L_V}\right)} = \chi(M, \mathcal{O}_M).$$ 　　　(12.113)

从而 Riemann-Roch-Hirzebruch 定理的特殊情形式 (12.62) 得证.　　　□

注记 12.5　关于 Gauss-Bonnet-陈定理及 Riemann-Roch-Hirzebruch 定理的产生和在这一发展过程中形成的同调等概念, 以及最后到 Atiyah-Singer 指标定理发现的历史背景, 我们推荐读者参阅虞言林的著作 [Y4]; 关于热核理论在复流形上的进一步发展, 我们推荐麻小南和 Marinescu 的专著 [MM]; 关于 Atiyah-Singer 指标理论在我国的早期发展历程参见张伟平的文章 [7].

附录 A 法坐标系

在本附录中我们将简要介绍 Riemann 流形上的法坐标系及与本书正文相关的基本知识. 有关这方面的内容我们推荐参考书 [ChernC], [WuSY], [Y2], [Y3].

设 M 是一个 n 维 Riemann 流形, g^{TM} 是其上的 Riemann 度量, ∇^{TM} 记相应的 Levi-Civita 联络. 以下关于 Levi-Civita 联络的公式是熟知的: 对于任意的 $X, Y, Z \in \Gamma(TM)$,

$$
\begin{aligned}
\langle \nabla_X^{TM} Y, Z \rangle = \frac{1}{2} \big(& X \langle Y, Z \rangle + Y \langle Z, X \rangle - Z \langle X, Y \rangle \\
& - \langle X, [Y, Z] \rangle + \langle Y, [Z, X] \rangle + \langle Z, [X, Y] \rangle \big).
\end{aligned} \tag{A.1}
$$

令 R^{TM} 记 Levi-Civita 联络 ∇^{TM} 的 Riemann 曲率. 对于 TM 的任一局部标准正交基 $\{e_1, \cdots, e_n\}$, 我们引进记号

$$
\omega_{ij} := g^{TM} \left(\nabla^{TM} e_i, e_j \right), \quad \Omega_{ij} := g^{TM} \left(R^{TM} e_i, e_j \right). \tag{A.2}
$$

由 Riemann 几何的基本知识 (参见 [ChernC]) 知

$$
\Omega_{jk} = d\omega_{jk} + \sum_l \omega_{jl} \wedge \omega_{lk}. \tag{A.3}
$$

令

$$
\Gamma_{ki}^j := \omega_{ij}(e_k) = g^{TM} \left(\nabla_{e_k}^{TM} e_i, e_j \right), \tag{A.4}
$$

$$
R_{klij} := -\Omega_{ij}(e_k, e_l) = -g^{TM} \left(R^{TM}(e_k, e_l) e_i, e_j \right), \tag{A.5}
$$

$$\operatorname{Ric}_{ij} := \sum_k R_{ikjk}, \quad k_M = \sum_{ij} R_{ijij}. \tag{A.6}$$

以上记号中, 微分形式矩阵 (ω_{ij}) 及 (Ω_{ij}) 分别是 Levi-Civita 联络 ∇^{TM} 关于局部标准正交基 $\{e_1, \cdots, e_n\}$ 的**联络矩阵**与**曲率矩阵**; R_{klij}, Ric_{ij} 及 k_M 分别是 Riemann 流形 (M, g^{TM}) 的 **Riemann 曲率张量**, **Ricci 曲率张量**及**数量曲率**.

设 $\gamma : (-\delta, \delta) \to M$ 是流形 M 中一条光滑曲线. 该曲线称为 M 中的一条**测地线**, 如果

$$\nabla^{TM}_{\dot{\gamma}(t)} \dot{\gamma}(t) = 0, \quad t \in (-\delta, \delta), \tag{A.7}$$

这里 $\dot{\gamma}(t)$ 表示曲线 $\gamma(t)$ 的切向量. 在 M 的某个局部坐标系 $(x_1, \cdots, x_n)$ 中, 我们可将 $\gamma(t)$ 写为

$$\gamma(t) = (x_1(t), \cdots, x_n(t)),$$

则由式 (A.7) 推得 $x_k(t)$ 满足如下的二阶常微分方程:

$$\ddot{x}_k + \sum_{i,j} \widetilde{\Gamma}^k_{ij}(\gamma(t)) \dot{x}_i \dot{x}_j = 0, \quad 1 \leqslant k \leqslant n, \tag{A.8}$$

这里, $\widetilde{\Gamma}^k_{ij}$ 是由下式定义的光滑函数:

$$\nabla^{TM}_{\frac{\partial}{\partial x_i}} \frac{\partial}{\partial x_j} = \sum_{k=1}^n \widetilde{\Gamma}^k_{ij} \frac{\partial}{\partial x_k}. \tag{A.9}$$

由二阶常微分方程组的理论即知:

定理 A.1　对任意 $p \in M$, 存在 p 在 M 中的某个开邻域 $\mathcal{U}_p$ 及某个正数 $\delta_p > 0$, 使得对于任意的 $q \in \mathcal{U}_p$, $v \in T_q M$ 且 $|v| < \delta_p$, 下列问题

$$\begin{cases} \nabla^{TM}_{\dot{\gamma}(t)} \dot{\gamma}(t) = 0, \\ \gamma(0) = q, \\ \dot{\gamma}(0) = v \end{cases} \tag{A.10}$$

在闭区间 $[-1, 1]$ 上的解 $\gamma(t) \equiv \gamma(t, q, v)$ 存在唯一, 且光滑依赖于初值 $q \in \mathcal{U}_p$ 及 $v \in T_q M$, $|v| < \delta_p$. 特别地还有

$$\gamma(t, p, v) = \gamma(1, p, tv), \quad \forall t \in [-1, 1]. \tag{A.11}$$

注记 A.1 当 M 是一闭流形时, 存在公共的 $\delta > 0$, 对任意 $p \in M$, 存在 p 在 M 中的某个开邻域 $\mathcal{U}_p$, 使得对于任意的 $q \in \mathcal{O}_p$, $v \in T_q M$ 且 $|v| < \delta$, 问题 (A.10) 在闭区间 $[-1, 1]$ 上的解 $\gamma(t) \equiv \gamma(t, q, v)$ 存在唯一, 且光滑依赖于初值 $q \in \mathcal{O}_p$ 及 $v \in T_q M, |v| < \delta$.

令

$$\mathcal{U}_{\delta_p} = \{ v \in T_p M : |v| < \delta_p \}. \tag{A.12}$$

根据定理 A.1, 我们可以定义**指数映射**如下: 对于任意 $p \in M$,

$$\exp_p : \mathcal{U}_{\delta_p} \to M, \quad \exp_p(v) = \gamma(1, p, v). \tag{A.13}$$

对于任意 $p \in M$, 由定理 A.1 容易证明, 上述指数映射是从 $\mathcal{U}_{\delta_p}$ 到 $\mathcal{O}_p(\delta_p) := \exp_p(\mathcal{U}_{\delta_p})$ 的微分同胚. 特别地还有

$$d\exp_p(0) : T_0(T_p M) \equiv T_p M \to T_p M \tag{A.14}$$

是 $T_p M$ 上的一恒等映射. 我们称 $\mathcal{O}_p(\delta_p)$ 为 M 中的一个以 p 为心的**法坐标邻域**.

注记 A.2 此时对于任意的 $q \in \mathcal{O}_p(\delta_p)$, 在 $\mathcal{O}_p(\delta_p)$ 中有唯一一条 (最短) 测地线连接 p 和 q. 事实上, 在此情形存在唯一的 $v \in \mathcal{U}_{\delta_p}$, 使得 $q = \exp_p(v)$, 从而 $\mathcal{O}_p(\delta_p)$ 中的测地线段

$$\{ \gamma(t, p, v) = \gamma(1, p, tv) = \exp_p(tv) \,|\, t \in [0, 1] \} \tag{A.15}$$

是光滑地连接 $p = \gamma(0, p, v)$ 和 $q = \gamma(1, p, v)$ 的唯一一条测地线, 且其长度为 $|v|$.

对于任意 $p \in M$, 在 $\mathcal{O}_p(\delta_p)$ 可以定义如下函数:

$$\rho(p, \cdot) : \mathcal{O}_p(\delta_p) \to \mathbf{R}, \quad \rho(p, q) = L(\gamma), \forall q \in \mathcal{O}_p(\delta_p), \tag{A.16}$$

其中 $L(\gamma)$ 表示 $\mathcal{O}_p(\delta_p)$ 中连接 p, q 的测地线的长度. 显然有 $\rho(p, p) = 0$.

由注记 A.2 易见函数 $\rho(p, \cdot)$ 是 $\mathcal{O}_p(\delta_p)$ 上的连续函数, 且在 $\mathcal{O}_p(\delta_p) \setminus \{p\}$ 上光滑. 令 $\partial/\partial\rho$ 是 $\mathcal{O}_p(\delta_p) \setminus \{p\}$ 上如下定义的光滑向量场

$$d\rho(X) = g^{TM} \left(\frac{\partial}{\partial \rho}, X \right), \quad \forall X \in \Gamma(TM|_{\mathcal{O}_p(\delta_p)}). \tag{A.17}$$

由上述定义看出 $\partial/\partial\rho$ 是 $\mathcal{O}_p(\delta_p) \setminus \{p\}$ 上的单位向量场. 由于 $\rho(p,\cdot)$ 在 $\mathcal{O}_p(\delta_p)$ 上连续, $\rho(p,p) = 0$, 在 $\mathcal{O}_p(\delta_p)$ 上还可定义向量场

$$\widehat{d} = \rho \frac{\partial}{\partial\rho}. \tag{A.18}$$

对于任意 $p \in M$ 及 T_pM 中任意选定的一组标准正交基 $\{e_1, e_2, \cdots, e_n\}$, T_pM 中任一切向量 v 可唯一表示为

$$v = x_1 e_1 + x_2 e_2 + \cdots + x_n e_n. \tag{A.19}$$

由此我们得到了 T_pM 上的一个 Euclid 坐标系 $(x_1, x_2, \cdots, x_n)$. 从而, 由指数映射 $\exp_p$ 就在法坐标邻域 $\mathcal{O}_p(\delta_p)$ 上给出了一个局部坐标系 $(x_1, x_2, \cdots, x_n)$, 即 $\mathcal{O}_p(\delta_p)$ 上的**法坐标系**. 这时有

$$\mathcal{O}_p(\delta_p) = \left\{ x = \exp_p \left(\sum_{k=1}^{n} x_k e_k \right) \Bigg| \sum_{k=1}^{n} x_k^2 < \delta_p^2 \right\}, \tag{A.20}$$

其中, $(x_1, \cdots, x_n)$ 称为点 $x = \sum_{k=1}^{n} x_k e_k$ 的**法坐标**. 显然 p 的法坐标为 $(0, \cdots, 0)$.

注意在上述法坐标系中, 式 (A.15) 中的测地线可写为

$$(tx_1, \cdots, tx_n), \tag{A.21}$$

其中, $(x_1, \cdots, x_n)$ 表示点 q 的法坐标, $0 \leqslant t \leqslant 1$. 且 p, q 两点之间的 (测地) 距离为

$$\rho(p,q) = \left(\sum_{k=1}^{n} x_i^2 \right)^{1/2}. \tag{A.22}$$

利用 $\mathcal{O}_p(\delta_p)$ 中沿从 p 点出发的测地线做平行移动, 我们就从 T_pM 中的标准正交基 $\{e_1, e_2, \cdots, e_n\}$ 得到 T_pM 在 $\mathcal{O}_p(\delta_p)$ 上的一组标准正交标架. 我们仍将其记为 $\{e_1, e_2, \cdots, e_n\}$. 当不特别指出时, 以下我们在 $\mathcal{O}_p(\delta_p)$ 上总采用这组标准正交标架.

在法坐标邻域 $(\mathcal{O}_p(\delta_p); (x_1, \cdots, x_n))$ 上引进如下记号:

$$g_{ij} = g^{TM} \left(\frac{\partial}{\partial x_i}, \frac{\partial}{\partial x_j} \right), \quad H_{ij} = g^{TM} \left(e_i, \frac{\partial}{\partial x_j} \right), \tag{A.23}$$

$$G = \det(g_{ij}), \quad (g^{ij}) = (g_{ij})^{-1}, \quad (H^{ij}) = (H_{ij})^{-1}, \tag{A.24}$$

$$\Gamma_{ij}^k = g^{TM} \left(\nabla_{e_i}^{TM} e_j, e_k \right), \quad H_{ijk} = \sum_l H_{li} \Gamma_{lj}^k. \tag{A.25}$$

由式 (A.23), (A.25) 及 (A.2), (A.4), 显然有

$$g_{ij} = \sum_{l=1}^{n} H_{li}H_{lj}, \quad H_{ijk} = \omega_{jk}\left(\frac{\partial}{\partial x_i}\right). \tag{A.26}$$

引理 A.1 对于任意 $x = (x_1, \cdots, x_n) \in \mathcal{O}_p(\delta_p)$, 有

(i) $x_i = \sum_{j=1}^{n} g_{ij}(x)x_j$, $1 \leqslant i \leqslant n$;

(ii) $\widehat{d} = \sum_{k=1}^{n} x_k \frac{\partial}{\partial x_k} = \sum_{k=1}^{n} x_k e_k$, 从而向量场 $\widehat{d}$ 在 $\mathcal{O}_p(\delta_p)$ 上光滑;

(iii) $\sum_{k=1}^{n} x_k \Gamma_{ij}^k(x) = 0$.

证明 (i) 对于任意的 $p \in M$ 及任意固定的 $a = (a_1, \cdots, a_n) \in \mathcal{O}_p(\delta_p)$, 考虑 $\mathcal{O}_p(\delta_p)$ 中从 p 点出发的测地线

$$\gamma(t) = (ta_1, \cdots, ta_n), 0 \leqslant t \leqslant 1. \tag{A.27}$$

由式 (A.8) 有

$$\sum_{i,j=1}^{n} \widetilde{\Gamma}_{ij}^k(\gamma(t))a_i a_j = 0, \quad 1 \leqslant k \leqslant n. \tag{A.28}$$

其中 $\widetilde{\Gamma}_{ij}^k$ 由式 (A.9) 定义, 并由式 (A.1) 有

$$\widetilde{\Gamma}_{ij}^k = dx_k\left(\nabla_{\frac{\partial}{\partial x_i}}\frac{\partial}{\partial x_j}\right) = \frac{1}{2}\sum_{l=1}^{n} g^{kl}\left(\frac{\partial g_{jl}}{\partial x_i} + \frac{\partial g_{il}}{\partial x_j} - \frac{\partial g_{ij}}{\partial x_l}\right). \tag{A.29}$$

从而对于 $1 \leqslant k \leqslant n$, 有

$$\sum_{i,j,l=1}^{n} g^{kl}\left(\frac{\partial g_{il}}{\partial x_j} - \frac{1}{2}\frac{\partial g_{ij}}{\partial x_l}\right)a_i a_j = 0, \tag{A.30}$$

进而有

$$\sum_{i,j=1}^{n}\left(\frac{\partial g_{ik}}{\partial x_j} - \frac{1}{2}\frac{\partial g_{ij}}{\partial x_k}\right)a_i a_j = 0, \quad 1 \leqslant k \leqslant n. \tag{A.31}$$

另一方面, 我们计算测地线 $\gamma(t)$ 从 0 到 t 的弧长并注意到式 (A.22), 有

$$t\left(\sum_{k=1}^{n} a_k^2\right)^{1/2} = \int_0^t \left(\sum_{i,j=1}^{n} g_{ij}(sa_1, \cdots, sa_n)a_i a_j\right)^{1/2} ds, \quad 0 \leqslant t \leqslant 1. \tag{A.32}$$

上式两边对 t 求导数后再平方, 有

$$\sum_{k=1}^{n} a_k^2 = \sum_{i,j=1}^{n} g_{ij}(ta)a_i a_j, \quad 0 \leqslant t \leqslant 1. \tag{A.33}$$

对于 $1 \leqslant i \leqslant n$, 令

$$f(t) = \sum_j a_j g_{ij}(ta) - a_i.$$

显然 $f(t)$ 是 $[0,1]$ 上的可微函数, 且

$$f(0) = 0, \quad f(1) = \sum_j a_j g_{ij}(a) - a_i. \tag{A.34}$$

利用式 (A.31), (A.32) 与 (A.33), 我们有

$$\begin{aligned}
f'(t) &= \sum_{j,k} a_j a_k \frac{\partial g_{ij}}{\partial x_k}(ta) = \frac{1}{2} \sum_{j,k} a_j a_k \frac{\partial g_{jk}}{\partial x_i}(ta) = \frac{1}{2} \sum_{j,k} a_j a_k \frac{1}{t} \frac{\partial g_{jk}(ta)}{\partial a_i} \\
&= \frac{1}{2t} \sum_{j,k} \left\{ \frac{\partial (a_j a_k g_{jk}(ta))}{\partial a_i} - \frac{\partial (a_j a_k)}{\partial a_i} g_{jk}(ta) \right\} \\
&= \frac{1}{2t} \left\{ \frac{\partial \left(\sum_l a_l^2 \right)}{\partial a_i} - 2 \sum_j a_j g_{ij}(ta) \right\} \\
&= \frac{1}{t} \left(-f(t) \right).
\end{aligned}$$

从而有

$$0 = f'(t) + \frac{1}{t} f(t) = \frac{1}{t} \frac{\partial (tf(t))}{\partial t},$$

即 $tf(t)$ 为 $[0,1]$ 上的常值函数. 这时再由式 (A.34) 就有

$$a_i = \sum_{j=1}^n g_{ij}(a_1, \cdots, a_n) a_j,$$

此即为引理中的 (i).

(ii) 显然对于任意的 $t \in [0,1]$,

$$\dot{\gamma}(t) = \sum_{k=1}^n x_k \frac{\partial}{\partial x_k} \bigg|_{\gamma(t)}. \tag{A.35}$$

注意到前述定义的 $\mathcal{O}_p(\delta_p)$ 上的标准正交标架 $\{e_1, e_2, \cdots, e_n\}$ 沿测地线 $\gamma(t)$ 平行, 且满足

$$\sum_{i=1}^n x_i e_i(p) = \dot{\gamma}(0), \tag{A.36}$$

从而有

$$\sum_{i=1}^n x_i e_i(\gamma(t)) = \dot{\gamma}(t) = \sum_{i=1}^n x_i \frac{\partial}{\partial x_i} \bigg|_{\gamma(t)}.$$

特别当 $t = 1$ 时, 就有

$$\sum_{i=1}^{n} x_i e_i(x) = \dot{\gamma}(1) = \sum_{i=1}^{n} x_i \frac{\partial}{\partial x_i}\bigg|_x. \tag{A.37}$$

现由式 (A.22) 有 $d\rho = \frac{1}{\rho} \sum_{i=1}^{n} x_i dx_i$. 从而再由式 (A.17), (A.18) 及引理中的 (i), 有

$$\widehat{d} = \rho \frac{\partial}{\partial \rho} = \rho g^{T^*M}(d\rho, \cdot)$$

$$= \sum_{i=1}^{n} x_i g^{T^*M}(dx_i, \cdot) = \sum_{i,j=1}^{n} x_i g^{ij}(x) \frac{\partial}{\partial x_j} = \sum_{j=1}^{n} x_j \frac{\partial}{\partial x_j}. \tag{A.38}$$

由式 (A.37), (A.22), 引理中的 (ii) 得证.

现在来证 (iii). 因为 $e_j(\gamma(t))$ 沿 $\gamma(t)$ 平行, 故有

$$0 = \nabla_{\dot{\gamma}(t)} e_j = \sum_i x_i(q) \nabla_{e_i(\gamma(t))} e_j = \sum_{i,k} x_i(q) \Gamma_{ij}^k(\gamma(t)) e_k(\gamma(t)).$$

从而, 当 $t = 1$ 时就有

$$\sum_i x_i \Gamma_{ij}^k(x) = 0.$$

引理证毕. □

定理 A.2 下列等式成立:
(i) $\widehat{d} H_{ij} = \delta_{ij} - H_{ij} + \sum_{k=1}^{n} x_k H_{jki}$;
(ii) $\widehat{d} H_{ijk} = -H_{ijk} + \sum_{\alpha,\beta=1}^{n} x_\beta R_{\alpha\beta jk} H_{\alpha i}$.

证明 (i) 我们有如下计算

$$\widehat{d} H_{ij} = \widehat{d} g^{TM}\left(e_i, \frac{\partial}{\partial x_j}\right)$$

$$= g^{TM}\left(\nabla_{\widehat{d}}^{TM} e_i, \frac{\partial}{\partial x_j}\right) + g^{TM}\left(e_i, \nabla_{\widehat{d}}^{TM} \frac{\partial}{\partial x_j}\right)$$

$$= g^{TM}\left(e_i, \nabla_{\widehat{d}}^{TM} \frac{\partial}{\partial x_j}\right)$$

$$= g^{TM}\left(e_i, \nabla_{\frac{\partial}{\partial x_j}}^{TM} \widehat{d} + [\widehat{d}, \frac{\partial}{\partial x_j}]\right)$$

$$= g^{TM}\left(e_i, e_j + \sum_{k=1}^{n} x_k \nabla_{\frac{\partial}{\partial x_j}}^{TM} e_k\right) + g^{TM}\left(e_i, -\frac{\partial}{\partial x_j}\right)$$

$$= \delta_{ij} - H_{ij} + \sum_{k,l=1}^{n} x_k g^{TM}\left(e_i, \omega_{kl}\left(\frac{\partial}{\partial x_j}\right)e_l\right)$$

$$= \delta_{ij} - H_{ij} + \sum_{k=1}^{n} x_k H_{jki}.$$

从而 (i) 得证.

(ii) 由式 (A.3), (A.5), 并注意到 $\omega_{kl}(\widehat{d}) = g^{TM}(\nabla^{TM}_{\widehat{d}} e_k, e_l) = 0$, 我们有

$$\widehat{d}H_{ijk} = \widehat{d}\omega_{jk}\left(\frac{\partial}{\partial x_i}\right)$$

$$= (d\omega_{jk})\left(\widehat{d}, \frac{\partial}{\partial x_i}\right) + \frac{\partial}{\partial x_i}\omega_{jk}\left(\widehat{d}\right) + \omega_{jk}\left(\left[\widehat{d}, \frac{\partial}{\partial x_i}\right]\right)$$

$$= \left(\Omega_{jk} - \sum_{l=1}^{n} \omega_{jl} \wedge \omega_{lk}\right)\left(\widehat{d}, \frac{\partial}{\partial x_i}\right) - \omega_{jk}\left(\frac{\partial}{\partial x_i}\right)$$

$$= \Omega_{jk}\left(\widehat{d}, \frac{\partial}{\partial x_i}\right) - H_{ijk}$$

$$= -H_{ijk} + \sum_{\alpha,\beta=1}^{n} x_\beta \Omega_{jk}(e_\beta, e_\alpha)H_{\alpha i}$$

$$= -H_{ijk} + \sum_{\alpha,\beta=1}^{n} x_\beta R_{\alpha\beta jk}H_{\alpha i}. \qquad \square$$

推论 A.1　在法坐标邻域 $\mathcal{O}_p(\delta_p)$ 中, 有以下 Taylor 展开式成立:

(i) $H_{ij} = \delta_{ij} + \frac{1}{6}\sum_{k,l=1}^{n} R_{iklj}(0)x_k x_l + \cdots$;

(ii) $H_{ijk} = -\frac{1}{2}\sum_{l=1}^{n} R_{lijk}(0)x_l + \cdots$;

(iii) $g_{ij}(x) = \delta_{ij} + \frac{1}{3}\sum_{k,l=1}^{n} R_{iklj}(0)x_k x_l + \cdots$.

(iv) $\Gamma_{ij}^k = -\frac{1}{2}\sum_{l=1}^{n} R_{lijk}(0)x_l + \cdots$.

证明　定理 A.2 中的等式当 $x = 0$ 时成为

$$H_{ij}(0) = \delta_{ij}, \quad H_{ijk}(0) = 0. \tag{A.39}$$

现将算子 $\frac{\partial}{\partial x_l}\Big|_{x=0}$ 分别作用于定理 A.2 中的等式 (i) 的两边, 我们分别有

$$\frac{\partial}{\partial x_l}\Big|_{x=0}\left(\widehat{d}H_{ij}\right) = \frac{\partial}{\partial x_l}\Big|_{x=0}\left(\sum_{k=1}^{n} x_k \frac{\partial H_{ij}}{\partial x_k}\right) = \frac{\partial H_{ij}}{\partial x_l}(0), \tag{A.40}$$

$$\frac{\partial}{\partial x_l}\Big|_{x=0}\left(\delta_{ij} - H_{ij} + \sum_{k=1}^{n} x_k H_{jki}\right) = -\frac{\partial H_{ij}}{\partial x_l}(0) + H_{jli}(0). \tag{A.41}$$

由式 (A.40), (A.41) 及 (A.39), 即得

$$\frac{\partial H_{ij}}{\partial x_l}(0) = 0. \tag{A.42}$$

将算子 $\frac{\partial}{\partial x_l}\big|_{x=0}$ 分别作用于定理 A.2 中的等式 (ii) 的两边, 我们分别有

$$\frac{\partial}{\partial x_l}\bigg|_{x=0}\left(\widehat{d}H_{ijk}\right) = \frac{\partial H_{ijk}}{\partial x_l}(0), \tag{A.43}$$

$$\frac{\partial}{\partial x_l}\bigg|_{x=0}\left(-H_{ijk} + \sum_{\alpha,\beta=1}^{n} x_\beta R_{\alpha\beta jk}H_{\alpha i}\right)$$

$$= -\frac{\partial H_{ijk}}{\partial x_l}(0) + \sum_{\alpha=1}^{n} R_{\alpha ljk}(0)H_{\alpha i}(0)$$

$$= -\frac{\partial H_{ijk}}{\partial x_l}(0) + R_{iljk}(0). \tag{A.44}$$

再由式 (A.43), (A.44) 及 (A.39), 即得

$$\frac{\partial H_{ijk}}{\partial x_l}(0) = \frac{1}{2}R_{iljk}(0) = -\frac{1}{2}R_{lijk}(0). \tag{A.45}$$

现将算子 $\frac{\partial^2}{\partial x_k \partial x_l}\big|_{x=0}$ 作用于定理 A.2 中的等式 (i) 的两边, 并由式 (A.45), 我们又分别得到

$$\frac{\partial^2}{\partial x_k \partial x_l}\bigg|_{x=0}\left(\widehat{d}H_{ij}\right)$$

$$= \frac{\partial}{\partial x_k}\bigg|_{x=0}\left(\frac{\partial H_{ij}}{\partial x_l} + \sum_{s=1}^{n} x_s \frac{\partial^2 H_{ij}}{\partial x_s \partial x_l}\right)$$

$$= \frac{\partial^2 H_{ij}}{\partial x_k \partial x_l}(0) + \frac{\partial^2 H_{ij}}{\partial x_k \partial x_l}(0) = 2\frac{\partial^2 H_{ij}}{\partial x_k \partial x_l}(0), \tag{A.46}$$

$$\frac{\partial^2}{\partial x_k \partial x_l}\bigg|_{x=0}\left(\delta_{ij} - H_{ij} + \sum_{s=1}^{n} x_s H_{jsi}\right)$$

$$= -\frac{\partial^2 H_{ij}}{\partial x_k \partial x_l}(0) + \frac{\partial}{\partial x_k}\bigg|_{x=0}\left(H_{jli} + \sum_{s=1}^{n} x_s \frac{\partial H_{jsi}}{\partial x_l}\right)$$

$$= -\frac{\partial^2 H_{ij}}{\partial x_k \partial x_l}(0) + \frac{\partial H_{jli}}{\partial x_k}(0) + \frac{\partial H_{jki}}{\partial x_l}(0)$$

$$= -\frac{\partial^2 H_{ij}}{\partial x_k \partial x_l}(0) - \frac{1}{2}R_{kjli}(0) - \frac{1}{2}R_{ljki}(0). \tag{A.47}$$

由式 (A.46), (A.47) 及 Riemann 曲率张量指标的对称性质 (参见 [ChernC]), 即得

$$\frac{\partial^2 H_{ij}}{\partial x_k \partial x_l}(0) = \frac{1}{6}\left(R_{ilkj}(0) + R_{iklj}(0)\right). \tag{A.48}$$

现由式 (A.39), (A.42), (A.48) 及 (A.45), 即得引理中的 (i), (ii).

注意到

$$g_{ij} = g^{TM}\left(\frac{\partial}{\partial x_i}, \frac{\partial}{\partial x_j}\right) = \sum_{k=1}^n g^{TM}\left(\frac{\partial}{\partial x_i}, e_k\right) g^{TM}\left(e_k, \frac{\partial}{\partial x_j}\right) = \sum_{k=1}^n H_{ki}H_{kj},$$

再由 (i) 即得 (iii).

由式 (A.20), (A.33) 及 (A.34), 有

$$\begin{aligned}
\Gamma_{ij}^k &= g^{TM}(\nabla_{e_i}^{TM} e_j, e_k) \\
&= \sum_{s=1}^n g^{TM}\left(e_i, \frac{\partial}{\partial x_s}\right) g^{TM}(\nabla_{\partial/\partial x_s}^{TM} e_j, e_k) = \sum_{s=1}^n H_{is}H_{sjk}.
\end{aligned} \tag{A.49}$$

再由 (i), (ii) 即得 (iv). □

最后我们考虑作用在 M 的光滑函数空间 $C^\infty(M)$ 上的所谓 **Laplace-Beltrami 算子**. 注意到

$$\sum_{i=1}^n \left(e_i e_i - \nabla_{e_i}^{TM} e_i\right)$$

与 TM 的局部标准正交基 $\{e_1, \cdots, e_n\}$ 的选取无关, 从而定义了一个作用在 $C^\infty(M)$ 上的二阶椭圆微分算子

$$\Delta_0 = \sum_{i=1}^n \left(e_i e_i - \nabla_{e_i}^{TM} e_i\right) : C^\infty(M) \to C^\infty(M). \tag{A.50}$$

该算子通常称为流形 M 上的 **Laplace-Beltrami 算子**. 其实, 若将第八章中由式 (8.9) 定义的 Laplace-Beltrami 算子

$$\Delta_0^E = \sum_{i=1}^n \left(\nabla_{e_i}^E \nabla_{e_i}^E - \nabla_{\nabla_{e_i}^{TM} e_i}^E\right) : \Gamma(E) \to \Gamma(E)$$

中的向量丛 E 取为平凡实线丛, 就得到了该算子.

性质 A.1 设 (M, g^{TM}) 是一 n 维定向、闭 Riemann 流形, $E \to M$ 是 M 上一个 Hermite 向量丛. 设 ∇^E 是 E 上的一个 Hermite 联络. 则第八章中

由式 (8.9) 定义的 Laplace-Beltrami 算子

$$\Delta_0^E = \sum_{i=1}^n \left(\nabla_{e_i}^E \nabla_{e_i}^E - \nabla_{\nabla_{e_i}^{TM} e_i}^E \right) : \Gamma(E) \to \Gamma(E)$$

关于 $\Gamma(E)$ 上的 L^2-内积 (8.8) 形式自伴.

证明 任取 $s_1, s_2 \in \Gamma(E)$, 我们有

$$(\Delta_0 s_1, s_2) = \sum_{i=1}^n \left(\left(\nabla_{e_i}^E \nabla_{e_i}^E - \nabla_{\nabla_{e_i}^{TM} e_i}^E \right) s_1, s_2 \right)$$

$$= \sum_{i=1}^n \left(\nabla_{e_i}^E \nabla_{e_i}^E s_1, s_2 \right) - \sum_{i=1}^n \left(\nabla_{\nabla_{e_i}^{TM} e_i}^E s_1, s_2 \right)$$

$$= \sum_{i=1}^n \left\{ e_i e_i (s_1, s_2) - 2 e_i (s_1, \nabla_{e_i}^E s_2) + (s_1, \nabla_{e_i}^E \nabla_{e_i}^E s_2) \right\}$$

$$\quad - \sum_{i=1}^n \left\{ \nabla_{e_i}^{TM} e_i (s_1, s_2) - (s_1, \nabla_{\nabla_{e_i}^{TM} e_i}^E s_2) \right\}$$

$$= (s_1, \Delta_0 s_2) + \sum_{i=1}^n \left(e_i e_i - \nabla_{e_i}^{TM} e_i \right) (s_1, s_2)$$

$$\quad - 2 \sum_{i=1}^n \left(e_i (s_1, \nabla_{e_i}^E s_2) - (s_1, \nabla_{\nabla_{e_i}^{TM} e_i}^E s_2) \right).$$

令

$$T_1 = \sum_{i=1}^n \left(e_i (s_1, s_2) \right) e_i, \quad T_2 = \sum_{i=1}^n \left((s_1, \nabla_{e_i}^E s_2) \right) e_i. \qquad (A.51)$$

易见, T_1, T_2 是 M 上的两个良好定义的光滑向量场. 此时有

$$\mathrm{div}\, T_1 = \sum_{j=1}^n \left(\nabla_{e_j}^{TM} T_1, e_j \right)$$

$$= \sum_{i,j=1}^n \left((e_j e_i (s_1, s_2)) e_i, e_j \right) + \sum_{i,j=1}^n \left(e_i (s_1, s_2) \right) \left(\nabla_{e_j}^{TM} e_i, e_j \right)$$

$$= \sum_{i=1}^n e_i e_i (s_1, s_2) - \sum_{i,j=1}^n \left(e_i (s_1, s_2) \right) \left(e_i, \nabla_{e_j}^{TM} e_j \right)$$

$$= \sum_{i=1}^n \left(e_i e_i - \nabla_{e_i}^{TM} e_i \right) (s_1, s_2)$$

及

$$\operatorname{div} T_2 = \sum_{j=1}^{n} \left(\nabla_{e_j}^{TM} T_2, e_j \right)$$

$$= \sum_{i,j=1}^{n} \left((e_j(s_1, \nabla_{e_i}^{E} s_2)) e_i, e_j \right) + \sum_{i,j=1}^{n} \left(s_1, \nabla_{e_i}^{E} s_2 \right) \left(\nabla_{e_j}^{TM} e_i, e_j \right)$$

$$= \sum_{i=1}^{n} e_i \left(s_1, \nabla_{e_i}^{E} s_2 \right) - \sum_{i,j=1}^{n} \left(s_1, \nabla_{e_i}^{E} s_2 \right) \left(e_i, \nabla_{e_j}^{TM} e_j \right)$$

$$= \sum_{i=1}^{n} \left\{ e_i \left(s_1, \nabla_{e_i}^{E} s_2 \right) - \left(s_1, \nabla_{\nabla_{e_i}^{TM} e_i}^{E} s_2 \right) \right\}.$$

综合以上计算, 我们得到

$$(\Delta_0 s_1, s_2) = (s_1, \Delta_0 s_2) + \operatorname{div} T_1 - 2\operatorname{div} T_2. \tag{A.52}$$

对式 (A.52) 两边在 M 上积分, 即得

$$\langle \Delta_0 s_1, s_2 \rangle = \langle s_1, \Delta_0 s_2 \rangle. \tag{A.53}$$

$$\square$$

定理 A.3　在 $\mathcal{O}_p(\delta_p) \setminus \{p\}$ 上有

$$\Delta_0 \rho = \frac{1}{\rho} \left(n - 1 + \widehat{d} \log \sqrt{G} \right). \tag{A.54}$$

证明　首先有

$$e_i \rho = d\rho(e_i) = g^{TM} \left(e_i, \frac{\partial}{\partial \rho} \right) = g^{TM} \left(e_i, \sum_j \frac{x_j}{\rho} e_j \right) = \frac{x_i}{\rho}.$$

由式 (A.23), (A.25), 有

$$\frac{\partial}{\partial x_i} = \sum_j H_{ji} e_j, \quad e_i = \sum_j H^{ji} \frac{\partial}{\partial x_j}, \quad \nabla_{\frac{\partial}{\partial x_i}}^{TM} e_j = \sum_k H_{ikj} e_k,$$

故有下列计算:

$$\Delta_0 \rho = \sum_i e_i e_i \rho - \sum_i \left(\nabla_{e_i}^{TM} e_i \right) \rho$$

$$= \sum_i \left(e_i \left(\frac{x_i}{\rho} \right) - \sum_{j,k} H^{ji} H_{jki} e_k \rho \right)$$

$$= \sum_{i,j} \frac{H^{ji}\delta_{ij}}{\rho} - \sum_i \frac{x_i^2}{\rho^3} - \sum_{i,j,k} H^{ji}H_{jki}\frac{x_k}{\rho}$$

$$= \sum_i \frac{H^{ii}}{\rho} - \frac{1}{\rho} - \frac{1}{\rho}\sum_{i,j,k} H^{ji}H_{jki}x_k,$$

$$\frac{\widehat{d}G}{G} = \frac{1}{\sqrt{G}}\widehat{d}\left(\det(H_{ij})\right)$$

$$= \frac{1}{\sqrt{G}}\sum_{i,j}(\widehat{d}H_{ij})(\sqrt{G}H^{ji})$$

$$= \sum_{i,j}\left(\delta_{ij} - H_{ij} + \sum_k x_k H_{jki}\right)H^{ji}$$

$$= \sum_i H^{ii} - n + \sum_{i,j,k} H^{ji}H_{jki}x_k.$$

故有

$$\Delta_0\rho = -\frac{1}{\rho} + \frac{1}{\rho}\left(\frac{\widehat{d}\sqrt{G}}{\sqrt{G}} + n\right)$$

$$= \frac{1}{\rho}\left(n - 1 + \widehat{d}\log\sqrt{G}\right). \qquad \square$$

附录 B　Mehler 公式

本附录我们证明在第十及十一章用到的 **Mehler 公式**, 有关内容参见 [BGV].

为方便读者, 我们在此列出本书用到的几个双曲三角函数:

$$\sinh(x) = \frac{e^x - e^{-x}}{2}, \ \cosh(x) = \frac{e^x + e^{-x}}{2}, \tag{B.1}$$

$$\tanh(x) = \frac{\sinh(x)}{\cosh(x)}, \ \coth(x) = \frac{\cosh(x)}{\sinh(x)}, \ \mathrm{cosech}(x) = \frac{1}{\sinh(x)}. \tag{B.2}$$

首先, 我们考虑实直线上的调和振子

$$H = -\frac{d^2}{dx^2} + x^2, \tag{B.3}$$

它是作用在 $C^\infty(\mathbf{R})$ 上的一个 Laplace 算子 (参见第八章). 现在我们求解联系于 H 的热核 $p_t(x, y)$, 即求如下热方程的解:

$$\begin{cases} \left(\dfrac{\partial}{\partial t} + H \right) p_t(x, y) = 0, \\[2mm] \displaystyle\lim_{t \to 0^+} \int_{\mathbf{R}} p_t(x, y) \phi(y) dy = \phi(x), \end{cases} \tag{B.4}$$

其中 ϕ 是 R 上任一有界光滑函数.

注意到算子 H 关于变量 x 是一自伴的二阶椭圆算子, 我们设

$$p_t(x, y) = \exp(a_t x^2 / 2 + b_t xy + a_t y^2 / 2 + c_t),$$

并将之代入方程组 (B.4) 中第一个方程, 直接计算得到

$$\dot{a}_t \frac{x^2}{2} + \dot{b}_t xy + \dot{a}_t \frac{y^2}{2} + \dot{c}_t - (a_t x + b_t y)^2 - a_t + x^2 = 0. \tag{B.5}$$

故有

$$\dot{a}_t/2 = a_t^2 - 1 = \dot{b}_t, \quad \dot{c}_t = a_t. \tag{B.6}$$

由此即得

$$\begin{cases} a_t = -\coth(2t + C), \\ b_t = \operatorname{cosech}(2t + C), \\ c_t = -\dfrac{1}{2} \log \sinh(2t + C) + D, \end{cases} \tag{B.7}$$

这里, C, D 是两个待定常数. 再由方程组 (B.4) 中第二个方程的初值条件可容易定出

$$C = 0, \quad D = -\frac{1}{2} \log(2\pi). \tag{B.8}$$

从而我们有

$$p_t(x, y) = (2\pi\sinh 2t)^{-1/2} \exp\left(-\frac{1}{2}\left((\coth 2t)\left(x^2 + y^2\right) - 2(\operatorname{cosech} 2t)xy\right)\right). \tag{B.9}$$

此即为著名的 Mehler 公式.

我们常常在 $y = 0$ 的情形使用该公式. 经过一个简单的坐标变换, 对于任意实数 r, f, 可推出函数

$$p_t(x, r, f) = (4\pi t)^{-1/2} \left(\frac{tr/2}{\sinh(tr/2)}\right)^{1/2} \exp\left(-(tr/2)\coth(tr/2)x^2/4t - tf\right) \tag{B.10}$$

是方程

$$\left(\partial_t - \frac{d^2}{dx^2} + \frac{r^2 x^2}{16} + f\right) p_t(x) = 0 \tag{B.11}$$

的一个解.

设 V 是一 n 维 Euclid 空间, $e_1, \cdots, e_n$ 是其一组标准正交基. 设 $\mathcal{A}$ 是复数域上一个具有幺元的有限维交换代数.

令 R 记系数在 $\mathcal{A}$ 中的一个 $n \times n$ 反对称矩阵,

$$\omega = \frac{1}{4} \sum_{ij} R_{ij} x^j \, dx^i. \tag{B.12}$$

算子 $\nabla_i = \partial_i + \omega(\partial_i) = \partial_i + \frac{1}{4} \sum_j R_{ij} x^j$ 作用在 V 上的 $\mathcal{A}$-值函数空间上.

设 F 是系数在 $\mathcal{A}$ 中的一个 $N \times N$ 矩阵. 令

$$H = -\sum_i \nabla_i^2 + F = -\sum_i \left(\partial_i + \frac{1}{4} \sum_j R_{ij} x^j \right)^2 + F, \tag{B.13}$$

其为一个作用在 V 上的 $\mathcal{A} \otimes \mathrm{End}(\mathbf{C}^N)$-值函数空间上的广义 Laplace 算子. 我们有如下的结果 (详细参见 [BGV] 命题 4.11)

定理 B.1　对充分小的 $t > 0$, 如下定义的取值在 $\mathcal{A} \otimes \mathrm{End}(\mathbf{C}^N)$ 中的函数

$$p_t(x, R, F) = (4\pi t)^{-n/2} \det^{1/2} \left(\frac{tR/2}{\sinh(tR/2)} \right)$$
$$\cdot \exp\left(-\frac{1}{4} \left\langle x \,\middle|\, \frac{tR}{2} \coth\left(\frac{tR}{2} \right) \,\middle|\, x \right\rangle \right) \exp(-tF) \tag{B.14}$$

是如下热方程

$$(\partial_t + H) p_t(x, R, F) = 0 \tag{B.15}$$

的一个解, 这里, $\langle x|A|x \rangle := \langle Ax, x \rangle$.

参 考 文 献

[AGW] L. Alvarez-Gaumé and E. Witten, Gravitation anomalies. *Nuc. Phys.* B 243 (1983), 269-330.

[At1] M. F. Atiyah, Vector fields on manifolds. *Arbeitsgemeinschaft für Forschung des Landes Nordrhein-Westfalen, Düsseldorf 1969*, 200 (1970), 7-24.

[At2] M. F. Atiyah, Circular symmetry and stationary-phase approximation, Colloquium in honour of Laurent Schwartz, Vol. 2, *Astérisque* 131 (1985), 43-59.

[At3] M. F. Atiyah, *K-theory*. Benjamin, 1967.

[AtB1] M. F. Atiyah and R. Bott, A Lefschetz fixed point formula for elliptic differential operators. *Bull. Amer. Math. Soc.* 72 (1966), 245-250.

[AtB2] M. F. Atiyah and R. Bott, A Lefschetz fixed point formula for elliptic complexes I. *Ann. of Math.* 86 (1967), 374-407.

[AtB3] M. F. Atiyah and R. Bott, A Lefschetz fixed point formula for elliptic complexes II. *Ann. of Math.* 88 (1968), 451-491.

[AtB4] M. F. Atiyah and R. Bott, The moment map and equivariant cohomology. *Topology* 23 (1984), 1-28.

[AtBP] M. F. Atiyah, R. Bott and V. K. Patodi, On the heat equation and the index theorem. *Invent. Math.* 19 (1973), 279-330. Errata. 28 (1975), 277-280.

[AtBS] M. F. Atiyah, R. Bott and A. Shapiro, Clifford modules. *Topology* 3 (Suppl. 1) (1964), 3-38.

[AtD] M. F. Atiyah and J. L. Dupont, Vector fields with finite singularities. *Acta Math.* 128 (1972), 1-40.

[AtH1] M. F. Atiyah and F. Hirzebruch, Riemann-Roch theorems for differentiable manifolds. *Bull. Amer. Math. Soc.* 65 (1959), 276-281.

[AtH2] M. F. Atiyah and F. Hirzebruch, Vector bundles and homogeneous spaces. *Proc. Sympos. Pure Math.* Vol. 3, Amer. Math. Soc., 1961, 7-38.

[AtS1] M. F. Atiyah and I. M. Singer, The index of elliptic operators on compact manifolds. *Bull. Amer. Math. Soc.* 69 (1963), 422-433.

[AtS2] M. F. Atiyah and I. M. Singer, The index of elliptic operators I. *Ann. of Math.* 87 (1968), 484-530.

[AtS3] M. F. Atiyah and I. M. Singer, The index of elliptic operators III. *Ann. of Math.* 87 (1968), 546-604.

[AtS4] M. F. Atiyah and I. M. Singer, The index of elliptic operators IV. *Ann. of Math.* 93 (1971), 119-138.

[AtS5] M. F. Atiyah and I. M. Singer, The index of elliptic operators V. *Ann. of Math.* 93 (1971), 139-149.

[BaoC] D. Bao and S. S. Chern, A note on the Gauss-Bonnet theorem for Finsler spaces. *Ann. of Math.* 143 (1996), 233-252.

[BC] P. Baum and J. Cheeger, Infinitesimal isometries and Pontryagin numbers. *Topology* 8 (1969), 173-193.

[BD] P. Baum and R. G. Douglas, K-homology and index theory. *Proc. Sympos. Pure Math.* Vol. 38, Amer. Math. Soc., 1982, 117-173.

[BeV] N. Berline and M. Vergne, Zéros d'un champ de vecteurs et classes charactéristiques équivariantes. *Duke Math. J.* 50 (1983), 539-549.

[BFK] D. Burghelea, L. Friedlander and T. Kappeler, Witten deformation of the analytic torsion and the Reidemeister torsion. *Amer. Math. Soc. Transl.* 184 (2) (1998), 23-39.

[BGV] N. Berline, E. Getzler and M. Vergne, *Heat Kernels and Dirac Operators.* Grundlehren der Math. Wissenschaften Vol. 298. Springer-Verlag, 1991.

[BH] A. Borel and F. Hirzebruch, Characteristic classes and homogeneous spaces III. *Amer. J. Math.* 82 (1960), 491-504.

[Bi1] J.-M. Bismut, The Atiyah-Singer theorems for classical elliptical operators: a probabilistic approach. I. *J. Funct. Anal.* 57 (1984), 56-99.

[Bi2] J.-M. Bismut, The Witten complex and degenerate Morse inequalities. *J. Diff. Geom.* 23 (1986), 207-240.

[Bi3] J.-M. Bismut, Localization formulas, superconnections, and the index theorem for families. *Commun. Math. Phys.* 103 (1986), 127-166.

[BiG1] J.-M. Bismut and S. Goette, Formes de torsion analytique en théorie de de Rham et fonctions de Morse. *C. R. Acad. Sci. Paris, Série I* 330 (2000), 479-484.

[BiG2] J.-M. Bismut and S. Goette, Families torsion and Morse functions. *Astérisque*, Tom. 275, 1-293, *Soc. Math. France*, 2001.

[BiL] J.-M. Bismut and G. Lebeau, Complex immersions and Quillen metrics. *Publ. Math. IHES.* 74 (1991), 1-297.

[BiZ1] J.-M. Bismut and W. Zhang, An extension of a theorem by Cheeger and Müller. *Astérisque*, Tom. 205, 7-218, *Soc. Math. France*, 1992.

[BiZ2] J.-M. Bismut and W. Zhang, Milnor and Ray-Singer metrics on the equivariant determinant of a flat vector bundle. *Geom. Funct. Anal.* 4 (1994), 136-212.

[Bo1] R. Bott, Nondegenerate critical manifolds. *Ann. of Math.* 60 (1954), 248-261.

[Bo2] R. Bott, Vector fields and characteristic numbers. *Michigan Math. J.* 14 (1967), 231-244.

[Bo3] R. Bott, Morse theory indomitable. *Publ. Math. IHES.* 68 (1989), 99-114.

[Bo4] R. Bott, *Collected Papers Volume 3: Foliations.* Birkhäuser, 1995.

[BoT] R. Bott and L. Tu, *Differential Forms in Algebraic Topology.* GTM 82. Springer-Verlag, 1982.

[Che] J. Cheeger, Analytic torsion and the heat equation. *Ann. of Math.* 109 (1979), 259-322.

[Chern1] S. S. Chern, A simple intrinsic proof of the Gauss-Bonnet formula for closed Riemannian manifolds. *Ann. of Math.* 45 (1944), 747-752.

[Chern2] S. S. Chern, On the curvatura integra in a Riemannian manifold. *Ann. of Math.* 46 (1945), 674-684.

[Chern3] S. S. Chern, Geometry of characteristic classes. Appendix in the Second Edition of *Complex Manifolds without Potential Theory.* Springer-Verlag, 1979.

[Chern4] S. S. Chern, Meromorphic vector fields and characteristic numbers. *Scripta Math.* 29 (1973), 243-251.

[ChernC] 陈省身, 陈维桓, 微分几何讲义. 北京大学出版社, 1993.

[ChernS] S. S. Chern and J. Simons, Characteristic forms and geometric invariants. *Ann. of Math.* 99 (1974), 48-69.

[Con] A. Connes, Cyclic cohomology and the transverse fundamental class of a foliation. *Geometric Methods in Operator Algebras*, H. Araki, E. G. Effros eds. Pitman Res. Notes in Math. Series 123. Longman Scientific and Technical, 1986, 52-144.

[ConS] A. Connes and G. Skandalis, The longitudinal index theorem for foliations. *Publ. Res. Inst. Math. Sci. Kyoto* 20 (1984), 1139-1183.

[D] R. G. Douglas, *Banach Algebra Techniques in Operator Theory.* Academic Press, 1972.

[de] G. de Rham, *Differentiable Manifolds.* Springer-Verlag, 1984.

[DH] J. J. Duistermaat and G. Heckman, On the variation in the cohomology of the symplectic form of the reduced phase space. *Invent. Math.* 69 (1982), 259-268. Addendum, 72 (1983), 153-158.

[Du] J. L. Dupont, K-theory obstructions to the existence of vector fields. *Acta Math.* 133 (1974), 67-80.

[DZ] X. Dai and W. Zhang, An index theorem for Toeplitz operators on odd dimensional manifolds with boundary. *J. Funct. Anal.* 238 (2006), 1-26.

[F]   Th. Friedrich, Der erste eigenwert des Dirac-operators einer kompakten Riemannschen mannigfaltigkeit nichtnegativer skalarkrümmung. *Math. Nachr.* 97 (1980), 117-146.

[Fe]   H. Feng, Holomorphic equivariant cohomology via a transversal holomorphic vector field. *International Journal of Math.* 14 (2003), no. 5, 499-514.

[Fl]   A. Floer, An instanton invariant for three-manifolds. *Commun. Math. Phys.* 118 (1988), 215-240.

[FL]   H. Feng and M. Li, Superconnections and a Finslerian Gauss-Bonnet-Chern formula. *preprint. arXiv: 1607.06611v3, [mathDG], 17 Jan. 2021.*

[FZ]   H. Feng and W. Zhang, Flat vector bundles and open coverings. *preprint. arXiv: 1603.07248v3, [mathDG], 20 Sep. 2017.*

[Ge1] E. Getzler. A short proof of the local Atiyah-Singer index theorem. *Topology* 25 (1986), 111-117.

[Ge2] E. Getzler, The odd Chern character in cyclic homology and spectral flow. *Topology* 32 (1993), 489-507.

[Gi]   P. B. Gilkey, *The Index Theorem and the Heat Equation.* Mathematics Lecture Series, Vol. 4, Publish or Pertish Inc., 1974.

[GH]   P. Griffiths and J. Harris, *Principles of Algebraic Geometry,* John Wiley and Sons, Inc., 1994.

[GJ]   J. Glimm and A. Jaffe, *Quantum Physics.* Springer-Verlag, 1987.

[HeS] B. Helffer and J. Sjöstrand, Puits multiples en mécanique semi-classique IV: Edude du complexe de Witten. *Commun. P.D.E.* 10 (1985), 245-340.

[Hi]   F. Hirzebruch, *Topological Methods in Algebraic Geometry.* Grundlehren der Math. Wissenschaften Vol. 131. Springer-Verlag, 1966.

[Hij] O. Hijazi, Première valeur propre de l'opérateur de Dirac et nombre de Yamabe, *C. R. Acad. Sci. Paris Sér. I* 313 (1991), no. 12, 865-868.

[HZ]   F. Han and W. Zhang, Modular invariance, characteristic numbers and η invariants. *J. Diff. Geom.* 67 (2004), 257-288.

[K1]   T. Kotake, The fixed-point formula of Atiyah-Bott via parabolic operators. *Comm. Pure Appl. Math.* 22 (1969), 789-806.

[K2]   T. Kotake, An analytic proof of the classical Riemann-Roch theorem. *Global Analysis* (*Proc. Sympos. Pure Math.* Vol. 16), Amer. Math. Soc., 1970, 137-146.

[KM]   T. Kotake and M. Narasimhan, Regularity theorems for fractional powers of a linear elliptic operator. *Bull. Soc. Math. France* 90 (1962), 449-471.

[LaM] H. B. Lawson and M.-L. Michelsohn, *Spin Geometry,* Princeton Univ. Press, 1989.

[Lau] F. Laudenbach, On the Thom-Smale complex. *Appendix to [BiZ1].*

[LaYZ] J. D. Lafferty, Y. Yu and W. Zhang, A direct geometric proof of the Lefschetz fixed point formulas. *Trans. Amer. Math. Soc.* 329 (1992), 571-583.

[Lich] A. Lichnerowicz, Spineurs harmoniques. *C. R. Acad. Soc. Paris. Sér. A* 257 (1963), 7-9.

[Liu1] K. Liu, Holomorphic equivariant cohomology. *Math. Ann.* 303 (1995), 125-148.

[Liu2] K. Liu, Modular invariance and characteristic numbers. *Commun. Math. Phys.* 174 (1995), 29-42.

[LiuZ] K. Liu and W. Zhang, Adiabatic limits and foliations. *The Milgram Festschrift*, A. Adem et al. eds. *Contemp. Math.* 279 (2001), 195-208.

[MaQ] V. Mathai and D. Quillen, Superconnections, Thom classes and equivariant differential forms. *Topology* 25 (1986), 85-110.

[MaW] V. Mathai and S. Wu, Equivariant holomorphic Morse inequalities I: a heat kernel proof. *J. Diff. Geom.* 46 (1997), 78-98.

[Mi] J. Milnor, *Morse Theory*. Princeton Univ. Press, 1963.

[MiS] J. Milnor and J. Stasheff, *Characteristic Classes*. Annals of Math. Studies Vol. 76. Princeton Univ. Press, 1974.

[MM] X. Ma and G. Marinescu, *Holomorphic Morse Inequalities and Bergman Kernels*. Progress in Math. 254. Birkhäuser, 2007.

[MP] S. Minakshisundaram and A. Pleijel, Some properties of the eigenfunctions of the Laplace operator on Riemannian manifolds. *Canad. J. Math.* 1 (1949), 242-256.

[MR] A. N. Milgram and P. C. Rosenbloom, Harmonic forms and heat conduction. 1, 2. *Proc. Nat. Acad Sci. USA.* 37 (1957), 180-184, 435-438.

[MS] H. McKean and I. M. Singer. Curvature and the eigenvalves of the Laplacian. *J.Diff. Geom.* 1 (1967), 43-69.

[Mü1] W. Müller, Analytic torsion and R-torsion for Riemannian manifolds. *Adv. in Math.* 28 (1978), 233-305.

[Mü2] W. Müller, Analytic torsion and R-torsion for unimodular representations. *J. Amer. Math. Soc.* 6 (1993), 721-753.

[O] S. Ochanine, Signature modulo 16, invariants de Kervaire généralisés et nombres charactéristiques dans la K-théorie réel. *Supplément au Bull. Soc. Math. France* 109 (1981), mémoire n°5.

[P1] V. K. Patodi, Curvature and eigenforms of the Laplace operator. *J. Diff. Geom.* 5 (1971), 233-249.

[P2] V. K. Patodi, An analytic proof of the Riemann-Roch-Hirzebruch theorem. *J. Diff. Geom.* 5 (1971), 251-283.

[Q] D. Quillen, Superconnections and the Chern character. *Topology* 24 (1985), 89-95.

[Ro] H. Rosenberg, A generalization of Morse-Smale inequalities. *Bull. Amer. Math. Soc.* 70 (1964), 422-427.

[RS] D. B. Ray and I. M. Singer, R-torsion and the Laplacian on Riemannian manifolds. *Adv. in Math.* 7 (1971), 145-210.

[S] 沈一兵, Riemann-Finsler 几何中的若干问题. 中国科学: 数学 45 (2015), no. 10, 1611-1618.

[Sh] M. Shubin, Novikov inequalities for vector fields. *The Gelfand Mathematical Seminar, 1993-1995*. Birkhäuser, 1996, 243-274.

[Sm] S. Smale, On gradient dynamical systems. *Ann. of Math.* 74 (1961), 199-206.

[St] N. Steenrod, *The Topology of Fibre Bundles*. Princeton Univ. Press, 1951.

[T] Z. Tang, Bordism theory and the Kervaire semi-characteristic. *Sci. China Ser.* A 45 (2002), no. 6, 716-720.

[Th] R. Thom, Sur une partition en cellules associée à une fonction sur une variété. *C. R. Acad. Sci. Paris, Série A* 228 (1949), 973-975.

[To] Ph. Tondeur, *Geometry of Foliations*. Birkhäuser, 1997.

[TZ] Z. Tang and W. Zhang, A generalization of the Atiyah-Dupont vector fields theory. *Commun. Contemp. Math.* 4 (2002), 777-796.

[War] F. W. Warner, *Foundations of Differentiable Manifolds and Lie Groups*. GTM 94. Springer-Verlag, 1983.

[Wi1] E. Witten, Supersymmetry and Morse theory. *J. Diff. Geom.* 17 (1982), 661-692.

[Wi2] E. Witten, Holomorphic Morse inequalities. *Algebraic and Differential Topology*, Teubner-Text Math. 70, G. Rassia ed. Teubner, 1984, 318-333.

[Wi3] E. Witten, Quantum field theory and the Jones polynomial. *Commun. Math. Phys.* 121 (1989), 351-399.

[Wu] 伍鸿熙, 微分几何中的 Bochner 技巧. 数学进展 10 (1981), 57-76; 11 (1982), 19-61.

[WuC] 伍鸿熙, 陈维桓, 黎曼几何选讲. 北京大学出版社, 1993.

[WuCL] 伍鸿熙, 吕以辇, 陈志华, 紧黎曼曲面引论. 科学出版社, 1981.

[WuSY] 伍鸿熙, 沈纯理, 虞言林, 黎曼几何初步. 北京大学出版社, 1989.

[WuWJ] W.-T. Wu, Sur les classes caractéristiques des structures fibrées sphériques. *Publ. de l'Inst. Math. de l'Univ. de Strasbourg, XI*, Hermann, 1952.

[WZ] S. Wu and W. Zhang, Equivariant holomorphic Morse inequalities III: non-isolated fixed points. *Geom. Funct. Anal.* 8 (1998), 149-178.

[X] 夏道行, 吴卓人, 严绍宗, 舒五昌, 实变函数论与泛函分析, 下册, 第二版. 高等教育出版社, 1985.

[Y0] Y. Yu, Local index theorem for Dirac operator, *Acta Math. Sinica, New Ser.* 3 (1987), 152-169.

[Y1] Y. Yu, Local index theorem for signature operators, *Acta Math. Sinica, New Ser.* 3 (1987), 363-372.

[Y2] 虞言林, 指标定理与热方程方法. 上海科学技术出版社, 1996.

[Y3] Y. Yu, *The Index Theorem and the Heat Equation Method*. Nankai Tracts in Math., Vol. 2. World Scientific, 2001.

[Y4] 虞言林, 从三角形内角和谈起. 高等教育出版社, 2021.

[YZ] J. Yu and W. Zhang, Positive scalar curvature and the Euler class. *J. Geometry and Physics* 126 (2018), 193-203.

[Z1] W. Zhang, Analytic and topological invariants associated to nowhere zero vector fields. *Pacific J. Math.* 187 (1999), 379-398.

[Z2] W. Zhang, η-invariants and the Poincaré-Hopf index formula. *Geometry and Topology of Submanifolds X*. W. H. Chen et al. eds. World Scientific, 2000, 336-345.

[Z3] W. Zhang, A counting formula for the Kervaire semi-characteristic. *Topology* 39 (2000), 643-655.

[Z4] W. Zhang, *Lectures on Chern-Weil Theory and Witten Deformations*. Nankai Tracts in Math., Vol. 4. World Scientific, 2001.

[Z5] W. Zhang, Positive scalar curvature on foliations. *Ann. of Math.* 185 (2017), 1035-1068.

[Z6] W. Zhang, A remark on a residue formula of Bott. *Acta Math. Sinica, New Ser.* 6 (1990), 306-314.

[Z7] 张伟平, 指标定理在中国的萌芽: 纪念陈省身先生. 高等数学研究 14 (2011), no. 5, 1-3.

索 引

超括号运算, 5
超联络, 9
超向量丛, 6
超向量空间, 3
陈-Simons 形式, 21, 22
陈-Weil 定理, 12
陈-Weil 理论, 11
陈类, 15, 29
陈联络, 224
陈特征, 19, 45
陈特征形式, 19
陈形式, 15, 29

D

单位球丛, 50
等变上同调, 33
典则截面, 61

F

法坐标, 230
法坐标邻域, 142, 229
法坐标系, 230
泛计数公式, 121
泛性质, 178
非退化不动点, 208
非退化临界点, 89
符号差, 17
符号差分次, 55, 57
符号差算子, 116

G

广义 Laplace 算子, 145
广义 Laplace 型算子, 127

H

横截截面, 48
横截相交, 106

J

基本解, 126
奇陈特征, 30

奇陈特征形式, 29
几乎 Riemann 叶状结构, 198
解析局部化技术, 82, 103
紧算子, 84
紧算子半群, 131
局部化, 33, 79
局部指标公式, 160
卷积, 141
绝热极限, 25

K

可分 Hilbert 空间, 127
可积子丛, 22

L

联络, 8
联络矩阵, 228
临界点, 89

N

内乘算子, 32
扭化 Dirac 算子, 194
扭化旋量丛, 193

P

平坦联络, 10, 21
平坦向量丛, 102
谱的结构定理, 132
谱定理, 98
谱集, 132

Q

曲率, 10
曲率矩阵, 228
(全) de Rham 上同调, 2
(全) Pontrjagin 类, 16
(全) Pontrjagin 形式, 16
(全) 陈类, 15

现代数学基础图书清单

序号	书号	书名	作者
1	9787040217179	代数和编码（第三版）	万哲先 编著
2	9787040221749	应用偏微分方程讲义	姜礼尚、孔德兴、陈志浩
3	9787040235975	实分析（第二版）	程民德、邓东皋、龙瑞麟 编著
4	9787040226171	高等概率论及其应用	胡迪鹤 著
5	9787040243079	线性代数与矩阵论（第二版）	许以超 编著
6	9787040244656	矩阵论	詹兴致
7	9787040244618	可靠性统计	茆诗松、汤银才、王玲玲 编著
8	9787040247503	泛函分析第二教程（第二版）	夏道行 等编著
9	9787040253177	无限维空间上的测度和积分 —— 抽象调和分析（第二版）	夏道行 著
10	9787040257724	奇异摄动问题中的渐近理论	倪明康、林武忠
11	9787040272611	整体微分几何初步（第三版）	沈一兵 编著
12	9787040263602	数论 I —— Fermat 的梦想和类域论	[日]加藤和也、黑川信重、斎藤毅 著
13	9787040263619	数论 II —— 岩泽理论和自守形式	[日]黑川信重、栗原将人、斎藤毅 著
14	9787040380408	微分方程与数学物理问题（中文校订版）	[瑞典] 纳伊尔·伊布拉基莫夫 著
15	9787040274868	有限群表示论（第二版）	曹锡华、时俭益
16	9787040274318	实变函数论与泛函分析（上册,第二版修订本）	夏道行 等编著
17	9787040272482	实变函数论与泛函分析（下册,第二版修订本）	夏道行 等编著
18	9787040287073	现代极限理论及其在随机结构中的应用	苏淳、冯群强、刘杰 著
19	9787040304480	偏微分方程	孔德兴
20	9787040310696	几何与拓扑的概念导引	古志鸣 编著
21	9787040316117	控制论中的矩阵计算	徐树方 著
22	9787040316988	多项式代数	王东明 等编著
23	9787040319668	矩阵计算六讲	徐树方、钱江 著
24	9787040319583	变分学讲义	张恭庆 编著
25	9787040322811	现代极小曲面讲义	[巴西] F. Xavier、潮小李 编著
26	9787040327113	群表示论	丘维声 编著
27	9787040346756	可靠性数学引论（修订版）	曹晋华、程侃 著
28	9787040343113	复变函数专题选讲	余家荣、路见可 主编
29	9787040357387	次正常算子解析理论	夏道行
30	9787040348347	数论 —— 从同余的观点出发	蔡天新

序号	书号	书名	作者
31	9787040362688	多复变函数论	萧荫堂、陈志华、钟家庆
32	9787040361681	工程数学的新方法	蒋耀林
33	9787040345254	现代芬斯勒几何初步	沈一兵、沈忠民
34	9787040364729	数论基础	潘承洞 著
35	9787040369502	Toeplitz 系统预处理方法	金小庆 著
36	9787040370379	索伯列夫空间	王明新
37	9787040372526	伽罗瓦理论 —— 天才的激情	章璞 著
38	9787040372663	李代数（第二版）	万哲先 编著
39	9787040386516	实分析中的反例	汪林
40	9787040388909	泛函分析中的反例	汪林
41	9787040373783	拓扑线性空间与算子谱理论	刘培德
42	9787040318456	旋量代数与李群、李代数	戴建生 著
43	9787040332605	格论导引	方捷
44	9787040395037	李群讲义	项武义、侯自新、孟道骥
45	9787040395020	古典几何学	项武义、王申怀、潘养廉
46	9787040404586	黎曼几何初步	伍鸿熙、沈纯理、虞言林
47	9787040410570	高等线性代数学	黎景辉、白正简、周国晖
48	9787040413052	实分析与泛函分析（续论）（上册）	匡继昌
49	9787040412857	实分析与泛函分析（续论）（下册）	匡继昌
50	9787040412239	微分动力系统	文兰
51	9787040413502	阶的估计基础	潘承洞、于秀源
52	9787040415131	非线性泛函分析（第三版）	郭大钧
53	9787040414080	代数学（上）（第二版）	莫宗坚、蓝以中、赵春来
54	9787040414202	代数学（下）（修订版）	莫宗坚、蓝以中、赵春来
55	9787040418736	代数编码与密码	许以超、马松雅 编著
56	9787040439137	数学分析中的问题和反例	汪林
57	9787040440485	椭圆型偏微分方程	刘宪高
58	9787040464832	代数数论	黎景辉
59	9787040456134	调和分析	林钦诚
60	9787040468625	紧黎曼曲面引论	伍鸿熙、吕以辇、陈志华
61	9787040476743	拟线性椭圆型方程的现代变分方法	沈尧天、王友军、李周欣

序号	书号	书名	作者
62	9787040479263	非线性泛函分析	袁荣
63	9787040496369	现代调和分析及其应用讲义	苗长兴
64	9787040497595	拓扑空间与线性拓扑空间中的反例	汪林
65	9787040505498	Hilbert 空间上的广义逆算子与 Fredholm 算子	海国君、阿拉坦仓
66	9787040507249	基础代数学讲义	章璞、吴泉水
67.1	9787040507256	代数学方法（第一卷）基础架构	李文威
68	9787040522631	科学计算中的偏微分方程数值解法	张文生
69	9787040534597	非线性分析方法	张恭庆
70	9787040544893	旋量代数与李群、李代数（修订版）	戴建生
71	9787040548846	黎曼几何选讲	伍鸿熙、陈维桓
72	9787040550726	从三角形内角和谈起	虞言林
73	9787040563665	流形上的几何与分析	张伟平、冯惠涛
74	9787040562101	代数几何讲义	胥鸣伟

购书网站：高教书城（www.hepmall.com.cn），高教天猫（gdjycbs.tmall.com），京东，当当，微店

其他订购办法：

各使用单位可向高等教育出版社电子商务部汇款订购。书款通过银行转账，支付成功后请将购买信息发邮件或传真，以便及时发货。购书免邮费，发票随书寄出（大批量订购图书，发票随后寄出）。

单位地址：北京西城区德外大街 4 号
电　话：010-58581118
传　真：010-58581113
电子邮箱：gjdzfwb@pub.hep.cn

通过银行转账：

户　　名：高等教育出版社有限公司
开 户 行：交通银行北京马甸支行
银行账号：110060437018010037603